高职高专计算机系列规划教材

计算机网络基础教程
（第4版）

严　争　疏凤芳　主编

高立同　王丽娜　李　灿　副主编

电子工业出版社
Publishing House of Electronics Industry
北京·BEIJING

内 容 简 介

本书为了满足高职高专的计算机及相关专业学生学习计算机网络基础及应用，对上一版内容进行了完善，能够反映网络技术的最新进展。全书内容包括计算机网络的基本概念、网络体系结构、数据交换技术与传输媒体、物理层协议、以太网标准、网络互联技术、IP 数据报及 IP 层路由技术、地址转换 NAT 与 IPv6、运输层基本概念及 TCP 协议、广域网技术、网络操作系统、计算机网络安全基础等内容。本书注重计算机网络基础知识与实际应用相结合，附录为基于项目的实验，使学生能掌握构建网络技术的实际技能。每章后附有大量练习，便于学生复习。

本书从高职高专人才培养目标出发，力求内容新颖、难度适中、通俗易懂、理论联系实际，注重系统性、完整性、实践性，反映计算机网络技术的最新发展。

本书既可以作为高职高专相关专业的教材，也适合非计算机专业以及计算机网络初学者学习使用。

图书在版编目（CIP）数据

计算机网络基础教程/严争，疏凤芳主编. —4 版. —北京：电子工业出版社，2017.1
ISBN 978-7-121-30220-6

Ⅰ. ①计… Ⅱ. ①严… ②疏… Ⅲ. ①计算机网络—高等职业教育—教材 Ⅳ. ①TP393

中国版本图书馆 CIP 数据核字（2016）第 258329 号

策划编辑：吕　迈
责任编辑：靳　平
印　　刷：涿州市京南印刷厂
装　　订：涿州市京南印刷厂
出版发行：电子工业出版社
　　　　　北京市海淀区万寿路 173 信箱　邮编　100036
开　　本：787×1 092　1/16　印张：18.75　字数：480 千字
版　　次：2004 年 6 月第 1 版
　　　　　2017 年 1 月第 4 版
印　　次：2018 年 11 月第 4 次印刷
定　　价：43.00 元

凡所购买电子工业出版社图书有缺损问题，请向购买书店调换。若书店售缺，请与本社发行部联系，联系及邮购电话：(010) 88254888，88258888。

质量投诉请发邮件至 zlts@phei.com.cn，盗版侵权举报请发邮件至 dbqq@phei.com.cn。

本书咨询联系方式：(010) 88254569，xuehq@phei.com.cn，QQ1140210769。

前　言

进入 21 世纪，社会的各个领域已经越来越和网络发生密切关系，计算机网络尤其是 Internet 正在改变着人们的生活、学习、工作、娱乐及思维方式，人们在科学技术、政治经济、社会发展及国家安全等方面越来越依赖于网络。计算机网络从诞生至今短短的几十年里取得了长足的发展，尤其在近十几年中更是得到了高速发展。计算机网络技术也已成为当今最热门的学科之一，因而对计算机网络的学习与应用显得尤为重要。

本书是面向高职高专计算机专业的教材，根据高职高专"以适应社会需要为目标、以培养技术应用能力为主线设计学生的知识、能力、素质结构和培养方案"的培养目标特点，全书在编写时力求内容新颖、概念清晰、通俗易懂，并具有系统性、完整性。在编写中力求层次清楚、语言简洁、理论联系实际。每章都精心编写实训项目，以方便读者既能学习到理论知识，又能通过实训项目获得一些实用技能。

全书共 9 章。第 1 章介绍计算机网络基本概念，着重介绍什么是计算机网络、网络的拓扑结构及计算机网络体系结构、OSI 体系结构和 TCP/IP 体系结构。第 2 章先简单介绍了数据通信的一些基本概念，然后介绍计算机网络常用的数据交换技术、目前比较通用的各种传输媒体的特性，接着对网络结构化布线系统进行了简单讨论，最后详细介绍了物理层的基本概念及物理层的标准。第 3 章主要介绍局域网技术，先讨论了有关数据链路层的基本概念及链路层协议，接下来讨论局域网的体系结构、局域网的介质访问控制方法，重点对以太网标准和快速以太网、千兆位以太网、以太网中使用的设备与相关技术进行了介绍，并对万兆位以太网做了介绍。第 4 章主要涉及网络层与网际层协议，介绍网络层基本概念、网络互联技术及网络互联设备，介绍了 IP 协议的组成、IP 地址、地址转换协议、IP 数据报、ICMP 协议、NAT 和 IPv6，还讨论了 IP 层进行网络互联的原理、Internet 路由协议、路由器的原理与使用界面。第 5 章介绍运输层的基本概念，主要讨论 TCP/IP 体系结构中的 TCP 协议和 UDP 协议，涉及 TCP 流量控制、TCP 报文及 TCP 的连接管理。第 6 章对当今 Internet 上的主要应用进行了介绍，主要介绍了域名系统 DNS、电子邮件系统、FTP 文件传输、FTP 的使用、远程登录、万维网（WWW）、网络管理的基本概念、网络常见故障诊断和排除、Internet 信息检索技术。第 7 章主要介绍电话交换网（PSTN）、ATM 网络基本概念及应用、帧中继网络、移动互联技术及新一代网络技术。第 8 章主要介绍网络操作系统，主要对 Windows Server 2008 网络操作系统和 Linux 网络操作系统做了介绍。第 9 章涉及计算机网络安全，主要讨论了计算机网络安全的内容及研究对象，计算机网络安全采取的措施、数据加密技术、虚拟专用网 VPN 技术及防火墙技术。附录以一个中型企业网络构建为背景，介绍了如何进行网线制作、基本网络构建、交换机基本配置、VLAN 划分、VLAN 间路由、路由器基本配置、静态路由配置、动态路由配置、NAT 地址转换及无线局域网的组建等实验内容。

本书由钟山职业技术学院严争、武汉软件工程职业学院（武汉市广播电视大学）疏凤芳担任主编，高立同、王丽娜、李灿担任副主编，其他参编人员有：王祎、王成、聂巍、杨敬杰、库波、于继武、涂洪涛、江骏、徐焱、韩昊。本版由疏凤芳、李灿统审全稿。由于编者水平有限，书中难免有疏漏和错误等不尽人意之处，恳请各位专家、读者不吝赐教。

编　者

2016 年 8 月

目 录

第 1 章

计算机网络概论

1.1 计算机网络基本概念

进入 21 世纪，人们对"网络"这个名词已不再陌生，使用网络已成为十分普通的事情。大家通过网络查找信息、结交朋友、进行购物……网络为我们增添了很多乐趣并正在成为我们生活中不可缺少的组成部分。除了为我们的生活、学习和工作提供方便外，网络还支撑着现代社会的正常运转，可以毫不夸张地说，没有网络会像没有电一样令我们的生活黯淡无光。这里所说的"网络"就是"计算机网络"。计算机网络具有快速、准确的特点，一旦建好将自动运行，几乎不需要人工干预。计算机网络的这些特点与现代社会的快节奏十分吻合，实践证明，合理、巧妙地利用计算机网络可以极大地提高效率、缩短时空距离。

会使用网络并不等于懂得网络，而懂得网络将会帮助你更加有效地使用网络。同时，懂得网络的你可以建造和管理网络，甚至可以拥有属于自己的网络。

1.1.1 计算机网络的定义

什么是计算机网络？很多人只要略加思考就会给出自己对计算机网络的认识。从字面上看，"计算机网络"由"计算机"和"网络"两部分构成，"计算机"用来修饰"网络"，说明这里所说的网络是专为计算机服务的，而不是电话网络、有线电视网络。下面我们给出计算机网络的一般定义：

所谓计算机网络就是利用通信设备和线路将地理位置不同、功能独立的多个计算机系统互联起来，并通过功能完善的网络软件实现网络中资源共享和信息传递的系统。

理解这个定义要抓住几个要点：

（1）连接对象。即"地理位置不同、功能独立的计算机系统"，功能独立是指该计算机即使不连网也具有信息处理能力，连网后不但可以从网络上获取信息还能向网络提供可用资源（如信息资源、软/硬件资源等），这样，接入网络的计算机越多，网络的资源就越丰富。地理位置不同强调了计算机网络应能适应任意的距离范围，从几米到数万千米甚至更远。

（2）如何连接。即"利用通信设备和线路"进行连接，这里所说的通信设备和线路可以是公用的（如电话网）也可以是自建的，可以是有线的也可以是无线的，只要能够传输计算机数据都可以用来连网。

（3）连网目的。即"实现网络中资源的共享和信息传递"，其中信息传递是主要目的，资源共享次之。网络中资源主要指计算机资源（如存储的信息和信息处理能力等）和网络线路资源（传输数据的能力）。随着技术的发展，连网的目的也在发生变化，但信息传递和资源共享仍然是最基本的。

（4）为了实现连网目的还必须有"功能完善的网络软件"。这实际上是计算机网络的精髓，也是计算机网络区别于其他网络的标志，简单地使用通信设备和线路将计算机连接在一起还不能实现计算机之间的信息传递和资源共享。本书的大部分篇幅都是讨论构造这些软件的技术和标准，主要包括网络通信协议、信息交换方式及网络操作系统等。

从上面的定义可以看出，计算机网络是现代计算机技术与通信技术密切结合的产物，是随社会对信息共享和信息传递的要求而发展起来的。现代计算机技术和通信技术为计算机网络的产生提供了物质基础，社会对信息共享和信息传递的需求加速了计算机网络的产生和发展过程。

1.1.2 计算机网络的产生与发展

1. 计算机网络的产生

真正符合定义的计算机网络出现于 20 世纪 60 年代，由美国军方投资研制，其目的是构造一种崭新的、能够适应现代战争需要且残存性很强的网络。在战争中，即使这种网络的部分遭到破坏，残存部分仍能正常工作。该项目由美国军方的高级研究项目局（ARPA）负责，1969 年底试验系统建成，命名为 ARPANET，它就是 Internet 的前身。ARPANET 是广域网，首次采用分组交换技术，是计算机网络发展史上的里程碑。

计算机网络的另一个雏形是远程联机系统，在 20 世纪 50 年代开始使用。由于当时的计算机系统非常昂贵，为了充分利用宝贵的计算机资源，允许多人同时使用一台计算机，特别是远程使用，发明了称为"终端"的设备。该设备比较简单，价格远远低于主计算机，由显示器、键盘和简单的通信硬件组成，终端通过通信线路与主计算机相连，其作用是将远地用户通过键盘输入的命令和数据传送给主计算机，将主计算机的执行结果回送终端并在屏幕上显示。由于终端不具有独立的处理能力，因此远程联机系统并不是真正意义上的计算机网络。

进入 20 世纪 70 年代，随着半导体技术的出现，计算机的价格开始大幅下降，更多的人可以使用功能独立的计算机。随之出现的需求是如何将一个房间和一栋建筑中的多台计算机连接起来实现信息和资源共享，1973 年美国施乐公司（Xerox）发明了第一种实用的局域网技术，命名为以太网（Ethernet）。局域网在技术上与广域网不同，是当时传输速度较快的计算机网络技术之一。

2．计算机网络的发展阶段

计算机网络的发展史可以概括为三个主要阶段，即计算机网络的产生阶段、多标准共存的蓬勃发展阶段和具有统一标准的互联网阶段。每个阶段都有很多关于网络的新技术和新标准产生，但随着时间的推移，其中有些标准和技术得到发展且今天仍在使用，有些则被淘汰。回顾计算机网络的发展史，可以使我们了解社会需要什么样的新技术及计算机网络未来的发展趋势。

前面已经讨论了计算机网络的产生阶段，该阶段经历的时间较长，其间产生的远程联机、分组交换和局域网等技术经过发展和完善今天仍在广泛使用，并已经成为计算机网络最基本的构成技术。20 世纪 70 年代末到整个 80 年代，计算机网络进入蓬勃发展阶段，随着个人计算机的出现和迅速普及，社会对计算机连网的需求快速增长，很多公司都投入大量资金研制新的网络技术和标准，希望占领更多的市场，其中最具代表性的是美国的 IBM 公司和 DEC 公司。这个时期出现的网络技术和标准种类很多，局域网主要有：更快更完善的以太网技术、令牌环技术、FDDI 等。广域网主要有 X.25。由于商业利益的驱动，各公司都想使自己的技术成为工业生产标准，争夺的结果导致网络产品彼此互不兼容，用不同公司产品构建的网络很难或根本无法互通，用户一旦投资使用某家公司的产品便被套牢，否则以前的投资就会付诸东流。鉴于这种局面，国际标准化组织 ISO 于 1984 年正式颁布了称为"开放系统互联参考模型"的国际标准 OSI 7498。该模型分为七个层次，有时也称为 OSI 七层模型。

国际标准化组织制定该标准的目的是想实现计算机网络世界的天下大同，同时网络产品生产厂商们也认识到统一网络技术标准的好处，即可以打破封闭网络的束缚，为网络产品带来更大的市场空间。进入 20 世纪 90 年代，国际标准化组织的这种努力效果并不明显，而这时的 ARPANET 网络经过 20 多年的发展，已经具有较大的规模，并更名为 Internet。1990 年美国军方宣布关闭 ARPANET 网络，同时政府允许私营公司经营 Internet 主干网，另一个促使 Internet 高速发展的原因是 WWW 技术的发明，它使 Internet 上的信息可以连成一体，并使网络的使用变得简单化，精明的商人们看到了巨大的网络商机，大量的投入使 Internet 在 20 世纪 90 年代每年以指数级增长并最终实现了计算机网络世界的天下大同。具有讽刺意味的是国际标准化组织的目标由 Internet 实现了，其中的原因主要是 OSI 标准过于复杂，另外就是低估了市场的作用。Internet 成为事实上的标准后，计算机网络进入了具有统一标准的持续快速发展阶段，其背后更为深远的意义是人们不必再为网络的互联费尽心思，可以放心地去研究各种网络应用，使网络为人们的生活带来更多的惊喜和欢乐。

1.1.3　计算机网络的组成与分类

1．计算机网络的组成

由计算机网络的定义可知，计算机网络主要由以下三个部分构成。

（1）若干计算机。用来向使用者提供服务。

（2）一个通信子网。由通信设备和线路组成，它们可以是专用的（只能用来构造计算机网络），也可以是通用的。

（3）一系列的协议。这些协议在计算机中以软件的形式存在，其主要功能是协调主机之间或主机和子网之间的通信。

还可以从更高的层面来看待计算机网络的组成，这时可以将计算机网络分为资源子网和通信子网两部分。其中通信子网负责全网的信息传递，资源子网则负责信息处理，向网络提供可用的资源，如图 1.1 所示。需要强调的是通信子网与资源子网的界面，在图 1.1 中，虽然计算机被划分在通信子网之外，但计算机中负责通信的部分应属于通信子网的范畴。

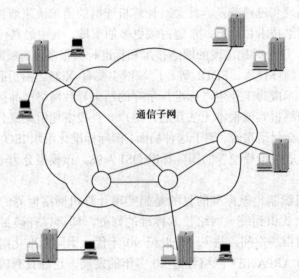

图 1.1　计算机网络

2．计算机网络的分类

计算机网络的应用范围很广，为了适应不同的应用场合，计算机网络采用的标准和技术会有所不同。为了更准确地指出所采用的网络技术，需要了解计算机网络的分类方法及具体分类。

（1）按网络的覆盖范围进行分类。

① 广域网 WAN（Wide Area Network）。覆盖范围从几十千米到几千千米甚至更远。

② 局域网 LAN（Local Area Network）。覆盖范围一般为几千米，由于光纤技术的出现，局域网实际的覆盖范围已经大大增加。

③ 城域网 MAN（Metropolitan Area Network）。覆盖范围一般为几十千米。

（2）按网络的使用范围进行分类。

① 公用网（Public Network）。由国家指定的专业电信公司进行建设和经营的网络。"公用"的含义是指所有愿意按电信公司规定交纳费用的人都可以使用，所以"公用网"也可称为"公众网"。

② 专用网（Private Network）。由某个单位根据自身业务特点和工作需要而建设的网络。由于安全和费用的问题，这些网络通常不向本单位以外的人提供服务。如银行、电力网络。

（3）按网络采用的交换方式进行分类（计算机网络的交换方式是十分重要的概念，将在第 2 章讨论）。

① 电路交换。

② 报文交换。

③ 分组交换。

④ 混合交换。网络中同时采用电路交换和分组交换。

1.1.4 计算机网络的拓扑结构

拓扑这个名词来自几何学。网络拓扑结构是指网络的形状，或者是它在物理上的连通性。计算机网络的拓扑结构有时很复杂，但基本的拓扑结构可归纳为五种，即星形、总线形、环形、树形和网形。

1．星形拓扑

星形拓扑结构如图 1.2（a）所示，所有计算机都通过通信线路直接连接到中心交换设备上，其优点是结构简单；缺点是如果中心交换设备故障，则整个网络将瘫痪。

2．总线形拓扑

总线形拓扑结构如图 1.2（b）所示，所有计算机共用一条通信线路，任意时刻只能有一台计算机发送数据，否则将会产生冲突。优点是结构简单，使用的电缆少；缺点是这条通信总线的任何一点出现故障，整个网络将瘫痪。

3．环形拓扑

环形拓扑如图 1.2（c）所示，与总线形拓扑类似，所有计算机共用一条通信线路，不同的是这条通信线路首尾相连构成一个闭合环。环可以是单向的，也可以是双向的。单向环形网络的数据只能沿一个方向传输。

4．树形拓扑

树形拓扑如图 1.2（d）所示，由星形拓扑演变而来，形状像一棵倒置的树，顶端是树根，树根以下带分支，每个分支还可再带子分支，其中树根和分支点为网络交换设备。其优点是易于扩展。

5．网形拓扑

网形拓扑如图 1.2（e）所示，主要用于广域网，由于结点之间有多条线路相连，所以网络的可靠性较高。由于结构比较复杂，建设成本较高。

6. 混合形拓扑

上述拓扑结构可以在同一网络中混用，如图 1.2（f）所示，这样可以取长补短，构造出最适合的网络拓扑结构。

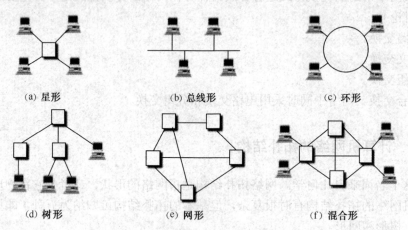

图 1.2　各种网络拓扑结构

了解网络采用的拓扑结构对管理和维护网络十分有用，特别是当网络出现故障时，如网络局部或全部不能通信、网络的传输速度明显下降等，通过分析拓扑结构可以很快找出问题所在并加以解决。

1.2　计算机网络体系结构

1.2.1　网络体系结构基础

学好计算机网络课程并不是一件简单的事情，但也不是高不可攀，关键是要找到学习和理解的钥匙，这把钥匙就是计算机网络体系结构，理解了网络体系结构的概念，可以指导并帮助你学习和理解具体的网络技术。本小节将讨论两个网络体系结构方面的基本概念：网络协议和层次化的网络体系结构。

1. 网络协议

网络协议是计算机网络的精髓，不理解协议的概念就无法理解计算机网络。网络协议的作用是约束计算机之间的通信过程，使之按照事先约定好的步骤进行。两台通过通信设备和线路连接在一起的计算机要想进行正常的通信，首先遇到的问题就是相互之间能否正确地理解对方传递的信息，就像两个面对面来自不同国家的人，虽然彼此都可以听到对方说话的声音，但如果语言不通，交流过程就不能正常进行。如果双方不存在语言障碍，又会出现交流什么、怎样交流的问题。对于人来说这些问题很好解决，但计算机并不具有人的智能，必须事先安排好交流的步骤和流程，只要通信双方都按照约定好的流程行事，就能顺利完成交流过程。可见网络协议的概念并不是凭空产生的，而是源于我们的日常生活。下面就给出计算机网络协议的一般性定义：

通过通信设备和线路连接起来的计算机要想做到有条不紊地交换数据，必须具有同样的语言，交流什么、怎样交流及何时交流都必须遵循事先约定的、都能接受的一组规则。这些为进行网络中的数据交换而建立的规则、标准或约定的集合称为网络协议。一个网络协议主要由以下三个要素组成：

（1）语法，即数据与控制信息的结构或格式；

（2）语义，即需要发出何种控制信息，完成何种动作以及做出何种应答；

（3）同步，即事件实现顺序的详细说明。

上述关于计算机网络协议的定义还是比较抽象的，但初学者必须先建立起这个概念，以后的章节中将介绍具体的网络协议，那时会对其有比较深刻的理解。网络协议的概念将贯穿整个计算机网络课程的学习，读者应该时时刻刻注意协议的作用、功能和形式。

2．层次化的网络体系结构

一项实用的计算机网络技术通常包含一组网络协议，每个协议完成的工作各不相同，不同协议的组合可以实现不同的网络功能。通常根据协议之间的相互协作关系，把它们按层次结构进行组织，每个层次可以包含若干个协议，层和层之间定义了信息交互接口，使每个层次具有相对的独立性。位于某个层次中的协议既可以为上层协议提供服务，也可以使用下层协议提供的服务。具体应该划分多少层次，每个层次应该包含哪些协议，是研制网络技术时确定的，对于具体的网络技术这些问题都已确定。

为什么要将这些网络协议划分成层次结构呢？这是因为计算机之间的通信是一个十分复杂的问题，将一个复杂的问题分解成若干个容易处理的子问题，而后"分而治之"，逐个加以解决，会使思路清晰，不出或少出问题，这是工程设计中常用的一种手段。下面列出了采用分层结构组织网络协议的好处。

（1）每一层可以实现一种相对独立的功能，且不必知道相邻层是如何实现的，只要明确下层通过层间接口提供的服务是什么及本层向上层提供什么样的服务，就能独立地进行本层的设计。由于每一层只实现一种相对独立的功能，因而可将一个复杂问题分解为若干个比较容易处理的小问题。

（2）系统的灵活性好。当某个层次的协议需要改动或替代时，只要保持它和上下层的接口不变，则其他层次都不受其影响。

（3）每个层都可以采用最合适的技术来实现。

（4）有利于标准化工作。每层的功能及其所提供的服务都已有了精确的说明，就像一个被标准化了的部件，只要符合要求就可以拿来使用。

明确了网络协议分层的原因后，给出网络体系结构的定义：

计算机网络的各层及其各层协议的集合称为网络的体系结构。

换句话说，计算机网络的体系结构是对如何划分层次、层次之间的关系及各层包含哪些协议的精确定义。从体系结构的定义中可以看出，分层的概念在计算机网络中也是十分重要的。

3. 协议和服务的关系

协议和服务的概念在上面已经介绍过了，为了进一步理解网络体系结构的概念，有必要明确协议和服务之间的关系。为了准确起见，在讨论之前先介绍几个相关的名词：实体、服务访问点、服务原语。

（1）实体：在研究计算机网络时，可以用实体抽象地表示任何可发送或接收信息的硬件或软件。实体究竟是一个进程还是一个计算机，对研究问题没有实质上的影响。但在多数情况下，实体通常是一个特定的软件模块。

（2）服务访问点：在同一系统中相邻两层的实体进行交互（即交换信息）的地方，通常称为服务访问点 SAP（Service Access Point）。

（3）服务原语：上层使用下层所提供的服务必须通过与下层交换一些命令来实现，这些命令称为服务原语。

理解了实体这个名词后，可以重新给出协议的定义：

协议是控制两个对等实体进行通信的规则的集合。

需要注意的是由于实体含义的多样性，我们可以将体系结构中的一个层次看成是一个实体，对等实体则可以理解为两台计算机中相同的体系结构层次。

协议和服务的概念是不同的，但又相互关联。

在协议的控制下，两个对等实体间的通信使得本层能够向上一层提供服务。要实现本层协议，还需要使用下面一层所提供的服务，体系结构中层与层之间的关系如图 1.3 所示。在对等层实体间传送的数据的单位都称为该层的协议数据单元 PDU（Protocol Data Unit）。

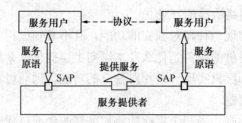

图 1.3　体系结构中层与层之间的关系

协议和服务在概念上是不一样的。首先，协议的实现保证了本层能够向上一层提供服务。本层的服务用户只能看见下层提供的服务而无法看见下层的具体协议，即下层的协议对上层的服务用户是透明的。其次，协议是"水平的"，即协议是控制对等实体之间通信的规则。而服务是"垂直的"，是由下层向上层通过层间接口提供的。另外，并非在一个层次内完成的全部功能都称为服务，只有那些能够被上层看得见的功能才能称为"服务"。层与层之间交换的数据的单位称为服务数据单元 SDU（Service Data Unit）。

1.2.2 OSI 的体系结构

开放系统互联基本参考模型 OSI/RM（Open System Interconnection Reference Model），简称 OSI，是由国际标准化组织 ISO 于 1984 年制定的国际标准 ISO 7498。"开放"的含义表示只要遵循 OSI 的标准，一个系统就可以和位于世界上任何地方、也遵循同一标准的其他任何系统进行通信。OSI 参考模型虽然没有最终成为网络互联的标准，但其在概念上却十分严谨，很适合作为理论标准来分析和理解各种具体的网络技术。

OSI 将计算机网络分为七个层次，如图 1.4 所示，自下而上分别是物理层、数据链路层、网络层、运输层、会话层、表示层和应用层。其中，每层又包含了许多协议，由于是研究网络体系结构，所以这里仅以层为单位进行讨论。

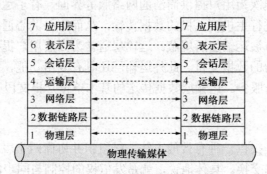

图 1.4 OSI 体系结构

下面简要介绍各层的功能。

1. 物理层

物理层与传输媒体直接相连，因此也称为物理层接口，是计算机与网络连接的物理通道。其功能是控制计算机与传输媒体的连接，即可以建立、保持和断开这种连接，以保证比特流的透明传输。物理层传送的数据基本单位是比特，又称位。传送数据所使用的物理媒体，如双绞线、同轴电缆、光缆等，不属于物理层。

2. 数据链路层

有了物理层后，计算机之间就可以通过传输媒体传输比特流了，但由于电磁干扰的存在，传输的比特流可能出错。数据链路层的主要功能就是解决这个问题以保证数据的可靠传输。数据链路层通过检错、确认和反馈重发等手段将物理层建立的原始通道改造成无差错的数据链路。此外，为了解决计算机之间传输数据时的速度匹配问题，还需要有流量控制功能。这样，数据链路层就把一条有可能出错的实际链路，转变成让网络层向下看起来好像是一条不出错的链路，实现了在不可靠的实际链路上进行可靠的数据传输。数据链路层的功能可以总结为负责数据链路的建立、维持和拆除。

数据链路层传输的数据基本单位是帧。

3. 网络层

数据链路层使计算机之间的数据传输变得可靠，但随之出现的问题是当网络中有很多计算机时，如何找到想要的通信对象。网络层的主要功能就是为整个网络中的计算机进行编址，并自动根据地址找出两台计算机之间进行数据传输的通路，也称为路由选择。网络层所传送的信息的基本单位叫做分组或包。

从体系结构的角度看，前面介绍的通信子网实际上由物理层、数据链路层和网络层这三个层次构成。

4. 运输层

有了前面的三个层次，网络的功能已经比较完善，但对不懂网络的人使用起来却很不方便，因此需要一个层次为用户提供简洁的网络服务界面。有了运输层，高层用户就可利用运输层的服务直接进行主机到主机的数据传输，从而不必关心通信子网的更替和技术的变化，复杂的通信细节被运输层所屏蔽。运输层通常为高层用户提供两种服务，即可靠的数据交付和尽最大努力的数据交付。此外运输层还具有复用功能，可以同时为一台计算机中的多个程序提供通信服务。运输层数据传送的基本单位是报文段。

5. 会话层

会话层的任务就是提供一种有效的方法，以组织并协商两个表示层进程之间的会话，并管理它们之间的数据交换。具体地说，就是发信权的控制与同步的确定方法等。

6. 表示层

表示层主要解决用户数据的语法表示问题，其功能是对数据格式和编码的转换，以及数据结构的转换。

7. 应用层

应用层是 OSI 参考模型的最高层，是利用网络资源向应用程序直接提供服务的层次。与运输层不同，应用层提供的是特殊的网络应用服务，如邮件服务、文件传输服务等。用户可直接使用，也可以在此基础上开发更高级的网络应用。

介绍了 OSI 参考模型中各层的主要功能后，读者可以仔细回味一下网络体系结构采用层次化模型的用意。

图 1.5 给出了在层次化模型中数据的实际传送过程。发送进程发给接收进程的数据实际上经过了发送方各层从上到下的传递，直到物理媒体才真正传送到接收方。在接收方，再经过从下到上各层的传递，最后到达接收进程。发送方从上到下逐层传递的过程中，每层都要加上适当的控制信息，即图 1.5 中的 H_7、H_6……统称为报头，实际上报头可以加在数据的前部或尾部，对某些层来说也可以是空的。到最下面一层变成了"0"和"1"组成的比特流，然后转换为电信号在物理媒体上传输至接收方。接收方在向上传递时，过程正好相反，要逐层剥去发送方相应层加上的控制信息，这样就使得任何两个相同层

次之间好像通过图中的水平虚线直接将本层数据传给了对方，这就是对等层之间的通信。这个过程与邮政信件传递时加信封、装邮袋、邮车等层层封装，再层层去掉封装的过程相类似。

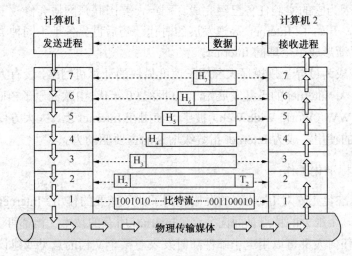

图 1.5　层次化模型中数据的实际传送过程

1.3　Internet 与 TCP/IP 体系结构

1.3.1　Internet 的产生、发展与标准化工作

1. Internet 的产生和发展

1957 年，苏联成功发射了第一颗人造卫星。美国为了在军事科学技术方面确立领导地位，美国防部成立了一个机构——高级研究项目局 ARPA（Advanced Research Projects Agency），开始研究计算机连接网络问题。

1969 年，ARPA 完成了计算机网络 ARPANET 的研制，将位于 4 所著名大学的 4 台不同型号、不同操作系统、不同数据结构的计算机连接起来，并于 1969 年 10 月进行了网络数据传输试验并获得成功。ARPNET 最初只是一个单个的分组交换网，并不是一个互联网。所有要接在 ARPNET 上的主机都直接与就近的交换结点机相连。ARPANET 自问世后规模不断增人，1984 年 ARPNET 上的主机已超过 1 000 台。但到 20 世纪 70 年代中期，人们已认识到不可能仅使用一个单独的网络来满足所有的通信问题。于是 ARPA 开始研究多种网络互联的技术。1974 年，著名的 TCP/IP 协议研究成功，彻底解决了不同的计算机和系统之间的通信问题。1983 年 ARPANET 各站点的通信协议全部更改为 TCP/IP 协议，这是全球 Internet 正式诞生的标志。同年 ARPANET 分解为 ARPANET 和 MILNET，后者为军用的计算机网络。在 1983—1984 年 Internet 就形成了。

1985 年虽然 ARPANET 已获得巨大成功，但却不能满足日益增长的需要，因此美国国家科学基金会 NSF 开始围绕 6 个大型计算机中心建设计算机网络。1986 年 NSF 建立了国家科学基金网 NSFNET，当时主干网速率为 56kb/s。NSFNET 建成后逐步取代 ARPANET 成为 Internet 的主干。1989 年 Internet 主干网升级为 T1 速率（1.54Mb/s）。1990 年 ARPANET 正式宣布关闭，因为它的实验任务已经完成。同年，美国联邦网协会修改了政策，允许任何组织申请加入，开始了 Internet 高速发展的时代。随后世界各地不同种类的网络与美国 Internet 相连，逐渐形成了全球的 Internet。

Internet 已经成为世界上规模最大和增长速度最快的计算机网络，没有人能够准确说出 Internet 究竟有多大。Internet 的迅猛发展始于 20 世纪 90 年代，由欧洲原子核研究组织 CERN 开发的万维网 WWW（World Wide Web）被广泛使用在 Internet 上，大大方便了广大非网络专业人员对网络的使用，成为 Internet 指数级增长的主要驱动力。

2．Internet 标准化工作

Internet 的标准化工作对 Internet 的发展起到了非常重要的作用。Internet 在制定其标准上很有特色，其一个很大的特点是面向公众。Internet 所有的技术文档都可以从 Internet 上免费下载，而且任何人都可以用电子邮件随时发表对某个文档的意见或建议，这种方式对 Internet 的迅速发展影响很大。

1992 年成立了一个国际性组织叫 Internet 协会（Internet Society，ISOC）。ISOC 成立的宗旨是为全球互联网的发展创造有益、开放的条件，并就互联网技术制定相应的标准、发布信息、进行培训等。ISOC 下面有一个技术组织叫做 Internet 体系结构委员会 IAB，负责管理 Internet 有关协议的开发。IAB 又下设两个工程部：

（1）Internet 工程任务组 IETF（Internet Engineering Task Force）。目前已成为全球互联网界最具权威的大型技术研究组织。IETF 大量的技术性工作均由其内部的各类工作组协作完成。这些工作组按不同类别，如路由、传输、安全等专项课题而分别组建。

（2）Internet 研究任务组 IRTF（Internet Research Task Force）。由众多专业研究小组构成，研究互联网协议、应用、架构和技术，其中多数是长期运作的小组，也存在少量临时的短期研究小组。各成员均为个人代表，并不代表任何组织的利益。

IETF 产生两种文件，一种叫做 Internet Draft，即 "Internet 草案"；第二种叫 RFC，意思是意见征求或请求评论文件。任何人都可以提交 Internet 草案，没有任何特殊限制，IETF 的一些很多重要的文件都是从这个 Internet 草案开始的。

所有的 RFC 文档都可以从 Internet 上免费下载，但并非所有的 RFC 文档都是 Internet 标准，只有一小部分 RFC 文档最后才能变成 Internet 标准。

制定 Internet 的正式标准要经过以下 4 个阶段：

① Internet 草案。这个阶段还不是 RFC 文档。

② 建议标准。从这个阶段开始就成为 RFC 文档。

③ 草案标准。

④ Internet 标准。

1.3.2　TCP/IP 体系结构

Internet 已经得到了全世界的承认，因此 Internet 所使用的 TCP/IP 协议体系已经成为网络互联的国际标准。在 Internet 所使用的各种协议中，传输控制协议（Transmission Control Protocol，TCP）和网际协议（Internet Protocol，IP）最著名、最重要。现在人们经常提到 TCP/IP 协议，这时并不一定就是指 TCP 和 IP 这两个协议，而往往是表示 Internet 所使用的整个 TCP/IP 协议族。

由于 TCP/IP 先于 OSI 参考模型出现，当时对网络体系结构的认识还没有达到现在的高度，所以 TCP/IP 协议体系的层次化结构并不十分清晰和严谨，但这并不影响 TCP/IP 协议的使用。如图 1.6 所示的 TCP/IP 体系结构分为四个层次，分别是应用层、运输层、网际层和网络接口层。其中，网际层相当于 OSI 参考模型中的网络层，网络接口层是 TCP/IP 协议与具体物理网络的接口。

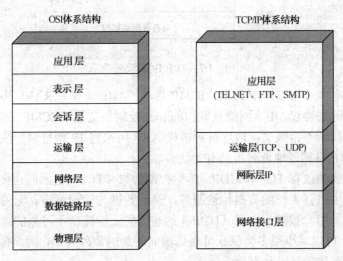

图 1.6　TCP/IP 体系结构

（1）应用层：是 TCP/IP 体系结构的最高层，对应 OSI 的高三层。在该层中有许多著名协议，如远程登录协议 TELNET、文件传送协议 FTP、简单邮件传送协议 SMTP 等。

（2）运输层：是主机到主机的层次。该层使用两个不同的协议为网络用户提供服务，一个是面向连接的传输控制协议 TCP，提供可靠的数据传输服务；另一个是无连接的用户数据报协议 UDP，提供尽最大努力的交付服务。

（3）网际层：该层的主要协议是网际协议 IP，也就是在该层实现了不同网络的互联，著名的 IP 地址就是 IP 协议的一个组成部分。网际层提供的是一种无连接的尽最大努力交付的数据报服务。与网际协议 IP 配合使用的还有三个协议：Internet 控制报文协议 ICMP、地址解析协议 ARP 和反向地址解析协议 RARP。

（4）网络接口层：TCP/IP 体系结构中不包含数据链路层和物理层，这是因为在设计时考虑 TCP/IP 应能用于各种网络的互联，使用其他网络的数据链路层和物理层就可以了，因此将最低一层取名为网络接口层，实际上该层并没有多少内容。

1.3.3　TCP/IP 协议族及特点

1．TCP/IP 协议族

TCP/IP 协议族包含一系列协议，分别对应各个不同的层次，完成特定的功能和应用，如图 1.7 所示。

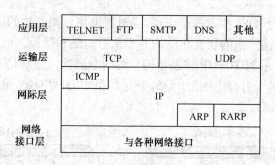

图 1.7　TCP/IP 协议族

网际层主要有 4 个协议：IP 协议、ICMP 协议、ARP 协议和 RARP 协议。其中，IP 协议是最主要的网际层协议，用于网络互联；Internet 控制报文协议 ICMP 主要用于报告差错，向主机和路由器发送差错报文；地址解析协议 ARP 用来将 IP 地址解析成物理地址；逆地址解析协议 RARP 将物理地址解析到 IP 地址。

运输层的主要协议有 TCP 和 UDP。传输控制协议（TCP）是面向连接的协议，为应用进程提供可靠的主机到主机的数据传输服务，保证数据传输的可靠、无差错、不丢失、无重复地按序到达。用户数据报协议（UDP）则是提供无连接、不可靠的端到端的数据传输服务，使用 UDP 可以减少很多为保证可靠传输而附加的额外开销，因而传输效率高，对某些应用进程的数据传输是一种有效方法。

应用层包含许多为各种应用服务的协议，主要有用于万维网信息传输的超文本传输协议 HTTP、用于主机域名解析的域名系统 DNS、用于主机间文件上传下载的文件传输协议 FTP、用于电子邮件信息传输的简单邮件传输协议 SMTP、用于网络管理的简网络管理协议 SNMP 等。

2．TCP/IP 的特点

与 OSI 相比，TCP/IP 具有很多不同之处。

TCP/IP 一开始就考虑到各种异构网络的互联问题，将网际协议 IP 作为 TCP/IP 的重要组成部分。但 OSI 制定时最初只考虑到全世界都使用一种统一的标准将各种不同的系统互联起来。

TCP/IP 一开始就采取面向连接服务和无连接服务并重的原则，并在网际层使用无连接服务，但 OSI 在开始时各个层都采用面向连接服务，降低了效率。

TCP/IP 在较早时就有了较好的网络管理功能，但 OSI 到后来才开始考虑。

TCP/IP 的不足主要在于 TCP/IP 模型对"服务"、"协议"和"接口"等概念没有很清楚地区分开，TCP/IP 模型的通用性较差。此外，TCP/IP 的网络接口层严格来说并不是一个层次，而仅仅是一个接口。

练 习 题

一、选择题

1．计算机网络中可以共享的资源包括（　　）。
    A．硬件、软件、数据、通信信道　　B．主机、外设、软件、通信信道
    C．硬件、程序、数据、通信信道　　D．主机、程序、数据、通信信道

2．在 OSI 七层结构模型中，处于数据链路层与运输层之间的是（　　）。
    A．物理层　　　　　B．网络层　　　　C．会话层　　　　D．表示层

3．早期的计算机网络是由哪些部分组成的系统？（　　）
    A．计算机—通信线路—计算机　　　B．PC—通信线路—PC
    C．终端—通信线路—终端　　　　　D．计算机—通信线路—终端

4．若网络形状是由站点和连接站点的链路组成的一个闭合环，则称这种拓扑结构为（　　）。
    A．星形拓扑　　　B．总线拓扑　　　C．环形拓扑　　　D．树形拓扑

5．在组成网络协议的三要素中，（　　）是指用户数据与控制信息的结构和格式。
    A．时序　　　　　B．语义　　　　　C．语法　　　　　D．接口

6．OSI 模型中在对等层上传送的数据，其单位都称为（　　）。
    A．服务数据单元 SDU　　　　　　B．接口数据单元 IDU
    C．协议数据单元 PDU　　　　　　D．协议控制信息

7．计算机网络的各层及各层协议的集合，就称为网络的（　　）。
    A．各层协议　　B．体系结构　　C．组成　　　　D．拓扑结构

8．在哪一层中，数据单元被称为帧？（　　）
    A．物理　　　　　B．数据链路　　　C．网络　　　　　D．传输

9．哪一层是和传输媒体最接近的层？（　　）
    A．物理　　　　　B．数据链路　　　C．网络　　　　　D．传输

10．Internet 网络层使用的 4 个重要协议是（　　）。
    A．IP、ICMP、ARP、UDP　　　　B．IP、ICMP、ARP、RARP
    C．TCP、UDP、ARP、RARP　　　D．IP、ICMP、ARP、HDLC

二、填空题

1．要组成计算机网络必须具备下列三要素：＿＿＿＿＿＿＿＿、＿＿＿＿＿＿＿＿、
＿＿＿＿＿＿＿＿。

2．处在网络外围的主机和终端构成＿＿＿＿＿＿＿＿＿＿＿＿，完成全网通信的通信设备和链路构成＿＿＿＿＿＿＿＿＿＿＿＿＿。

3．在计算机网络中，按网络的作用范围进行分类可将网络分为三类：＿＿＿＿＿＿，＿＿＿＿＿＿，＿＿＿＿＿＿＿。

4．网络协议由三要素组成：＿＿＿＿＿＿，＿＿＿＿＿＿，＿＿＿＿＿。

5．互联网 Internet 采用的体系结构是＿＿＿＿＿＿＿＿＿。

6．在 TCP/IP 体系的网络层中，除 IP 协议外，再列出三个协议：＿＿＿＿、＿＿＿＿、＿＿＿＿。

7．TCP/IP 体系结构分为四层结构，从下到上分别是网络接口层、＿＿＿＿＿＿层、＿＿＿＿＿＿层和＿＿＿＿＿＿层。

三、问答题

1．计算机网络由哪几部分组成？

2．什么是通信子网和资源子网？

3．计算机网络可以从哪几方面进行分类？每一方面是如何分类的？

4．什么是计算机网络的拓扑结构？有哪几种常用的拓扑？各有什么特点？

5．试叙述网络的协议和体系结构的概念。

6．计算机网络体系结构采用层次结构有什么特点？

7．OSI 参考模型有几层？各层有什么功能？

8．试叙述数据通信时在 OSI 各层的传递过程。

9．TCP/IP 体系结构由哪几层构成？各层有哪些主要的协议？

第 2 章
数据通信基础与物理层

2.1 数据通信的基本概念

计算机网络涉及通信与计算机两个领域，数据通信技术是建立计算机网络系统的基础之一。在这一节中我们要介绍有关数据通信中的一些基本概念。

2.1.1 信号与信道

数据通信是依照通信协议，利用数据传输技术在两个功能单元之间传递数据信息。数据通信是一种较为新型的通信方式，它是信息社会不可缺少的一种通信方式。数据是信息的表现方式，为确切地表示信息，数据可以是一些连续值（如声音的强度、灯光的强度），称做模拟数据；数据还可以是离散值（如成绩），称做数字数据。数据通信是通过某种类型的介质把数据从一个地点向另一个地点传送的通信方式，当进行传输时，首先必须把数据转变为信号。

所谓信号是指表示数据的电磁编码或电子编码。就像它们所代表的数据一样，信号也有模拟信号和数字信号两种。模拟信号是随时间而连续变化的电磁波，当电磁波由值 A 变化到值 B 时，这之间包含了所有无穷多的数值。而数字信号是离散的，是一串电压脉冲序列，它只包含有限的几个数值，通常像 0 和 1。另外，数字信号从一个值到另一个值的转换是瞬间发生的，就像开启与关闭电源开关一样。图 2.1 表示一个模拟信号和一个数字信号。模拟信号从一个值到另一个值的改变随时间连续变化，而数字信号的改变是瞬时跳变。但模拟信号和数字信号在一定技术下是可以相互转换的。

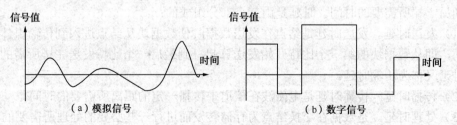

图 2.1 模拟信号和数字信号

数据通信离不开传输介质，在传输介质内存在着传输信号的通道，这就是所谓的信道。信道由传输介质及相应的附属设备组成，是传输信号的一条通道。但信道又不能等同于传输介质，同一条传输介质可以同时存在多条信号通道，即一条传输线路上可以存在多个信道。与信号的分类相似，信道也可以分成传送模拟信号的模拟信道和传送数字信号的数字信道两大类。数字信号经过数模变换后就可以在模拟信道上传送，而模拟信号经过模数变换后也可以在数字信道上传送。在过去，远程通信时多采用模拟方式，这主要是考虑经济的原因，想尽量利用原有电话网络的信道，因为原有的电信网采用的是模拟通信方式。但随着数据通信业务的增长，以及对通信速率要求的不断提高，已有的模拟信道已远远不能满足相应的要求，数据通信的信道越来越倾向于宽带化和高速率化。

2.1.2　带宽与时延

1. 带宽

信道带宽的原义来自通信系统，原来的通信主干线路都是用来传输模拟信号的，所以信道中能够传送的信号的频率范围就称为信道的带宽。一个特定的信息往往是由许多不同的频率成分组成的，因此一个信号的带宽是指该信号的各种不同频率成分所占据的频率范围，当信号的带宽超过信道带宽时，信号就不能在该信道上传送，或者传送的信号将会失真。带宽的单位是赫兹（或千赫、兆赫）。为计算带宽，需要从频率范围内用最高频率减去最低频率。例如，最高频率为 5 000Hz，最低频率为 1 000Hz，则带宽即为 4 000Hz。

来自通信系统的带宽被借用到计算机网络系统。虽然计算机网络的通信主干线是数字信道，所传输的是数字信号，但人们习惯沿用带宽一词来表示数字信道所能传输数字信号的最大数据速率。

数字信道传送数字信号的速率称为数据率或比特率。比特（bit，单位为 b）是计算机中数据的最小单元，一个比特就是二进制数字中的一个 1 或 0。因此网络或链路的带宽单位就是"比特每秒"，即 b/s，而更加常用的带宽单位是千比特每秒 kb/s、兆比特每秒 Mb/s、吉比特每秒 Gb/s 或太比特每秒 Tb/s。现在人们常用更简单但很不严格的记法来表示网络或链路的带宽，如"线路带宽是 10M 或 10G"，而省略了后面的 b/s，其意思就表示数据传输速率（即带宽）是 10Mb/s 或 10Gb/s。

2. 时延

在计算机网络中，时延是指一个数据块（分组、报文）从一个网络或一条链路的一端传送到另一端所需要的时间。时延是由三个部分组成的：

（1）发送时延。发送时延是结点在发送数据时使数据块从结点进入到传输媒体所需要的时间，即从数据块的第一个比特开始发送算起，到最后一个比特发送完毕所需的时间。发送时延又称为传输时延。

（2）传播时延。传播时延是电磁波在信道中传播一定的距离所需要的时间。

（3）处理时延。是数据在交换结点为存储转发而进行一些必要的处理所需要的时间。

数据块经历的总时延就是以上三种时延之和：

$$总时延=发送时延+传播时延+处理时延$$

和时延相关的一个概念是往返时延 RTT，它表示从发送端发送数据开始，到发送端收到来自接收端的确认，总共经历的时延。

2.1.3　数据通信方式

在数据通信中，可以有多种数据传输方式，以适应不同的通信场合。并行传输和串行传输是两种基本的数据传输方式。通常计算机内部各部件之间以及近距离设备间都采用并行传输方式，而计算机与计算机或计算机与终端之间的远距离传输都采用串行传输方式。另外，信息的传送都是有方向的，从通信双方信息交互的方式来看，通信方式又可以有三种：单工通信、半双工通信和全双工通信。

1. 并行传输

并行传输是指数据以成组的方式在多个并行信道上同时进行传输，通常将构成一个字符代码的几位都在同一个时刻发送出去，因此需要多条并排的信道，字符代码的每一位各占一条信道。如图 2.2 所示，一个字符由 8 位二进制数组成，则 8 个数据位同时在两台设备之间传输。并行传输的优点在于传送速率高，缺点是需要多个并行信道，导致费用较高，而且并行线路间的电平相互干扰也会影响传输质量，因此仅适合近距离传输，不适合较长距离的传输。

2. 串行传输

串行传输指的是一个字符代码的几位顺序按位排列成比特流，逐位在一条信道上传输。如图 2.3 所示，源数据站向目的数据站发出"01101101"的串行数据流。相对于并行传输，串行传输的速率要低得多，但由于只需要一条数据传输信道，减少了设备成本，易于实现，因此广泛应用于远程数据通信中，也是目前计算机网络中采用的主要方式。

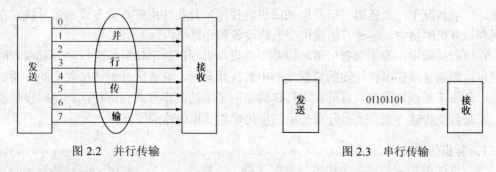

图 2.2　并行传输　　　　　　　　　　　　图 2.3　串行传输

3. 单工通信

单工通信指的是数据信号始终沿一个方向传输。单工通信中的双方，一方永远是发送方，另一方永远是接收方，发送方只能发送不能接收数据，接收方只能接收而不能发送数据，任何时候都不能改变信号传送方向，如图 2.4（a）所示。单工通信只需要一条信道。例如，无线电广播和电视都属于单工通信类型。

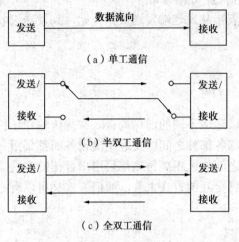

（a）单工通信

（b）半双工通信

（c）全双工通信

图 2.4 三种通信方式

4. 半双工通信

半双工通信是指通信双方都可以发送（或接收）数据，但不能同时双向发送。这种通信方式是一方发送另一方接收，过一段时间后再反过来，即两个方向的传输只能交替进行。半双工通信的双方具备发送装置和接收装置，但要按数据流向轮流使用这两个装置，要求要有两条信道，如图 2.4（b）所示。常见的对讲机就属于这种类型。

5. 全双工通信

全双工通信是指通信双方可以同时发送和接收数据，即数据可以同时进行双向传输。这要求通信双方都具有同时运作的发送和接收装置，且需要有两条传输信道，如图 2.4（c）所示。全双工通信的效率最高。

2.1.4 同步方式

在数据通信中，有一个问题是必须解决的，那就是发送方发出数据后，接收方如何在合适的时刻正确地接收数据，或者说，在从发送方连续不断送来的信号中，接收方如何正确区分出每一个代码。这就是数据传输的同步问题。

在并行传输中由于距离近，可以增加 根控制线（又称握手信号线），由数据发送方控制此信号线，通过电平的变化来通知接收方数据是否有效，这就是计算机中的写控制。当然收、发双方的握手办法很多，通常有写控制、读控制、发送端数据准备好、接收端空等方法。一般情况下，上述握手信号单独或组合使用，且在使用时都有专设的信号线。在通信网和计算机网络中，这种方法仅用于通信设备和计算机内部。

在串行传输中，为了节省信道，通常不能设立专用的握手信号线进行收、发双方的数据同步，因而必须在串行传输的数据编码中解决此问题，有效区分到达接收方的一系列数据位，从而正确识别数据。目前在串行传输中所采用的同步方式有两种：一是同步传输方式，二是异步传输方式。下面分别介绍同步传输和异步传输的原理。

1. 异步传输方式

异步传输方式又称起止式同步方式，它是以字符为单位进行同步，即每个字符都独立传输，且每一个字符的起始时刻可以是任意时刻。每个字符在传输时都前后分别加上起始位和结束位，以表示一个字符的开始和结束。一般来说，起始位信号的长度规定为 1 位的宽度，极性为"0"，结束位信号可以为 1 位、1.5 位或 2 位的宽度，极性是"1"，如图 2.5

所示表示一个 8 位的字符在传输时加上起始位和结束位。起始位和结束位的作用是实现字符同步，字符之间的间距是任意的，但发送一个字符时，每个字符包含的位数都是相同的，且每一位占用的时间长度是双方约定好的，而且保持各位恒定不变。

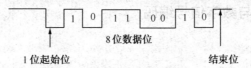

图 2.5 异步传输方式

在异步传输方式中，字符可以被单独发送或连续发送，在字符与字符的间隔期间可以连续发送"1"状态。当不传字符时，不要求收、发时钟同步，而仅在传输字符时，收、发时钟才需要在字符的每一位上都同步。同步的具体过程是：若发送端有信息要发送，即将信号从不发送信息的"1"状态转到起始态"0"，接收端检测出这种信号状态的改变时，就利用该信号的反转启动接收时钟，以实现收、发时钟的同步。同理，接收端一旦收到结束位，就将定时器复位以准备接收下一个字符。

异步传输方式的优点是每一个字符本身就包括了本字符的同步信息，不需要在线路两端设置专门的同步设备，使收、发同步简单。缺点是每发一个字符就要添加一对起、止信号，造成线路的附加开销，降低了传输效率。异步传输方式常用于低速数据传输中，目前仍在广泛使用。

2. 同步传输

同步传输方式是以固定的时钟节拍来发送数据信号的一种方法。在数字信息流中，各位的宽度相同，且字符顺序相连，字符之间没有间隙。为使接收方能够从连续不断的数据流中正确区分出每一位（比特），则须首先建立收、发双方的同步时钟。实质上，在同步传输方式中，不管是否传送信息，要求收、发两端的时钟都必须在每一位（比特）上保持一致。因此，同步传输方式又常被称为比特同步或位同步。

在同步传输中，数据的发送一般是以一组数据或比特流为单位的。为了使接收方容易确定数据组的开始和结束，需要在每组数据的前后加上特定字符作为起始和结束标志，同时还可以用这些标志来区分和隔离连续传输的数据。特定标志字符一般随不同的规程而有所不同。例如，在面向字符型二进制同步通信（BSC）规程中，采用字符 SYN 作为同步开始信号，接收端在搜索到两个连续的 SYN 后就开始接收信息。所以，在两个连续的数据块之间也应插入两个以上的 SYN。又比如，在面向比特的高级数据链路控制规程 HDLC 中，是采用比特串 01111110 作为开始和结束标志，在暂时没有信息传输时，连续发送 01111110 使接收端可以一直保持和发送端同步。

在同步传输方式中实现收、发时钟的同步方法有两种：一种方法是在传输线中增加一根时钟信号线以连接到接收设备的时钟上，在发送数据信号前，先向接收端发一串同步时钟脉冲，接收端则按照这个频率来调整自己的内部时钟，并把接收时钟重复频率锁定在同步频率上，该方法适用于近距离传输。另一种方法是让接收方从接收的数据流中直接提取同步信号，以获得与发送时钟完全相同的接收时钟，该方法常用于远距离的传输。

同步传输克服了异步传输方式中的每一个字符都要附加起、止信号的缺点，具有较高的效率，但实现较为复杂，常用于高速数据传输。

2.1.5　基带传输与数字信号编码

1．基带传输

基带信号就是将数字信号 1 和 0 直接用两种不同的电压来表示，然后送到线路上去传输。基带指的是基本频带，也就是传输数据编码电信号所固有的频带。所谓基带传输就是对基带信号不加调制而直接在线路上进行传输，它将占用线路的全部带宽，也称为数字基带传输。

2．数字信号编码

未经编码的二进制基带数字信号就是高电平和低电子不断交替的信号。使用这种最简单的基带信号的最大问题就是当出现一长串的连续 1 或连续 0 时，在接收端无法从收到的比特流中提取位同步信号。所以使用基带传输时，首先要解决信号的编码问题。数字信号编码的问题就是如何把数字数据用物理信号（如电信号）的波形来表示。数字数据可以由许多不同形式的电信号的波形来表示。数字信号是离散的、不连续的电压或电流的脉冲序列，每个脉冲代表一个信号单元，或称码元。对于二进制的数据信号，要用两种码元分别表示二进制数字符号 1 和 0，每一位二进制符号和一个码元相对应。表示二进制数字的码元的形式不同，便产生不同的编码方案。下面介绍几种数字编码方式。

（1）单极性全宽码和双极性全宽码。单极性全宽码指的是在每一码元时间间隔内，有电流发送表示二进制的 1，无电流发送则表示二进制的 0，如图 2.6（a）所示。每一个码元时间的中心是采样时间，判决门限为半幅度电平，即 0.5。若接收信号的值在 0.5 与 1.0 之间，就判定为 1；若在 0.5 与 0 之间，就判定为 0。每秒钟发送的二进制码元数称为码速，其单位为波特（Baud）。在二进制情况下，1 波特相当于信息传输速率为 1 比特每秒（b/s），此时码元速率等于信息速率。

双极性全宽码是指在每一码元时间间隔内，发送正电流表示二进制的 1；发送负电流表示二进制的 0。正的幅值和负的幅值相等，所以称为双极性码，如图 2.6（b）所示。这种情况下的判决门限定为零电平。接收信号的值如在零电平以上判为 1，如在零电平以下判为 0。

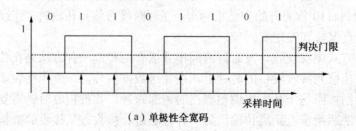

（a）单极性全宽码

图 2.6　单极性、双极性全宽码示意图

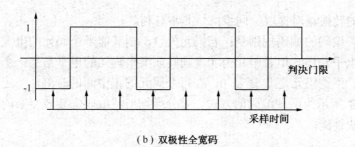

（b）双极性全宽码

图 2.6　单极性、双极性全宽码示意图（续）

以上两种编码信号都是在一个码元的全部时间内发送或不发送电流，或在全部码元时间内发送正电流或负电流，这两种码都属于全宽码，即每一位码占用全部的码元宽度，如果重复发送 1，就要连续发送正电流；如重复发送 0，就要连续不发送电流或连续发送负电流。这样就使上一位码元和下一位码元之间没有间隙，不易区分识别每一位，不易做到位同步。对应于后面的归零码，全宽码属于不归零码。

（2）单极性归零码和双极性归零码。单极性归零码是指在每一码元时间间隔内，当发 1 时，发送正电流，但是发送电流的时间短于一个码元的时间，就是说，发一个窄脉冲。当发 0 时，仍然完全不发送电流。这样发 1 时有一部分时间不发送电流，幅度降为零电平。所以称这种码为归零码。

双极性归零码是在每一码元时间间隔内，当发 1 时，发出正的窄脉冲；当发 0 时，发出负的窄脉冲。

如图 2.7 所示为二进制数 01101101 的单极性归零码和双极性归零码。采样时间是对准脉冲的中心。

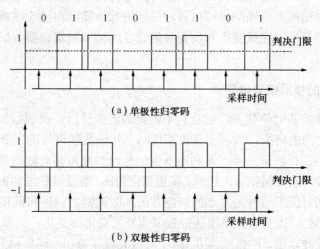

（a）单极性归零码

（b）双极性归零码

图 2.7　单极性、双极性归零码示意图

（3）曼彻斯特编码和差分曼彻斯特编码。曼彻斯特编码的编码方法是将每一个码元再分成两个相等的间隔。码元 1 是在前一个间隔为高电平而后一个间隔为低电平。码元 0 则正好相反，从低电平变到高电平。这种编码的好处就是可以保证在每一个码元正中间的时刻出现一次电平的转换，对提取位同步信号非常有利。

差分曼彻斯特编码的编码规则是：若码元为 1，则其前半个码元的电平与上一个码元的后半个码元的电平一样。但若码元为 0，则其前半个码元的电平与上一个码元的后半个码元的电平相反。不论码元是 1 还是 0，在每个码元的正中间的时刻，一定要有一次电平的转换。如图 2.8 所示为两种编码的方式。差分曼彻斯特编码需要较复杂的技术，但可以获得较好的抗干扰性能。

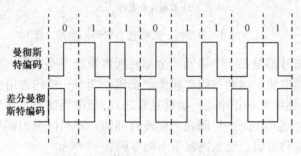

图 2.8　曼彻斯特和差分曼彻斯特编码

2.1.6　频带传输与模拟信号编码

1．频带传输

由于基带信号含有直流和大量的低频信号，因而不适合进行远距离的传输。由于长距离传输的信道（包括无线信道），一般都具有频带传输特性，因此在对数字信号进行远距离传输时，必须对数字信号进行变换。所谓频带信号传输方式就是将二进制信号进行调制后变换成能在公用电话网上传输的模拟信号，然后进行传输。在接收端再将该模拟信号通过反变换还原成数字信号。完成变换和反变换的设备叫做调制解调器。频带传输的最主要技术就是调制和解调。

2．数字数据的模拟信号编码

模拟信号传输的基础是载波，它是频率恒定的连续信号。调制器和解调器是完成数字信号和模拟信号之间的转换，以利于在模拟线路上传输数字信号的主要设备。

所谓调制就是进行波形变换，是利用基带信号对高频振荡载波的参量进行修改。最常用的载波是正弦波，它有振幅 A、频率 f 和初相位角 φ。通过对载波的振幅、频率、初相位进行修改，就分别对应了三种最基本的调制方法，即调幅、调频和调相。

（1）调幅（AM）：载波的振幅随基带数字信号的变化而变化，又称为幅移键控。例如，信号 0 对应于无载波输出，即振幅为 0。而 1 对应有载波输出，即振幅为 1，如图 2.9 所示。

（2）调频（FM）：载波的频率随基带数字信号而变化，又称为频移键控。例如，0 对应于频率 f_1，1 对应于频率 f_2，如图 2.9 所示。

（3）调相（PM）：载波的初相位随基带数字信号而变化，又称为相移键控。例如，0 对应于相位 180°，1 对应于相位 0°，如图 2.9 所示。

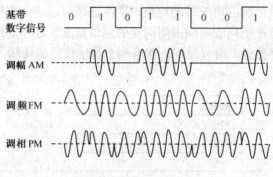

图 2.9　几种调制方法

2.1.7　多路复用技术

在数据通信或计算机网络系统中，传输媒体的能力往往会超出单一信号对媒体要求的能力，这样如果只传送一路信号，传输媒体的有效资源就没有得到充分利用。为了有效利用通信线路，就希望一个信道能同时传输多路信号，这就是所谓多路复用的概念。采用多路复用技术能把多个信号组合在一条物理信道上进行传输，这在远距离传输时，可大大节省电缆的安装和维护费用。图 2.10 所示为一个复用概念。每一个源和目标对都用一个共享信道发送数据而互不干扰，线路两端都需要一个多路复用器和分用器，以便实现双向通信。

图 2.10　复用概念

1. 频分复用

频分多路复用技术（FDM）是按照频率不同来区分信号的一种方法，把传输频带分成若干个较窄的频带，每个频带构成一个子通道，独立地传输各自的信息。一个具有一定带宽的线路可以划分为若干个频率范围，互相之间没有重叠，且在每个频率范围的中心频率之间保留一段距离。这样，一条线路被划分成多个带宽较小的信道，每个信道可以供一对终端通信。频分复用的所有用户在同样的时间占用不同的带宽资源，如图 2.11（a）所示。

频分多路复用技术必须妥善处理两个问题：串话和互调噪声。为了避免两个相邻频段的互相干扰，频段之间必须保留一定的间隙，称为保护带。

2. 时分复用

时分复用（TDM）是将一条线路的工作时间划分为一段段等长的时分复用帧（TDM 帧），每一个 TDM 帧中再划分成若干时间片，每一个时分复用的用户在每个 TDM 帧中占用固定序号的时间片，来使用公共线路。在图 2.11（b）中画出了 4 个用户，即 A、B、C 和 D。

在图中我们看到一个用户所占用的时间片是周期性出现的，这个周期就是一个帧的长度。时分复用的所有用户是在不同的时间占用同样的频带宽度。这种复用方法的优点是技术比较成熟，但缺点是不够灵活。时分复用则更有利于数字信号的传输。

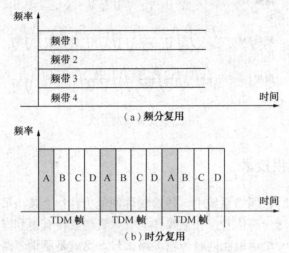

（a）频分复用

（b）时分复用

图 2.11　频分复用和时分复用

当使用时分复用系统传送计算机数据时，由于数据的突发性质，一个用户对已经分配到的子信道的利用率一般是不高的。当用户在某一段时间暂时无数据传输时（例如用户正在键盘上输入数据或正在浏览屏幕上的信息），就只能让已经分配到手的子信道空闲着，而其他用户也无法使用这个暂时空闲的线路资源。统计时分复用就是一种改进的时分复用，它能明显地提高信道的利用率。

统计时分复用 STDM 使用 STDM 帧来传送复用的数据。但每一个 STDM 帧中划分的时间片的数目要小于进行复用的用户数。每一帧中的时间片不再是固定分配给某个用户，而是按需动态地给每个用户分配时间片。图 2.12 所示仍假定有 4 个用户，但每一个 STDM 帧只有两个时间片。因此统计时分复用可以提高线路的利用率。另外，我们还可以发现，在输出线路上，某一个用户占用的时隙并不是周期性地出现。因此统计时分复用又称为异步时分复用，而普通的时分复用称为同步时分复用。最后强调的是这里的 TDM 帧和 STDM 帧与数据链路层的帧不是一个概念。

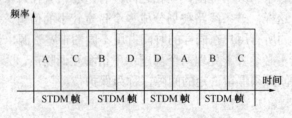

图 2.12　统计时分复用

3. 波分复用

波分复用（WDM）就是光的频分复用。是把光的波长分割复用，在一根光纤中同时传输多个不同波长光信号的一项技术。其基本原理是在发送端将不同的光信号组合起来，也是复用过程；耦合到光缆线路上在一根光纤中进行传输，在接收端又将组合波长的光信号区分开来，即完成解复用过程，再通过进一步处理，恢复出原信号后送入不同的终端。最初，人们只能在一根光纤上复用两路光信号，这种复用方式称为波分复用 WDM。随着光纤通信技术的发展，在一根光纤上复用的路数越来越多。现在已能做到在一根光纤中复用 80 路或更多路数的光信号，这就是密集波分复用 DWDM 的概念。

2.2　数据交换技术

在进行数据通信时，如果采用在所有用户之间架设直达的线路，则是不现实的，是对通信资源的极大浪费。因而必须通过有中间结点的网络把数据从源端点发送到目的端点，以此实现通信。这些中间的结点就是一些交换设备，它们不关心数据内容，而只是提供一个传递功能，使数据从一个结点传到另一个结点直至到达目的地。交换设备以某种方式用传输链路相互连接起来就构成交换网络。图 2.13 显示的是一个交换网络的拓扑结构。从通信资源的分配角度来看，"交换"就是按照某种方式动态地分配传输线路的资源。目前常用的数据交换有：电路交换、分组交换和报文交换。

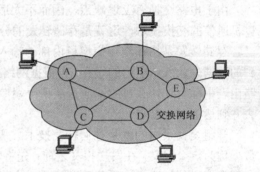

图 2.13　交换网络，A、B、C、D、E 都为交换结点

2.2.1　电路交换

电路交换是根据电话交换原理发展起来的。电路交换的过程类似于打电话，当用户要求发送数据时，先进行呼叫（即拨号），由交换网络预先给用户分配传输链路。用户如果呼叫成功，则在主叫用户与被叫用户之间就接通了一条固定的物理的数据传输链路。此后双方可以互相通信，通信完毕挂机后自动释放该链路。

由此看来，电路交换属于电路资源预分配系统，即每次通信时，通信双方都要连接电路，电路被分配给一对固定用户。那么，不管该电路上是否有数据传送，其他用户一直不能使用该电路直至通信双方要求拆除此电路连接为止。所以电路交换的关键点就是：在通信的全部时间内用户始终占用端到端的固定传输链路。

电路交换方式的特征是在整个路径中均采用物理连接，一般适用于传输信息量大的场合。其优点是数据传输可靠、迅速、不丢失。但是采用电路交换方式传送计算机或终端数据时，有以下缺点。

（1）由于通信的传输线路是专用的，即使在没有数据传送时，别人也不能利用。由于计算机数据是突发式地出现在传输线路上，因此线路上真正用来传送数据的时间往往不到

10%甚至 1%。在绝大部分时间里，通信线路实际上是空闲的。例如，当用户阅读屏幕上的信息或用键盘输入和编辑一份文件时，或计算机正在进行处理而尚未得出结果时，宝贵的通信线路资源实际上并未被利用而是白白被浪费了。所以采用电路交换方式进行数据通信的效率较低，网络资源的利用率较低。

（2）由于计算机和各种终端在信息传输速率、编码格式等方面很不一样，在采用电路交换时，不同类型、不同规格、不同速率的终端很难互相进行通信。

（3）电路交换不够灵活。只要在通信双方建立的通路中任何一点出了故障，就必须重新拨号建立新的连接，这对十分紧急和重要的通信是很不利的。

2.2.2　分组交换与报文交换

由于电路交换有上述缺点，因而不太适合用于计算机通信，所以必须采用更适合于计算机通信的交换技术，这就是存储转发的分组交换与报文交换。

存储转发是指在结点交换机内部的输入和输出端口之间没有直接的连线，交换机将收到的数据先放入结点内的缓存，再根据网络上线路的闲忙状态，以及结点内部的路由表（在路由表中标有到什么目的地应该从哪个端口转发的信息），确定将数据交给某个端口转发出去并到达下一个结点。

分组交换采用的就是存储转发技术。那么什么是分组呢？一般我们将需要发送的整块数据称为一个报文，在发送报文之前，先将较长的报文划分成为一个个更小的等长数据段，典型数据段的长度是一千位到几千位。在每一个数据段前面，加上首部后，就构成了一个分组。分组又可以称为"包"，而首部也可称为"包头"。分组是在计算机网络中传送的一个数据单位。在一个分组中，"首部"是非常重要的，只有在首部中才包含了目的地址和源地址等重要的控制信息，使得每一个分组能在分组交换网中独立地选择路由。

采用分组交换，在源端点与目的端点之间不需要先通过呼叫建立连接，主机直接把分组发送到交换结点，由于每个分组都携带地址信息，因此每个交换结点收下整个分组后，会根据分组的目的地址信息找到下一个结点的地址，然后把分组发送到下一个结点，一直逐个结点地转送到目的主机。

在图 2.14 中，用圆圈表示的是交换结点。现在假定主机 A 向主机 C 发送数据。主机 A 先将分组一个个地发往结点 1。此时，除链路 A—1 外，网内其他通信链路并不被目前通信的双方所占用。结点 1 将主机 A 发来的分组放入缓存，然后根据网络情况，将分组发往结点 2。此时分组只占用 1—2 这段链路进行传送，并不占用网络其他部分资源。当分组到达结点 2 时，就将分组交给主机 C。但主机 A 发向主机 C 的分组还可以沿着另一条路径到达，如图中另一

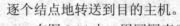
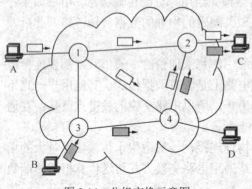

图 2.14　分组交换示意图

分组通过 A—1—4—2—C 的路径到达目的地。图中还画出了在网络中同时还有其他主机在

进行通信，主机 B 通过结点 3、4 和 2 与主机 C 通信。

因为分组较短，因此在每个交换结点分组是暂存在存储器中而不是存储在磁盘中，这就保证了较高的交换速率。采用存储转发的分组交换，实质上是采用了在数据通信过程中动态分配传输带宽的策略。这对传送突发式的计算机数据非常合适，使得通信线路的利用率大大提高。

报文交换也采用存储转发技术，其工作原理与分组交换相同。但报文的长度要比分组长得多，因此每个结点在进行存储转发时，不仅使用存储器，还要使用到磁盘才能存储整个报文。这样报文交换在每个结点的滞留时间就较大，导致报文交换的时延较长。

2.2.3　交换技术的比较

图 2.15 表示电路交换、报文交换与分组交换的数据传输特点和主要区别。图中 A 和 D 分别是源站点和目的站点，而 B 和 C 是中间结点。

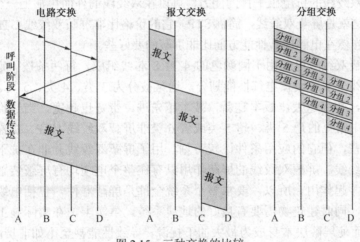

图 2.15　三种交换的比较

从图 2.15 可以看出，不同交换技术适用于不同场合。若要连续传送大量的数据，而且传送时间远大于呼叫建立时间，则采用在数据通信之前预先分配传输链路的电路交换较为合适。报文交换和分组交换不需要预先分配传输链路，在传送突发数据时可提高整个网络的信道利用率。分组交换比报文交换的时延小，但其结点交换机必须具有更强的处理能力。

当端到端的通路是由很多段链路组成时，采用分组交换传送数据比用电路交换还有另一个好处，这是因为采用电路交换时，只要整个通路中有一段链路不能用，通信就不能进行。但分组交换可以将数据一段一段地像接力赛跑那样传过去。

2.3　传输媒体

传输媒体又称为传输介质或传输媒介，它是数据传输系统中在发送端和接收端之间的物理通道。传输媒体可分为两大类，即有向传输媒体与无向传输媒体。有向传输媒体包括双绞线电缆、同轴电缆和光缆，提供了一种从一个设备到另一个设备的通道，通过有向媒体传输的信号沿着介质的方向传播并被局限在其物理边界内。无向传输媒体则不使用物理导体进行传输，而是将信号通过自由空间传播出去，从而使任何一个具有接收设备的人都能接收它。

2.3.1 双绞线

双绞线是把两根互相绝缘的铜导线并排放在一起，然后用规则的方法绞合起来构成的。绞合可以减少对相邻导线的电磁干扰。使用双绞线最多的地方就是到处都有的电话系统。几乎所有的电话都用双绞线连接到电话交换机。通常将一定数量的这种双绞线捆成电缆，在其外面包上硬的护套构成双绞线电缆。模拟传输和数字传输都可以使用双绞线，其通信距离一般为几千米到十几千米。由于双绞线的价格便宜且性能也不错，因此使用十分广泛。

为了提高双绞线的抗电磁干扰的能力，可以在双绞线的外面再加上一个用金属丝编织成的屏蔽层，这就是屏蔽双绞线，简称STP。它的价格比非屏蔽双绞线UTP要贵一些，因为有屏蔽层，当然在电磁屏蔽性能方面比非屏蔽的要好些。

普通非屏蔽双绞线电缆由不同颜色的4对8芯线组成，每两条按一定规则绞织在一起，成为一对线。双绞线按电气性能划分，通常被分为3类、4类、5类、超5类、6类双绞线等类型，数字越大，版本越新，技术越先进，带宽也越宽，当然价格也就越贵。目前在局域网中常见的是5类、超5类或者6类非屏蔽双绞线UTP。虽然屏蔽双绞线的抗干扰性能好些，但它的应用条件比较苛刻，用了屏蔽双绞线并非在抗干扰方面就一定强于非屏蔽双绞线。屏蔽双绞线的屏蔽作用只有在整个电缆均有屏蔽装置并且两端正确接地的情况下才起作用。所以，要求整个系统全部是屏蔽器件，包括电缆、插座、水晶头和配线架等，同时建筑物需要有良好的地线系统。事实上，在实际施工时，很难全部完美接地，从而使屏蔽层本身成为最大的干扰源，导致性能甚至不如非屏蔽双绞线UTP。所以，除非有特殊需要，通常在综合布线系统中只采用非屏蔽双绞线UTP。常用UTP双绞线型号如表2.1所示。

与双绞线相接的是RJ-45连接器，俗称"水晶头"。双绞线的两端必须都安装RJ-45插头，以便插在网卡、集线器或交换机的RJ-45接口上。

表2.1 常用UTP双绞线型号

分　类	传输频率	最高传输速率	主　要　应　用	最大网段长度	连接器采用形式
3类	16MHz	10Mb/s	语音	100 m	RJ
4类	20MHz	16Mb/s	语音	100 m	RJ
5类	100MHz	100Mb/s	语音 100 BASE-T 以太网	100 m	RJ
超5类	100MHz	155Mb/s	语音 100 BASE-T 以太网	100 m	RJ
6类	250MHz	1000Mb/s	1000 BASE-T 以太网	100 m	RJ

2.3.2 同轴电缆

同轴电缆比双绞线有更好的抗干扰作用。同轴电缆由一个中心的铜质导线或是多股绞合线外包一层绝缘皮，再包上一层金属网状编织的屏蔽体以及保护塑料外层共同组成。由于外导体的金属屏蔽层的作用，才使同轴电缆具有很好的抗干扰特性，目前被广泛用于较高速率的数据传输中。图 2.16 所示就是同轴电缆的结构。

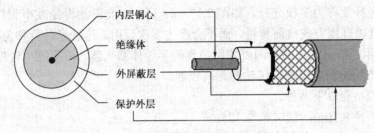

图 2.16 同轴电缆结构

可以将同轴电缆分为两类，这是按照它们的特性阻抗数值的不同来分的。一类是 50Ω 的同轴电缆，是为数据通信传送基带数字信号的。因此，50Ω同轴电缆又称为基带同轴电缆。用这种同轴电缆可以将基带信号以 10Mb/s 的速率传送 1km。一般传输速率越高，所能传送的距离就越短。50Ω的同轴电缆又有粗缆和细缆之分，计算机网络中常用的有 RG-8 粗缆和 RG-58 细缆。

另一类是 75Ω的同轴电缆，用于模拟传输系统，它是有线电视系统 CATV 中的标准传输电缆。在这种电缆上传送的信号采用了频分复用的宽带信号，所以 75Ω同轴电缆又称为宽带同轴电缆。在电话通信系统中，带宽超过一个标准话路（4kHz）的频分复用系统都可以称为"宽带"，但在计算机通信中，"宽带系统"是指采用了频分复用和模拟传输技术的同轴电缆网络。宽带同轴电缆用于传送模拟信号时，其频率可高达 300～400MHz，而传输距离可达 100km。

2.3.3 光纤

与前两种媒体不同，光纤是由非常透明的石英玻璃拉成丝，外面加上包层而构成的，并以光波形式传输信号。

光纤通信就是利用光纤传递光脉冲来进行通信。有光脉冲相当于 1，而没有光脉冲相当于 0。在发送端有光源，可以采用发光二极管或半导体激光器，它们在电脉冲的作用下能产生出光脉冲，在接收端利用光电二极管做成光检测器，在检测到光脉冲时可还原出电脉冲。

光纤主要由纤芯和包层构成双层通信圆柱体。纤芯用来传导光波。包层的折射率比纤芯要较低。利用光的特点，当入射角足够大时光线碰到包层就会全反射而折射回纤芯。这个过程不断重复，光就沿着光纤传输下去，如图 2.17（a）所示。

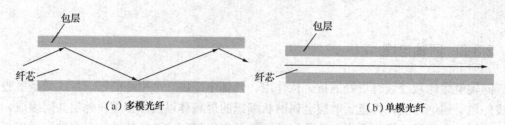

图 2.17　多模、单模光纤传输示意图

光纤的类型有两种：多模光纤和单模光纤。存在许多条不同角度入射的光线在一条光纤中传输。这种光纤就称为多模光纤，如图 2.17（a）所示。光纤的直径减小到只有一个光的波长，则光线就以直线方式向前传播，而不会产生多次反射。这种光纤就称为单模光纤，如图 2.17（b）所示。单模光纤的光源要使用昂贵的半导体激光器，而不能用较便宜的发光二极管。但单模光纤的衰减较小，传输的距离较远。

目前光纤的规格有以下两种。

（1）单模：芯径 8.3μm，包层直径 125μm。

（2）多模：芯径 50μm，包层直径 125μm；芯径 62.5μm，包层直径 125μm；芯径 85μm，包层直径 125μm；芯径 100μm，包层直径 140μm。

由于使用光纤传输的是光信号，所以光纤不会引起电磁干扰也不会被干扰。另外，光纤传送信号的距离要比铜导线远得多。因而光纤普遍被用于要求高速率及远距离传输的场合。

2.3.4　无线传输

无线传输所使用的频段很广，人们现在已经利用无线电、微波、红外线以及可见光这几个波段进行通信。

无线电微波通信在数据通信中占有重要的地位。微波的频率范围为 300MHz～300GHz，但主要是使用 2～40GHz 的频率范围。微波在空间主要是直线传播。由于微波会穿透电离层而进入宇宙空间，因此它不像短波那样可以经电离层反射传播到地面上很远的地方。因此，微波通信就有两种主要的方式——地面微波接力通信和卫星通信。

1．地面微波接力通信

由于微波在空间是直线传播，而地球表面是个曲面，因此其传播距离受到限制，一般只有 50km 左右。但若采用 100m 高的天线塔，则传播距离可增大到 100km。为实现远距离通信，必须在一条无线电通信信道的两个终端之间建立若干个中继站。中继站把前一站送来的信号经过放大后再发送到下一站，所以称为"接力"。大多数长途电话业务使用 4～6GHz 的频率范围。

微波接力通信可传输电话、电报、图像、数据等信息，其主要特点如下。

（1）微波波段频率很高，其频段范围也很宽，因此其通信信道的容量很大。

（2）因为工业干扰和天电干扰的主要频谱成分比微波频率低得多，对微波通信的危害比对短波和米波通信小得多，因而微波传输质量较高。

（3）与相同容量和长度的电缆载波通信比较，微波接力通信建设投资少，见效快。

微波接力通信也存在如下一些缺点。

（1）相邻站之间必须直视，不能有障碍物。有时一个天线发射出的信号也会分成几条略有差别的路径到达接收天线，因而造成失真。

（2）微波的传播有时会受到恶劣气候的影响。

（3）与电缆通信系统比较，微波通信的隐蔽性和保密性较差。

（4）对大量中继站的使用和维护要耗费一定的人力和物力。

2. 卫星通信

常用的卫星通信方法是在地球站之间利用位于 36 000km 高空的人造同步地球卫星作为中继站的一种微波接力通信。通信卫星就是在太空的无人值守的微波通信的中继站。可见卫星通信的主要优缺点应当大体上和地面微波通信的差不多。

卫星通信的最大特点是通信距离远，且通信费用与通信距离无关。同步卫星发射出的电磁波能辐射到地球上的通信覆盖区的跨度达 18 000 多千米。只要在地球赤道上空的同步轨道上等距离地放置 3 颗相隔 120° 的卫星，就能基本上实现全球的通信。

和微波接力通信相似，卫星通信的频带很宽，通信容量很大，信号所受到的干扰也较小，通信比较稳定。为了避免产生干扰，卫星之间相隔如果不小于 2°，则整个赤道上空只能放置 180 颗同步卫星。因为可以在卫星上使用不同的频段进行通信，因此总的通信容量还是很大的。一个典型的卫星通常拥有 12～20 个转发器，每个转发器的频带宽度为 36～50MHz。

卫星通信的另一特点就是具有较大的传播时延。不管两个地球站之间的地面距离是多少（是相隔一条街还是相隔上万千米），从一个地球站经卫星到另一地球站之间的传播时延在 250～300ms 之间，这和其他通信有较大差别。

2.4　网络结构化布线简介

目前，建筑的智能化已经是衡量建筑等级的尺度之一。新兴建筑必须满足建筑自动化、通信自动化、办公自动化以及防火自动化和信息管理自动化等方面的要求。因此，作为计算机网络系统和电话系统的基础设施，布线系统已成为计算机网络系统建设中的一个重要部分。计算机网络的布线系统有两种，一种是非结构化布线，另一种则是结构化布线。结构化布线系统是一种跨学科、跨行业的系统工程，能够满足支持综合型的应用。布线系统所采用的结构，通常要根据技术要求、地理环境和用户分布等情况而定，设计的目标是在满足使用的技术指标的情况下，使系统布线合理，造价经济，施工及维护方便。

所谓结构化布线系统，其实质就是指建筑物或建筑群内所安装的传输线路。这些传输线路将所有的语音设备、数据通信设备、图像处理与安全监视设备、交换设备和其他信息管理系统彼此相连，并按照一定秩序和内部关系组合成为整体。从用户角度来说，结构化布线系统是使用一套标准的组网部件，按照标准的连接方法来实现的网络布线系统。结构化布线系统由一系列不同的部件组成，它包括布置在建筑物或建筑群内的所有传输线缆和各种配件，例如电缆与光缆传输媒体、线路管理硬件、连接器、插头、插座、各类用户终端设备接口和外部网络接口等。目前所说的结构化布线系统还是以通信自动化为主的综合布线系统，是智能化建筑的基础。

2.4.1 结构化布线系统的组成

按照 ISO/IEC 11801 和 EIA/TIA568 布线标准的内容，结构化布线系统可以由工作区子系统、水平布线子系统、垂直干线子系统、管理子系统、设备间子系统和建筑群子系统组成。这六个子系统构成一个完整的、开放的布线系统，如图 2.18 所示。

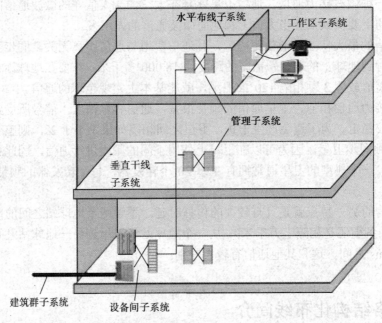

图 2.18 结构化布线系统的组成

1．工作区子系统

工作区子系统由终端设备到信息插座的连线组成，连线就是从通信的引出端到工作站之间的连接线。它主要包括与用户设备连接的各种信息插座和相关配件，终端设备包括计算机、电话机、传真机等。目前最常用的应该配备非屏蔽双绞线的 RJ-45 插座、RJ-11 电话连接插座、图像信息连接插座以及连接这些插座与终端设备之间的连接软线和扩展连接线等。工作区子系统所用的设备、器材均为统一标准规定的型号和规格，以满足话音、数据和图像等信息传输的要求。工作区子系统的布线通常属于非永久性的，根据用户的需要随时可以移动、增加或改变，既便于连接也易于管理。工作区子系统中的信息插座视网络系统的规模和终端设备的种类、数量而定。

工作区子系统中的布线、信息插座通常安装在工作间四周的墙壁下方，也有安装在用户办公桌上的。不论安装在何处，应以方便、安全、不易损坏为目的。

2．水平布线子系统

水平布线子系统又称分支干线子系统或水平干线子系统。与垂直干线相比，水平布线子系统是建筑物平面楼层的分支系统，它的一端来自垂直干线的楼层配线间（即管理子系统）的配线架，另一端与工作区的用户信息插座相连接。

根据工作区子系统设备的数量和种类，水平布线子系统所采用的传输媒体有光缆、同轴电缆和双绞线等，目前光缆和双绞线使用得最多。依据网络系统的规模，在同一楼层可以设置楼层配线架，水平布线子系统是由楼层配线架至各个用户信息插座为止的通信线路。规模不大时，水平布线子系统也可以由设备子系统的配线架直接连到本楼层各个用户的信息插座为止。为了网络系统的安全、可靠和施工方便，水平布线子系统中的传输媒体中间不宜有转接结点，两端宜直接从配线架到工作区连接插座。若水平布线子系统覆盖的范围很大，一个楼层的工作区又很多，以后又可能需要有一定的扩充量的话，为适应实际需要，水平布线子系统的设计可以允许在有些工作区或适当部位设置转接结点。但转接结点不宜过多，转接过多后容易产生电缆附加串音，影响传输质量。

水平布线子系统的布线通常有暗管预埋、墙面引线，或地下管槽、地面出线两种。前者布线方法适应多数建筑系统，然而一旦敷设完成则不宜更改和维护。后者的布线方法最适合于少墙、多柱的环境，而且更改和维护方便。一般常用的水平布线大多都采用地下管槽、地面引线或墙面引线。环境复杂时，也可以根据实际情况灵活处理。

事实上，水平布线子系统与传统的专业布线系统的配线通信线路相似，是由各个楼层的配线架起，分别引到各个楼层的通信引出端为止的通信线路。

3．垂直干线子系统

垂直干线子系统也称为干线子系统，是高层建筑垂直连接的各种传输媒体的组合。通过垂直连接系统将各个楼层的水平布线子系统连接起来，满足各个部分之间的通信要求，所以说它是结构化布线的骨干部分。在结构化布线的设计中，可根据各楼层的不同技术要求，分别选择相应的缆线规格或数量。例如，干线可以是光缆、同轴电缆或大对数双绞线，以满足数据与话音的需要。

垂直干线系统的布线一般是垂直安装。典型的安装方法是将传输媒体安装在沿着贯穿建筑物各个楼层的竖井之内，并固定在垂直竖井的钢铁支架上，确保其牢固程度。垂直竖井在每个楼层有连接水平子系统的分支房间，这个房间通常称为管理子系统。在多层高建筑或两层以上的低建筑中，这一系统构成垂直子系统关系，在单层建筑中，它的作用虽不是垂直关系，但它的功能仍然起着连接其他子区的中枢作用。

垂直干线子系统与高层建筑传统的专业布线系统相似，通过一个垂直管道或垂直竖井将所有的通信传输线置于其内，在每个楼层做一个分支（即管理子系统），再由管理子系统中的配线架到每一用户。

4．管理子系统

管理子系统由各个楼层的配线架构成，实现垂直干线子系统与水平布线子系统之间的连接。管理子系统也称配线系统，它就像一个楼层调度室。由它来灵活调整一层中各个房间的设备移动和网络拓扑结构的变更。通过该系统能够将一个用户端子调控到另一个用户端子或设备上，也可以将某一个水平布线子系统调整到另一个水平布线子系统。整个网络系统需要调控布线时或用户有什么变更，都可以通过配线架上的跳线实现重新布线的连接顺序。这样就能够有机地调整各个工作区域内的线路连接关系。这就是结构化布线系统中灵活性的关键所在。

管理子系统常用的设备包括双绞线配线架或跳线板、光缆配线架或跳线系统，除此之外还有一些集线器、适配器和光缆的光/电转换设备等。

管理子系统相当于传统专业布线系统中的屋内通信线路交换箱、配线箱或跳线板等接续设备。

5．设备间子系统

设备间子系统是一幢楼中集中安装大型通信设备、主机、网络服务器、网络互联设备和配线接续设备的场所。这个房间是放置网络系统的公用设备，也是进出线的地方。由这里监视、管理建筑物内的整个网络系统。设备间子系统所连接的设备主要是服务的提供者，并包含大量的与用户连接的端子。该机房担负户外系统与户内系统的汇合，同时集中了所有系统的传输媒体、公用设备和配线接续设备等。

在设备间子系统的位置选择方面，一方面要兼顾与垂直子系统、水平布线子系统的连接方便，同时还要考虑电磁干扰环境的要求等。它涉及结构化布线的投资、施工安装与维护等，所以通常选择在一幢楼的中部楼层。该机房供电要求也格外严格，通常必须配备不间断电源（UPS），而且还要有备份电源。其他方面的环境要求也要比普通机房的要求严格得多。

设备间子系统相当于传统专业布线系统中的外线引入机房，是通信线路的进线和总配线架等设备集中的枢纽。

6．建筑群子系统

建筑群子系统是将一个建筑物中的电缆延伸到建筑群的另一些建筑物中的通信设备和装置上。建筑群子系统也叫户外子系统。结构化布线系统不仅仅局限于一个建筑物，而是面对一个建筑楼群，需要一个系统来完成楼与楼之间的连接，或者是各楼设备间子系统与设备间子系统中的干线连接，实现这个功能的系统就是建筑群子系统。

建筑群子系统支持提供楼群之间通信所需要的硬件，例如光缆、同轴电缆或双绞线等传输媒体。具体采用什么媒体，根据网络的规模、通信的传输距离和用户的容量而确定，除此之外还需要配置保护装置以及其他一些配件。如果考虑到避免雷击的可能，通常优先考虑采用光缆。建筑群子系统的布线，通常有通过地下管道布线和架空布线两种方式。建筑群子系统与户内系统的连接需要有专门的房间，这个机房就是设备间子系统。

建筑群子系统实质上相当于传统专业布线系统中各幢建筑物之间的通信线路。

2.4.2　结构化布线系统中的传输媒体

在计算机网络的结构化布线系统中，最常用的传输媒体有电话线路、双绞线、同轴电缆、光纤电缆、微波和卫星通信等。

结构化布线中如何选择传输媒体不仅受网络拓扑结构的限制，还要考虑其他一些因素，如用户容量、网络可靠性、网络所支持的数据类型和网络的环境等。

双绞线的价格便宜，安装方便，性能可靠。与同轴电缆相比虽然带宽受到一些限制，但应用范围十分广泛。在结构化布线系统中，无论是在传统的专业布线中，还是在电话系统中，其应用量都最多，与配线架或接续设备的连接也非常方便，在技术上都能满足要求。

同轴电缆与双绞线相比价格稍高，具有容量大、数据速率高和传输距离远等特点。但由于连接器件的可靠性不高，在目前计算机网络的布线中较少被采用。

由于光缆低噪声、低损耗、抗干扰等性能，被应用于远距离传输中。光缆在结构化布线系统中，特别是在建筑群主干线或建筑物的主干线的布线中使用很广泛。

2.4.3　结构化布线中的连接部件

连接设备是结构化布线系统中的重要组成部分。结构化布线的连接部件包括配线架或接续设备和各种传输媒体的连接硬件。

1. 配线架

配线架在结构化布线系统中起着非常重要的作用。建筑群主干线布线系统、建筑物主干线布线系统和垂直布线系统等都需要配线架。配线架由各种各样的跳线板与跳线组成，它能够方便地调整各个区域内的线路连接关系。当需要调控布线系统时，通过配线架系统的跳线重新配置布线的连接顺序。它不仅能够将一个用户端子跳接到另一个用户端子或者设备上，而且能够将整个楼层的布线线路跳接到另一条线路上。跳线的种类很多，如光纤跳线、电缆跳线等。为了操作方便，电缆配线架大多都采用无焊接的连接方法。

2. 双绞线连接设备

双绞线布线系统中的连接部件主要是 RJ-45，除此之外就是用户的信息接插座（也叫通信引出端子），以便与终端设备相连接。

3. 同轴电缆连接设备

同轴电缆布线中所需要的连接部件比较多，如粗同轴电缆中使用的 N 系列连接器（包括阴、阳），N 系列桶形连接器、粗转细转换器（包括阴、阳），N 系列端接器等，其中端接器有 N 系列和 BNC 系列两种，其阻值大小是由所用电缆的阻抗特性决定的。目前的粗电缆和细电缆都是 50Ω。通常工作站发送的信息从连接工作站的 BNC 头向两边的传输媒体传送，一直到网络的两个端头。端接器的作用就是接收到传送媒体端头的信号，使其不被反射回传，从而保证整个网络能正常工作。细同轴电缆中所用的有 BNC 连接器（Q9 接头）、BNCT 连接器、BNC 桶形连接器和 BNC 端接器等。

4．光缆连接设备

光缆在布线中需要的连接设备有光缆配线架、光纤连接器和光/电转换器等设备。

2.4.4　结构化布线系统标准

结构化布线已经成为一种产业，目前已经出台了结构化布线的设计、施工和测试等标准，同时也有相应的进口产品和国产设备，例如线缆、配线接续设备等。其标准有：

- EIA/TIA 568　商业建筑电信布线标准；
- ISO/IEC 11801　建筑物通用布线的国际标准；
- EIA/TIA TSB-67　非屏蔽双绞线系统传输性能验收规范；
- EIA/TIA 569　民用建筑物通信通道和空间标准；
- EIA/TIA　民用建筑中有关通信接地标准；
- EIA/TIA　民用建筑通信管理标准。

我国于 1995 年 3 月批准并颁布《建筑与建筑群综合布线系统工程设计规范》标准，即 CECS92:97 建筑与建筑群综合布线系统工程设计规范。

2.5　物理层协议

物理层位于 OSI 参考模型的最底层，担负着计算机网络最基本的信息传输任务，本节介绍网络层的基本概念，以及典型的物理层协议。

2.5.1　物理层的基本概念

物理层主要考虑的是怎样才能在连接各种计算机的传输媒体上传输数据的比特流。由于传输媒体又叫做物理媒体，因此容易使人误认为传输媒体就是物理层的内容。但实际上具体的传输媒体不在物理层内，而是在它的下面。物理层直接面向实际承担数据传输的物理媒体。为什么物理层不包括具体的连接计算机的物理设备和传输媒体呢？这是因为现有计算机网络中的物理设备和传输媒体的种类非常繁多，而通信手段也有许多不同方式。物理层的作用正是要尽可能地屏蔽掉这些差异，使物理层上面的数据链路层感觉不到这些差异，这样就可使数据链路层只需要考虑如何完成本层的协议和服务，而不需要考虑网络具体的传输媒体是什么。

物理层的数据传输单位为比特，即一个二进制位（"0"或"1"）。实际的比特流传输必须依赖于传输设备和物理媒体，物理层是在物理媒体之上为数据链路层提供一个传输比特流的物理连接。

网络结点的物理层控制网络结点与物理通信通道之间的物理连接。物理层上的协议有时也称为接口。物理层协议主要规定物理信道的建立、维持及释放的特性，这些特性包括机械的、电气的、功能的和规程的四个方面。这些特性保证物理层能通过物理信道在相邻网络结点之间正确地收、发比特流，即保证比特流能送上物理信道，并且能在另一端取下它。物理层只关心比特流如何传输，不关心比特流中各比特具有什么含义，而且对传输差错也不做任何控制。就像投递员只管投递信件，并不关心信件中是什么内容一样。

OSI 参考模型对物理层给出的定义为：在物理信道实体之间合理地通过中间系统，为比特流传输所需的物理连接的激活、保持和去除提供机械的、电气的、功能的和规程的手段。比特流传输可以采用异步传输，也可以采用同步传输完成。另外，原来的国际电报电话咨询委员会 CCITT（现在为国际电信联盟 ITU-T）在 X.25 建议书中也给出了类似的定义：利用物理的、电气的、功能的和规程的特性在 DTE 和 DCE 之间实现对物理信道的建立、保持和拆除功能。

在这里引出了两个新名词：DTE 和 DCE。DTE 叫做数据终端设备，是具有一定的数据处理能力以及发送和接收数据能力的设备，是数据的源或目的。DTE 具有根据协议控制数据通信的功能，但大多数数字数据处理设备的数据传输能力是很有限的。直接将相隔很远的两个数据处理设备连接起来是不能进行通信的，必须在数据处理设备和传输线路之间加上一个中间设备，这个中间设备就是数据电路终接设备 DCE。DCE 的作用就是在 DTE 和传输线路之间提供信号变换和编码功能，并且负责建立、保持和释放物理信道的连接。如图 2.19 所示是 DTE 与 DCE 相连的接口图。

图 2.19　DTE 与 DCE 之间的接口

DTE 可以是一台计算机或一个终端，也可以是各种 I/O 设备。而典型的 DCE 就是一个与模拟线路相连的调制解调器。DTE 与 DCE 之间的接口一般都有许多条并行线，包括多种信号线和控制线。DCE 将 DTE 传过来的数据按比特流顺序逐个发往传输线路，或反过来从传输线路收下来串行的数据比特流，然后再交给 DTE。这就需要高度协调地工作，因此必须对 DTE 和 DCE 的接口进行标准化。这种接口标准就是物理层协议。

物理层的主要任务就是确定与传输媒体相连的接口的机械特性、电气特性、功能特性和规程特性。

1．机械特性

DTE 和 DCE 作为两种分立的不同设备通常采用接线器实现机械上的互联，即一种设备的引出导线连接插头，另一种设备的引出导线连接插座，然后通过插头、插座将两种设备连接起来。为了使不同厂家生产的 DTE、DCE 设备便于连接，物理层的机械特性要对接口所用接线器的形状和尺寸、插针或插孔数目以及排列、固定和锁定装置等做出详细的规定，就像平时常见的各种规格的电源插头的尺寸都有严格规定一样。一般来说，DTE 的接线器常用插针形式，其几何尺寸与 DCE 接线器相配合，插针芯数和排列方式与 DCE 接线器成镜像对称。

2. 电气特性

DTE 与 DCE 之间有多根导线相连，这组导线中除了地线是无方向性的以外，其他信号线均有方向性。物理层的电气特性规定了这组导线的电气连接及有关电路的特性，一般包括接收器和发送器电路特性的说明、表示信号状态（"1"和"0"）的电压是什么范围、最大数据传输速率的说明，以及与互联电缆相关的规则等。

3. 功能特性

物理层的功能特性是指接口的信号根据其来源、作用以及与其他信号之间的关系而各自具有的特定功能，即某条线上出现的某种电平的电压表示什么意义。接口电缆线按功能一般可分为数据线、控制线、定时线和接地线等四类。

4. 规程特性

物理层的规程特性规定了使用交换电路进行数据交换的控制步骤，或者说是规定了不同功能的各种可能事件出现的顺序，按照这样的顺序才能完成比特流的传输。

2.5.2 物理层标准举例

在了解了物理层的基本概念后，下面介绍两种最常用的物理层标准。

1. EIA-232-E 接口标准

EIA-232-E 是由美国电子工业协会 EIA 制定的著名物理层标准。RS 表示是 EIA 的一种"推荐标准"，232 是编号。最早是 1962 年制定的标准 RS-232，在 1969 年修订为 RS-232-C，C 是标准 RS-232 以后的第三个修订版本。1987 年 1 月，修订为 EIA-232-D。1991 年又修订为 EIA-232-E。由于标准修改得并不多，因此现在很多厂商仍用旧的名称。有时简称为 EIA-232，或更简单就是 232 接口。

EIA-232 是 DTE 与 DCE 之间的接口标准，如图 2.20 所示。DTE 实际上是数据的信源或信宿，DCE 是完成数据由信源到信宿的传输任务。EIA-232 接口只控制 DTE 与 DCE 之间的通信，与连接在两个 DCE 间的电话网络没有直接的关系。

图 2.20　EIA-232 接口

下面介绍 EIA-232 的 4 个特性。

（1）机械特性。EIA-232 的机械特性符合 ISO 2110 插头座的标准，就是使用 25 根引脚的 DB-25 插头座。引脚分为上、下两排，分别有 13 根和 12 根引脚，其编号分别规定为 1～13 和 14～25。另外规定了插头要装在 DTE 上，插座应装在 DCE 上。

（2）电气特性。EIA-232 的电气特性与 CCITT 的 V.28 建议书一致。EIA-232 采用负逻辑。就是说，逻辑 0 用＋3V 或更高的电压表示，逻辑 1 用-3V 或更负的电压表示。在数据线中，逻辑 0 相当于数据的"0"，逻辑 1 相当于数据的"1"。在控制线用逻辑 0 表示"接通"状态，逻辑 1 表示"断开"状态。在连接电缆线的长度不超过 15m 时，允许数据传输速率不超过 20kb/s。

（3）功能特性。EIA-232 的功能特性与 CCITT 的 V.24 建议书一致，它规定了 25 根引脚各与哪些电路连接以及每个引脚的作用。实际上有些引脚可以空着不用，图 2.21 画的是最常用的 10 根引脚的作用，括号中的数目为引脚的编号。引脚 7 是信号地，即公共回线。引脚 1 是保护地（即屏蔽地），有时可不用。引脚 2 和引脚 3 都是传送数据的数据线。"发送"和"接收"都是对 DCE 而言的。有时将保护地去掉，只用图中的 9 个引脚，制成专用的 9 芯插头座，供计算机与调制解调器进行连接。

图 2.21　EIA-232 的信号定义

（4）规程特性。EIA-232 的规程特性规定了在 DTE 和 DCE 之间发生的事件的合法顺序。下面通过图 2.20 中的例子说明两个 DTE 通信时所经过的几个主要步骤。

① 当 DTE-A 要和 DTE-B 进行通信时，就将引脚 20 "DTE 就绪"置为 ON，同时通过引脚 2 "发送数据"向 DCE-A 传送电话号码信号。

② DCE-B 将引脚 22 "振铃指示"置为 ON，表示通知 DTE-B 有入呼叫信号到达（在振铃的间隙以及其他时间，振铃指示均为 OFF 状态）。DTE-B 就将其引脚 20 "DTE 就绪"置为 ON。DCE-B 接着产生载波信号，并将引脚 6 "DCE 就绪"置为 ON，表示已准备好接收数据。

③ 当 DCE-A 检测到载波信号时，将引脚 8 "载波检测"和引脚 6 "DCE 就绪"都置为 ON，以便使 DTE-A 知道通信电路已经建立。DCE-A 还可通过引脚 9 "接收数据"向 DTE-A 发送在其屏幕上显示的信息。

④ 接着，DCE-A 向 DCE-B 发送其载波信号，DCE-B 将其引脚 8 "载波检测"置为 ON。

⑤ 当 DTE-A 要发送数据时，将其引脚 4 "请求发送"置为 ON。DCE-A 作为响应将引脚 5 "允许发送"置为 ON。然后 DTE-A 通过引脚 2 "发送数据"来发送其数据。DCE-A 将数字信号转换为模拟信号向 DCE-B 发送过去。

⑥ DCE-B 将收到的模拟信号转换为数字信号经过引脚 3 "接收数据"向 DTE-B 发送。

有时需要把两台计算机通过 EIA-232 接口直接相连，这时要采用虚调制解调器的解决方法。虚调制解调器是在没有 DCE 设备的环境下提供了 DTE-DCE/DCE-DTE 的接口。那么为什么要用虚调制解调器，而不用标准的 EIA-232 电缆呢？假设用标准 EIA-232 电缆连接两个 DTE 设备，则两个 DTE 设备都会在引脚 2 这同一条线上发送数据，而在引脚 3 这条线上等待接收数据。两个 DTE 设备都在向对方的发送引脚而不是接收引脚发送数据，接收线 3 彻底空闲了，因为它被排除在整个传输之外了。而发送线 2 则充满了冲突和噪声以及不会被任何一台 DTE 所接收的信号。这种情况下，从一台设备到另一台设备的数据传输是不可能的。因此要采用虚调制解调器的方法。所谓虚调制解调器就是一段电缆，其中的连线交叉，连接方法如图 2.22 所示。虚调制解调器是一种 EIA-232 接口标准，它使得两端的 DTE 都相信自己是与一个调制解调器相连接，但实际上并没有真正的调制解调器。

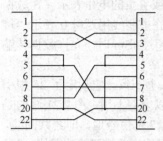

图 2.22　虚调制解调器引脚连接

2．RS-449 接口标准

EIA 在 1977 年制定了一个新的接口标准 RS-449，用于克服 EIA-232 接口的缺点。EIA-232 接口标准有两个较大的弱点：

- 数据的传输速率最高为 20kb/s；
- 连接电缆的最大长度不能超过 15m。

实际上，RS-449 由 3 个标准组成，其机械、功能和规程特性由 RS-449 定义，其电气特性则分别由 RS-423A 和 RS-422A 两个标准定义。

（1）RS-449：规定接口的机械特性、功能特性和规程特性。RS-449 采用 37 根引脚的插头座。

（2）RS-423A：规定在采用非平衡传输时的电气特性。非平衡传输是指所有的电路共用一个公共地。当连接电缆长度为 10m 时，数据的传输速率可达 300kb/s。

（3）RS-422A：规定在采用平衡传输时的电气特性。平衡传输是指所有的电路没有公共地。传输速率可以提高到 2Mb/s，而连接电缆长度可超过 60m。当连接电缆长度短至 10m 时，则传输速率可以高到 10Mb/s。

通常 EIA-232 用于标准电话线路（一个话路）的物理层接口，而 RS-449 则用于宽带电路，其典型的传输速率为 48～168kb/s，都是用于点到点的同步传输。

练 习 题

一、选择题

1．采用全双工通信方式，数据传输的方向性结构为（　　）。

　　A．可以在两个方向上同时传输

    B．只能在一个方向上传输

    C．可以在两个方向上传输，但不能同时进行

    D．以上均不对

2．（   ）是指在一条通信线路中可以交替双向传输数据的方法。

    A．单工通信   B．全双工通信   C．同步通信   D．半双工通信

3．若信道的复用是以信息在一帧中的时间位置（时隙）来区分，不需要另外的信息头来标志信息的身份，则这种复用方式为（   ）。

    A．异步时分复用   B．频分多路复用

    C．同步时分复用   D．以上均不对

4．下面哪种复用技术可将每个信号转换到不同的载波频率上？（   ）

    A．频分复用   B．同步时分复用

    C．异步时分复用   D．以上都不是

5．在同步 TDM 中，对于 N 个信源，每一帧至少包含（   ）个时间片？

    A．$0 \sim N$ B．$N+1$ C．$N-1$ D．N

6．（   ）是指将待传输的每个字符的二进制代码按由低位到高位的顺序传输。

    A．串行通信   B．双工通信   C．单工通信   D．并行通信

7．RS-232E 的机械特性规定使用的连接器类型为（   ）。

    A．DB-15 连接器   B．DB-25 连接器

    C．DB-20 连接器   D．RJ-45 连接器

8．（   ）是指将数字信号转变成可以在电话线上传输的模拟信号的过程。

    A．调制   B．解调   C．采样   D．压缩

9．在常用的传输介质中，带宽最宽、信号传输衰减最小、抗干扰能力最强的是（   ）。

    A．无线通道   B．双绞线   C．同轴电缆   D．光缆

10．在（   ）中，光线传输几乎是水平的，而且相对来说其直径较小。

    A．多模光纤   B．单模光纤   C．大气   D．金属导线

11．UTP 电缆是（   ）。

    A．屏蔽双绞线   B．单模光纤   C．同轴电缆   D．非屏蔽双绞线

12．如果曼彻斯特编码的波形如下图所示，那么它所表示的二进制比特串是（   ）。

曼彻斯特编码的波形

    A．1101001010   B．1101001011   C．0010110100   D．0010100101

13．OSI 的哪一层规定了接口的机械、电气、功能和规程特性？（   ）

    A．物理   B．数据链路   C．网络   D．传输

二、填空题

1．物理层是 OSI 参考模型的最底层，其数据传送单位是_____，物理层接口

特性一般包括＿＿＿＿＿＿＿＿、＿＿＿＿＿＿＿＿＿＿、＿＿＿＿＿＿＿＿＿＿、＿＿＿＿＿＿＿＿＿＿四个方面。

  2．最常用的两种多路复用技术为＿＿＿＿＿＿＿＿＿＿和＿＿＿＿＿＿＿＿＿＿＿＿＿，其中，前者是同一时间同时传送多路频率不同的信号，而后者是将一条物理信道按时间分成若干个时间片轮流分配给多个信号使用。

  3．计算机网络常用的有线通信媒体有＿＿＿＿＿＿、＿＿＿＿＿＿＿＿、＿＿＿＿＿＿＿。

  4．在计算机网络中，数据交换技术有三种：＿＿＿＿＿＿＿＿＿＿、＿＿＿＿＿＿＿＿＿＿、＿＿＿＿＿＿＿＿＿＿＿＿。

三、问答题

  1．什么是单工、半双工和全双工通信方式？举出你所知道的例子。

  2．异步传输与同步传输的主要思想是什么？分析这两种方式各自的特点。

  3．比较几种典型的交换方式的特点。

  4．什么是曼彻斯特和差分曼彻斯特编码？其特点如何？

  5．比较频分复用、时分复用和统计时分复用的主要特点。

  6．何为结构化布线系统？简述结构化布线系统的特点和它的主要应用场合。

  7．常用的传输媒体有哪几种？各有什么特点？

  8．非屏蔽双绞线分为几种类型？当前应用的主要类型是哪几种？

  9．物理层要解决哪些问题？物理层的主要特点是什么？

  10．物理层的接口有哪几个方面的特性？各包含什么内容？

  11．EIA-232 的机械、电气、功能和规程特性定义了什么内容？

  12．分别画出采用以下编码技术对比特流 010011110 进行编码的波形图。

  （1）单极性全宽码和归零码。

  （2）曼彻斯特编码。

  （3）差分曼彻斯特编码。

第 3 章

局域网设计

局域网在计算机网络中占有重要地位。本章从介绍数据链路层开始，进而讨论局域网的特点与体系结构，主要介绍以太网的工作原理、各种以太网标准以及局域网中用到的一些设备。

3.1 数据链路层基础

3.1.1 数据链路层的基本概念

数据链路层是 OSI 参考模型中的第二层，它以物理层为基础，向网络层提供可靠的服务，因此要求数据链路层能够建立和维持一条或多条没有数据发送错误的数据链路，并在数据传输完毕后能够释放数据链路。

实际上，"链路"与"数据链路"并不是一回事。"链路"就是一条无源的点到点的物理线路段，中间没有任何其他的交换结点。一条链路只是一条通路的一个组成部分，而"数据链路"则是指当需要在一条线路上传送数据时，除了必须有一条物理线路外，还必须有一些必要的规程来控制这些数据的传输。因此，数据链路就是在链路上加上了实现这些规程的硬件和软件后构成的。当采用复用技术时，一条实际的物理链路上可以有多条数据链路。我们有时又把链路称为物理链路，把数据链路称为逻辑链路。

数据链路层最重要的作用就是：通过一些数据链路层协议（即链路控制规程），在不太可靠的物理链路上实现可靠的数据传输。为此，数据链路层必须完成的主要功能有：

（1）链路管理。链路管理就是进行数据链路的建立、维持和拆除。当网络中的两个结点要进行通信时，数据的发送方必须确切知道接收方是否已经处于准备接收的状态。通信双方必须要交换一些必要的信息，也就是必须先建立一条数据链路。同时，在传输数据时要维持数据链路，而在通信完毕时要拆除数据链路。

（2）帧同步。在数据链路层，数据的传送单位是帧。数据一帧一帧地传送，就可以在出现差错时，将有差错的帧再重传一次，从而避免了将全部数据都进行重传。因为物理层上交给数据链路层的是一串比特流，所以帧同步是指接收方应当能从收到的比特流中准确地区分出一帧的开始和结束在什么地方。

（3）流量控制。为防止双方速度不匹配或接收方没有足够的接收缓存而导致数据拥塞或溢出，数据链路层要能够调节数据的传输速率，即发送方发送数据的速率必须使接收方来得及接收。当接收方来不及接收时，就必须及时控制发送方发送数据的速率。

（4）差错控制。数据链路层必须要配备一套检错和纠错的规程，以防止数据帧的错误、丢失与重复。在计算机通信中，广泛采用两类编码技术用于纠错。一类是前向纠错，即接收方收到有差错的数据帧时，能够自动将差错改正过来。这种方法的开销较大，不适合于计算机通信。另一类是检错重传，即接收方可以检测出收到的帧中有差错，但并不知道是哪几个比特错了，于是让发送方重复发送这一帧，直到收方正确收到这一帧为止。这种方法在计算机通信中是最常用的。

（5）将数据和控制信息区分开。在多数情况下，数据和控制信息处于同一帧中，因此一定要有相应的措施使接收方能够将它们区分开来。

（6）透明传输。所谓透明传输就是不管所传数据是什么样的比特组合，都应该能够在链路上传送。当所传数据中的比特组合恰巧出现了与某一个控制信息完全一样的情况时，必须采取适当的措施，使接收方不会将这样的数据误认为是某种控制信息。这样才能保证数据链路层的传输是透明的。

（7）寻址。必须保证每一个帧都能发送到正确的目的站。接收方也应知道发送方是哪个站。

其中，差错控制和流量控制是数据链路层的两个重要的功能，最简单也是最基本的就是采用停止等待协议。

1. 停止等待协议

当两个主机进行通信时，发送方将数据从应用层逐层往下传，经物理层到达通信线路。通信线路将数据传到远端主机的物理层后，再逐层向上传，最后由应用层交给远程应用程序。在发送方和接收方的数据链路层分别有一个发送缓存和接收缓存。如果进行全双工通信，则在每一方都要同时设有发送缓存和接收缓存。设置缓存是非常必要的，因为在通信线路上数据是以比特流形式串行传输的，但在计算机内部数据的传输是以字节为单位并行传输的。因此必须在计算机的存储器中设置一定容量的缓存，以便解决数据传输速率不一致的矛盾。

为了使接收方的接收缓存在任何情况下都不会溢出，流量控制的最简单办法就是发送方每发送一帧就暂时停下来。接收方收到数据帧交付主机后发送一个信息给发送方，表示接收任务已经完成。这时，发送方才发送下一个数据帧。显然，用这样的方法收发双方能够同步得很好，发送方发送数据的流量受到接收方的控制。由接收方控制发送方的数据流量是计算机网络中流量控制的一个基本方法。图 3.1 所示发送方主机 A 每发完一帧就停下来，当接收方将数据帧交付主机 B 后向发送方 A 发送信息。在这里我们假设数据在传输中不会出现差错，所以接收方发回的信息不需要有任何具体的内容，就能起到流量控制的作用。

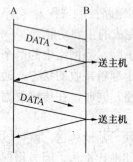

图 3.1　简单的流量控制

　　数据链路层在进行流量控制的同时，也要进行差错控制。解决差错控制的方法是接收方在收到一个正确的数据帧后，即交付主机，同时向发送方发送一个确认帧 ACK。当发送方收到确认帧 ACK 后才能发送一个新的数据帧，如图 3.2（a）所示。

　　当数据帧在传输过程中出现了差错时，接收方很容易检验出收到的数据帧是否有差错，一旦发现有错，接收方会将该帧丢弃，同时向发送方发送一个否认帧 NAK，以表示发送方应当重传出现差错的那个数据帧，如图 3.2（b）所示，主机 A 重传数据帧。如果多次出现差错，就要多次重传数据帧，直到收到对方发来的确认帧 ACK 为止。当通信线路质量太差时，发送方在重传一定的次数后就不再进行重传了，而是将此情况向上一层报告。

　　还会出现一种情况：可能结点 B 收不到结点 A 发来的数据帧，即帧丢失，如图 3.2（c）所示。发生帧丢失时结点 B 当然不会向结点 A 发送任何确认帧，如果结点 A 要等收到结点 B 的确认信息后再发送下一个数据帧，就将永远等待下去。于是就出现了死锁现象。如果结点 B 发过来的确认帧丢失，也会同样出现这种死锁现象。

　　要解决死锁问题，可在结点 A 发送完一个数据帧时启动一个超时计时器。若到了超时计时器所设置的重传时间 t 仍收不到结点 B 的任何确认帧，则结点 A 就重传前面所发送的这一数据帧，如图 3.2（c）、（d）所示。一般可将重传时间选为略大于从发完数据帧到收到确认帧所需的平均时间。

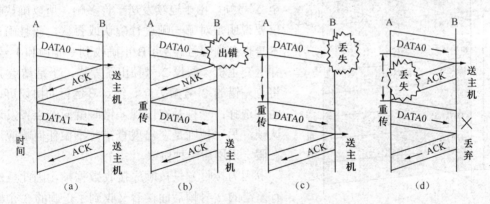

图 3.2　数据帧在传输中的几种情况

　　然而现在问题并没有完全解决。当出现数据帧丢失时，超时重传的确是一个好办法。但是若丢失的是确认帧，则超时重传将使主机 B 收到两个同样的数据帧。由于主机 B 现在无法识别重复的数据帧，因而在主机 B 收到的数据中出现了另一种差错：重复帧。重复帧也是一种不允许出现的差错。

　　要解决重复帧的问题，就必须使每一个数据帧带上不同的发送序号。每发送一个新的数据帧就把它的发送序号加 1。如果结点 B 收到发送序号相同的数据帧，就表明出现了重复帧，这时就丢弃该重复帧，因为已经收到过同样的数据帧并且也交给主机 B 了。但此时结点 B 还必须向结点 A 发送一个确认帧 ACK，因为结点 B 已经知道结点 A 还没有收到上一次发过去的确认帧 ACK。

　　在停止等待协议中，由于每发送一个数据帧就停止等待，因此只要用一个比特进行编号。一个比特可以有 0 和 1 两种不同的序号。这样数据帧的发送序号就以 0 和 1 交替的方式出现在数据帧中。每发送一个新的数据帧，发送序号就和上次的不一样，接收方就能够区分开新的数据帧和重传的数据帧。

从以上我们看出，发送方在发送完数据帧时，必须在其发送缓存中保留此数据帧的副本。这样才能在出差错时进行重传。只有在收到对方发来的确认帧 ACK 后，才能清除此副本。由于发送方对出错的数据帧进行重传是自动的，所以这种差错控制体制常简称为 ARQ（Automatic Repeat Request），直译是自动重传请求，意思就是自动请求重传。

2. 连续 ARQ 协议

停止等待的优点在于简单，在下一个帧发送之前都进行检验并应答。缺点是效率低，停止等待方式是很慢的。在线路上总是只有一帧。每一帧都使用跨越整个线路所需的时间来发送和接收。为了提高效率，可采用连续 ARQ 的方式，即在发送完一个数据帧后，不是停下来等待确认帧，而是可以连续再发送若干个数据帧。如果这时收到了接收方发来的确认帧，则还可以接着发送数据帧。

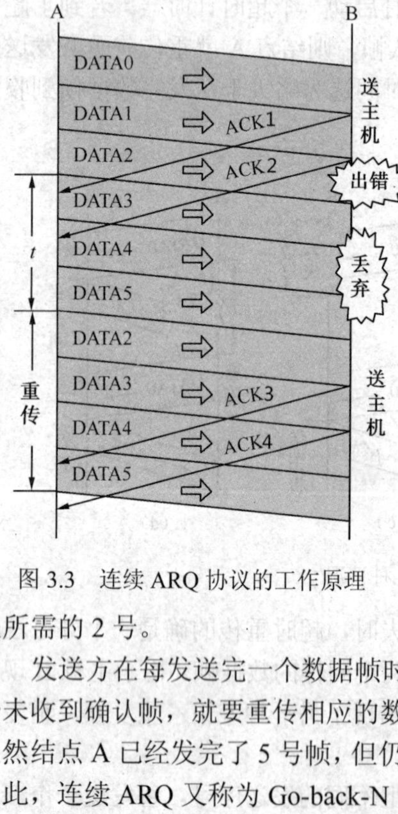

如图 3.3 所示的例子表示了连续 ARQ 的工作原理。结点 A 向结点 B 发送数据帧，当结点 A 发完 0 号帧后，不是停止等待，而是继续发送后续的 1 号至 5 号帧。由于连续发送了许多帧，所以确认帧不仅要说明是对哪一帧进行确认或否认，而且确认帧本身也必须编号。结点 B 正确收到 0 号帧和 1 号帧，并上交主机。假设 2 号帧出了差错，于是结点 B 就将有差错的 2 号帧丢弃。结点 B 运行的协议可以有两种选择：一种是在出现差错时就向结点 A 发送否认帧，另一种则是在出现查错时不做任何响应。现在假定采用后一种协议。

因为接收方只按顺序接收数据帧，因此虽然在有差错的 2 号帧后面接着又收到了正确的 3 个帧，但都必须将它们丢弃，因为这些帧的发送序号都不

图 3.3　连续 ARQ 协议的工作原理

是所需的 2 号。

发送方在每发送完一个数据帧时都要设置超时计时器。只要到了所设置的超时时间而仍未收到确认帧，就要重传相应的数据帧。在等不到 2 号帧的确认而重传 2 号数据帧时，虽然结点 A 已经发完了 5 号帧，但仍必须向回走，将 2 号帧及其以后的各帧全部进行重传。因此，连续 ARQ 又称为 Go-back-N ARQ，意思是当出现差错必须重传时，要向回走 N 个帧，然后再开始重传。

3. 滑动窗口协议

虽然连续 ARQ 协议允许发送方在没有收到对方的确认帧时，就可以连续再发送若干数据帧，但实际上发送方并不能无限制地发送数据帧。因此，在连续 ARQ 协议中，应将已发送出去但未被确认的数据帧的数目加以限制。这也就是要使用滑动窗口协议的原因。

首先在连续 ARQ 协议中涉及对发送的数据帧如何编号的问题,因为数据帧的发送序号要占用较多的位数,会增加额外的开销。在停止等待协议中,无论发送多少帧,只要使用一位进行编号就够了,发送序号循环使用 0 和 1 这两个序号。对于连续 ARQ 协议也可以采用同样的原理,即循环重复使用已收到确认的那些帧的序号,这样就只需要用有限的几个比特来编号就够了。当然,这就需要使用发送方的发送窗口和接收方的接收窗口来控制。

发送窗口的作用是用来对发送方进行流量控制,发送窗口的大小 W_T 就代表在还没有收到对方确认帧的情况下发送方最多可以发送多少个数据帧,即用窗口对收到确认之前可以发送的数据帧的数目进行了限制。在发送方只有落入发送窗口的数据帧才能发送出去,发完后如果还没有收到任何确认信息,就不能再发送。显然停止等待协议的发送窗口大小是 1,表示只要发送出去的某个数据帧没有得到确认,就不能再发送下一个数据帧。

我们用实例来说明发送窗口的概念。现在假定数据帧发送序号用 3 个比特编码,即帧序号的取值是 0~7,共 8 个不同的编号。又设发送窗口大小 $W_T=7$,即在未收到对方确认的情况下,发送方最多可以发送出去 7 个数据帧。在开始发送时,这时在带有阴影的发送窗口内(即在窗口左边界和右边界之间)共有 7 个序号,即 0~6。落入在发送窗口内的序号的数据帧就是发送方现在可以发送的帧。若发送方发完了这 7 个帧(从 0 号帧到 6 号帧)还没有收到确认信息,则由于发送窗口已填满,就必须停止发送而进入等待状态,如图 3.4(a)所示。一旦收到 0 号帧的确认信息后,就将 0 号帧从发送窗口清除,发送窗口空出一个位置,就可以向前滑动 1 个号。如图 3.4(b)所示,现在 7 号帧已落入发送窗口之内,因此发送方现在就可以发送这个 7 号帧。假设以后又有 3 帧(1~3 号)的确认帧陆续到达,于是发送窗口又可以再向前滑动 3 个号,即 0 号、1 号和 2 号帧落入发送窗口之内,如图 3.4(c)所示,此时发送方继续可发送的数据帧的序号是 0 号、1 号和 2 号,这时候的 0 号、1 号和 2 号已经是第二轮使用这些序号的新的数据帧了。

在接收方设置接收窗口是为了控制可以接收哪些数据帧而不可以接收哪些数据帧。在接收方只有发来的数据帧的序号落入接收窗口内才允许将该数据帧收下。如果接收到的数据帧的序号不是接收窗口中的序号,则一律将其丢弃。在连续 ARQ 协议中,接收窗口的大小 $W_R=1$。如图 3.5(a)所示,一开始接收窗口处于 0 号帧处,表示接收方准备接收 0 号帧。一旦正确收到 0 号帧,即向发送方发送对 0 号帧的确认信息,同时接收窗口向前滑动 1 个号,如图 3.5(b)所示,表示准备接收 1 号帧。假设以后又顺序正确收到 1~3 号帧时,接收窗口即滑动到如图 3.5(c)所示的位置,准备接收 4 号帧。

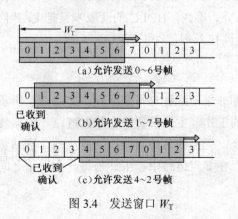

图 3.4 发送窗口 W_T

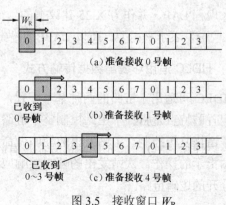

图 3.5 接收窗口 W_R

连续 ARQ 协议还规定接收方不一定每收到一个正确的数据帧就必须发回一个确认帧，而是可以在连续收到好几个正确的数据帧以后，才对最后一个数据帧发确认。对某一数据帧的确认就表明该数据帧和此前所有的数据帧均已正确无误地收到了。这样做可以使接收方少发一些确认帧，因而减少了开销。

正因为收、发两端的窗口按照以上规律不断地向前滑动，因此这种协议称为滑动窗口协议。当用 n 个比特进行编号时，如果接收窗口的大小为 1，则发送窗口的大小必须是 $W_T \leqslant 2^n-1$，这样才能保证连续 ARQ 协议正确运行。当采用 3 比特进行编号时，发送窗口的最大值就是 7。

3.1.2　链路控制规程 HDLC

为了实现数据链路层数据的可靠传输，收、发双方都应该遵守一定的协议或准则，这些约定的协议或准则称为数据传输链路规程，又称为数据链路控制规程。数据链路层协议分为两大类，一类叫做面向字符的传输控制规程，另一类叫做面向比特的传输控制规程，即它们所传信息的基本单位分别是字符和比特。

面向字符的链路控制规程有 IBM 公司的二进制同步通信规程 BSC、DEC 公司的数字数据通信报文规程 DDCMP 等。所谓面向字符就是说在链路上传送的数据必须是由规定字符集中的字符组成。而且，在链路上传送的控制信息也必须由同一个字符集中若干指定的控制字符构成。但随着计算机通信的发展，这种面向字符的链路控制规程就逐渐暴露出其弱点。如著名的 BSC 规程，其限制主要是：通信线路的利用率低；所有通信的设备必须使用同样的字符代码，而不同版本的 BSC 规程要求使用不同的代码；可靠性较差；不易扩展，每增加一种功能就需要设定一个新的控制字符。所以出现了面向比特的链路控制规程来代替旧的面向字符的链路规程。

面向比特的链路控制规程以比特作为传输基本单位。最早出现于 1974 年，在 IBM 公司推出的著名的体系结构 SNA 中，数据链路层规程采用了面向比特的规程 SDLC。后来 ISO 把 SDLC 修改后称为 HDLC（High-level Data Link Control），译为高级数据链路控制，作为国际标准 ISO 3309。我国的相应国家标准是 GB 7496。CCITT 则将 HDLC 再修改后称为链路接入规程 LAP，并作为 X.25 建议书的一部分。不久，HDLC 的新版本又把 LAP 修改为 LAPB，"B"表示平衡型，所以 LAPB 叫做链路接入规程（平衡型）。

1. HDLC 适用环境与数据传输方式

HDLC 可适用于链路的两种基本配置，即非平衡配置与平衡配置，如图 3.6 所示。非平衡配置的特点是由一个主站控制整个链路的工作。主站负责建立数据链路、数据传送和链路差错恢复等控制。主站发出的帧叫做命令，受控的各站叫做次站或从站。次站负责执行主站指示的操作，次站发出的帧叫做响应。在多点链路中，主站与每一个次站之间都有一个分开的逻辑链路。

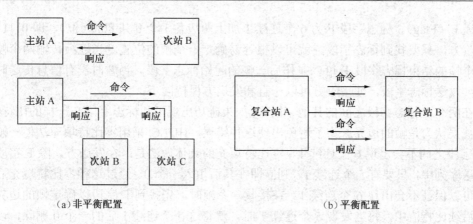

（a）非平衡配置　　　　　　　　　　　（b）平衡配置

图 3.6　两种基本配置

　　平衡配置只能是点对点工作，其特点是链路两端的两个站都是复合站。复合站同时具有主站与次站的功能，因此每个复合站都可以发出命令和响应。

　　HDLC 有 3 种基本数据传送模式。对于非平衡配置，可以有两种方式，一是正常响应方式 NRM，其特点是只有主站才能发起向次站的数据传输，而次站只有在主站向它发送命令帧进行轮询时，才能以响应帧的形式回答主站；另一种用得较少的是异步响应方式 ARM，这种方式允许次站发起向主站的数据传输，即次站不需要等待主站发过来命令，而是可以主动向主站发送响应帧。但是主站仍负责链路的初始化、链路的建立和释放，以及差错恢复等。

　　对于平衡配置则只有异步平衡方式 ABM，其特点是每个复合站都可以平等地发起数据传输，而不需要得到对方复合站的允许。

2．HDLC 的帧结构

　　数据链路层的数据传送是以帧为单位的。一个帧的结构具有固定的格式。HDLC 规程无论是信息帧与控制帧都使用统一的标准格式，如图 3.7 所示。它们由标志字段 F、地址字段 A、控制字段 C、信息字段 I 及帧检验序列 FCS 组成。

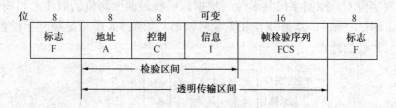

图 3.7　HDLC 帧结构

　　下面分别介绍各字段的意义。

　　（1）标志字段 F。物理层要解决比特同步的问题。但是，数据链路层要解决帧同步的问题。所谓帧同步就是从收到的比特流中能正确无误地判断出一个帧从哪个比特开始以及到哪个比特结束。为此，HDLC 规定了在一个帧的开头（即首部中的第一个字节）和结尾（即尾部中的最后一个字节）各放入一个特殊的标记，作为一个帧的边界。这个标记叫做标志字段 F（Flag）。标志字段 F 为 6 个连续 1 加上两边各 1 个 0 共 8bit（位），即 01111110。在接收方，只要找到标志字段，就可以很容易确定一个帧的位置。当连续传输两个帧时，前一个帧的结束标志字段 F 可以兼作后一帧的起始标志字段。当暂时没有信息传送时，可以连续发送标志字段，使接收方可以一直和发送方保持同步。

在两个 F 标志字段之间的其他字段中，如果碰巧出现了和标志字段 F 一样的比特组合，就会被误认为是帧的边界。为了避免出现这种错误，HDLC 采用零比特填充法使一帧中两个 F 字段之间不会出现 6 个连续 1。零比特填充的具体做法是：在发送方，除 F 字段以外的发送序列中，只要有 5 个连续 1，则立即在其后填入一个 0。经过这种零比特填充后的数据就可以保证不会出现 6 个连续 1。在接收一个帧时，先找到 F 字段以确定帧的边界，接着在后续比特流中，每当发现 5 个连续 1 时，就将这 5 个连续 1 后的一个 0 删除，以还原成原来的比特流。这样就保证了在所传送的比特流中，不管出现什么样的比特组合，也不至于引起帧边界的判断错误。例如，要发送的数据中某一段比特流为 11001111110011，这中间 01111110 的组合恰好与 F 标志相同，但采用零比特填充后比特流就变为 110011111010011，然后才发送到接收方。在接收方，将 5 个连续 1 后的 0 删除就恢复成原来的比特流。

采用零比特填充法就可以传送任意组合的比特流，或者说，就可以实现链路层的透明传输。即图 3.7 中两个 F 字段之间注明的"透明传输区间"。

（2）地址字段 A。地址字段 A 占 8 位。在使用非平衡方式传送数据时，地址字段总是写入次站的地址。但在平衡方式时，地址字段总是填入响应站的地址。在非平衡方式的正常响应模式中，主站发命令填对方的站地址，次站发响应填的是本方站地址。也就是主站发出帧的地址段指示由哪个次站接收该帧，次站发的帧中地址表示是哪个次站发送。地址段全部为 1 时，表示广播地址，每个次站均可接收，地址段中全部为 0 是无效地址。

（3）信息字段 I。从网络层交下来的分组，变成数据链路层的数据。这就是 HDLC 的信息字段。信息字段的长度没有具体规定，一般信息字段长度是 8 位的倍数。

（4）帧检验序列 FCS。该字段占 16 位，其作用是进行差错控制。检验时采用 CRC 校验方式，检验的范围是从地址字段的第一位起，到信息字段的最末一位为止。

（5）控制字段 C。控制字段共 8 位。根据该字段最前面两位的取值，可将 HDLC 帧划分为三大类，即信息帧 I、监督帧 S 和无编号帧 U。如图 3.8 所示是控制字段各位的含义。下面介绍这三种帧的特点。

控制字段位	1	2	3	4	5	6	7	8
信息帧 I	0	N(S)			P/F	N(R)		
监督帧 S	1	0	S		P/F	N(R)		
无编号帧 U	1	1	M		P/F	M		

图 3.8 HDLC 控制字段各位含义

① 信息帧。用控制字段的第 1 位为 0 来表示。功能是执行信息的传输，其中 2~4 位为发送序号 N(S)，表示当前发送的信息帧的序号。6~8 位是接收序号 N(R)，表示这个站所期望收到的帧的序号。N(R) 带有确认的意思，它表示序号为 [N(R)-1] 的帧以及在这以前的

各帧都已经正确无误地被接收了。

有了接收序号 N(R)，就不需要专门为收到的信息帧发送确认帧了。可以在本站有信息帧发送时，将确认信息放在接收序号 N(R)中让本站发送信息帧时将确认信息一起发出去。例如，在连续收到对方 N(S)＝0～3 共 4 个信息帧后，可在即将发送的信息帧中将接收序号 N(R)置为 4，表示 3 号帧及其以前的各帧都已正确接收，而期望收到的是对方发送序号为 N(S)＝4 的信息帧。采用这种捎带的方法可以提高信道的利用率。

控制字段的第 5 位是询问/终止位。简称 P/F 位。若 P/F 值为 0，则 P/F 位没有任何意义。只有当 P/F 位的值为 1 时才具有意义。但在不同的数据传送方式中，P/F 位的用法是不一样的。在说明帧的传送过程中，为了更清楚地表示 P/F 位的作用，往往将它写成 P 或 F。在非平衡配置的正常响应方式 NRM 中，主站发出的命令帧中将该位置为 1 时，表示请求对方立即响应。在次站发出的响应帧中该位为 1，表示次站的数据发送完毕。例如，主站可以发送带 P＝1 的信息帧 I 或监督帧 S 要求次站响应。在未收到 P＝1 的命令帧时，次站不得发送信息帧 I 或监督帧 S。次站在收到 P＝1 的命令帧时，可发送一个或多个响应帧，但最后一个响应帧的 F 位必须置 1，表示响应终止，然后次站停发，直到又收到 P＝1 的命令帧为止。

② 监督帧。若控制字段的第 1、2 位为 10，则对应的帧即为监督帧 S。所有的监督帧都不包含要传送的数据信息，因此它只有 48 位长。监督帧共有四种，取决于第 3、4 位的值，对应四种不同的编码，其含义分别如下。

00：接收就绪（RR）。由主站或从站发送。主站可以使用 RR 型 S 帧来轮询从站，即希望从站传输编号为 N(R)的 I 帧，若存在这样的帧，便进行传输。从站也可用 RR 型 S 帧来进行响应，表示从站希望从主站那里接收的下一个 I 帧的编号是 N(R)。

01：拒绝（REJ）。由主站或从站发送，用于要求发送方对从编号为 N(R)开始的帧及其以后所有的帧进行重发，同时表示 N(R)-1 帧及这以前的帧都已正确接收。

10：接收未就绪（RNR）。表示目前正处于忙状态，尚未准备好接收编号为 N(R)的帧，但编号 N(R)-1 帧及这以前的帧都已正确接收，这可用来对链路流量进行控制。

11：选择拒绝（SREJ）。它要求发送方发送编号为 N(R)的单个 I 帧，并表示其他编号的 I 帧已全部确认。

四种监督帧中，前三种用在连续 ARQ 协议中，而最后一种只用在选择重传 ARQ 协议中。

显然，监督帧不需要有发送序号 N(S)，但监督帧中的接收序号 N(R)却很重要。在 RR 和 RNR 两种监督帧中的 N(R)都具有同样的含义，因此这两种监督帧都相当于确认帧 ACK。REJ 则相当于否认帧 NAK，而在 REJ 帧中的 N(R)表示所否认的帧号。不过这种否认帧还带有某种确认信息，即确认序号为 N(R)-1 及其以前的各帧均已正确收到。

③ 无编号帧。若控制字段的第 1、2 位都是 1，这个帧就是无编号帧 U。无编号帧本身不带编号，即无 N(S)和 N(R)字段，而是用 5 位来表示不同功能的无编号帧。虽然总共可以有 32 个不同组合，但实际上目前只定义了 15 种无编号帧。无编号帧主要起控制作用，可在需要时随时发出。

3.1.3 Internet 的点对点协议 PPP

目前世界上用得最多的数据链路层协议不是 HDLC，而是点对点协议 PPP（Point to Point Protocol），因为 PPP 较 HDLC 简单。

1．PPP 协议简介

用户接入 Internet 的一般方法有两种，一种是用户使用拨号电话线接入 Internet，另一种是使用专线接入（这多为用户数较多的单位）。不管采用哪种方式，都要使用数据链路层协议，其中以点对点 PPP 协议使用得最多。点对点协议 PPP（Point-to-Point Protocol）是为了在同等单元之间传输数据而设计的简单数据链路层协议。

早在 1984 年 Internet 就已经开始使用一个简单的面向字符协议 SLIP（Serial Line Internet Protocol），并被广泛用于 RS-232 串口计算机和调制解调器与 Internet 的连接。SLIP 是一种在点对点的串行链路上封装 IP 数据报的简单协议，并非 Internet 的标准协议。由于 SLIP 的帧封装格式非常简单，SLIP 仅支持一种网络层协议（IP 协议）同一时刻在串行链路上发送。SLIP 没有差错检测功能，如果 SLIP 帧在传输中出错是无法在对端的数据链路层中发现的，必须交由上层来处理。正是由于上述诸多缺点，导致了 SLIP 被 PPP 协议所代替。1992 年制定了 PPP 协议，经过 1993 年和 1994 年的修订，现在的 PPP 协议已获得广泛应用，已成为互联网的正式标准。

PPP 是一种分层的协议，最初由 LCP 发起用于对链路的建立、配置和测试。在 LCP 初始化后，通过一种或多种"网络控制协议（NCP）"来传送特定协议族的通信。PPP 提供了一种在点对点的链路上封装多协议数据报（IP、IPX 和 AppleTalk）的标准方法。它具有以下特性。

（1）能够控制数据链路的建立。

（2）能够对 IP 地址进行分配和使用。

（3）允许同时采用多种网络层协议。

（4）能够配置和测试数据链路。

（5）能够进行错误检测。

（6）有协商选项，能够对网络层的地址和数据压缩等进行协商。

PPP 协议结构如图 3.9 所示。

（1）物理层实现点对点连接，采用将 IP 数据报封装到串行链路的方法。PPP 既支持异步链路（无奇偶校验的 8 比特数据），也支持面向比特的同步链路。

（2）数据链路层实现建立和配置连接，是用来建立、配置和测试数据链路的链路控制协议 LCP（Link Control Protocol）。通信双方可以协商一些选项。在[RFC1661]中定义了 11 种类型的 LCP 分组。

（3）网络层用来配置不同的网络，网络控制协议 NCP（Network Control Protocol）支持不同的网络层协议，如 IP、OSI 的网络层、DECnet、AppleTalk 等。

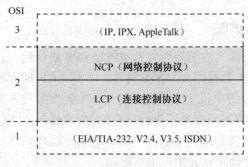

图 3.9　PPP 协议结构

2. PPP 协议帧格式

PPP 协议帧格式和 HDLC 的相似，如图 3.10 所示。所不同的是 PPP 不是面向比特而是面向字节的，因而所有的 PPP 帧的长度都是整数字节。

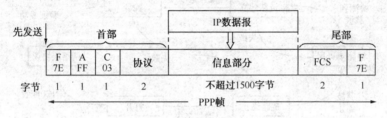

图 3.10　PPP 协议帧格式

PPP 帧的前 3 个字段和最后两个字段和 HDLC 格式是一样的。标志字段 F 仍为 0x7E（符号"0x"表示后面的字符是用十六进制表示。十六进制的 7E 的二进制表示是 01111110）。地址字段 A 只置为 0xFF（即 11111111），表示所有站都接收这个帧，由于 PPP 只用于点对点链路，地址字段实际上并不起作用。控制字段 C 通常置为 0x03（即 00000011），则表示 PPP 帧不使用编号。

PPP 与 HDLC 不同的是多了一个 2 字节的协议字段。对应该字段的不同取值，指明了数据字段所封装的协议类型。如 0x0021 表示信息字段为 IP 数据报，0xCO21 表示信息字段为链路控制数据，0x8021 表示信息字段为网络控制数据。

当信息字段出现和标志字段一样的 0x7E 组合时，就必须采取一些措施使 0x7E 不出现在信息字段中。当 PPP 用在同步传输链路时，协议规定采用硬件来完成比特填充（和 HDLC 的做法一样）。当 PPP 用在异步传输时，就使用一种特殊的字符填充法。具体做法是将信息字段中出现的每一个 0x7E 字节转变成为 2 字节序列（0x7D, 0x5E）。若信息字段中出现一个 0x7D 的字节，则将其转变成为 2 字节序列（0x7D, 0x5D）。若信息字段中出现 ASCII 码的控制字符（即数值小于 0x20 的字符），则在该字符前面要加入一个 0x7D 字节，同时将该字符的编码加以改变。

PPP 协议不提供使用序号和确认的可靠传输，没有流量和差错控制，但 PPP 有差错检测，若发现有差错，则丢弃该帧。端到端的差错检测最后由高层协议负责，因此 PPP 协议可保证无差错接收。

3．PPP 协议的工作过程

数据通信设备（路由器）的两端如果希望通过 PPP 协议建立点对点通信，则无论哪一端的设备都需要发送 LCP 数据报文来配置链路。一旦 LCP 的配置参数选项协商完后，通信双方就会根据LCP配置请求报文中所协商的认证配置参数选项来决定链路两端设备所采用的认证方式。协议默认情况双方是不进行认证的，而直接进入 NCP 配置参数选项的协商，直至所经历的几个配置过程全部完成后，点对点的双方就开始通过已建立好的链路进行网络层数据报的传送，整个链路就处于可用状态。

当任何一端收到 LCP 或 NCP 的链路关闭报文时，或物理层无法检测到载波或管理员对该链路进行关闭操作时，该条链路都会断开，从而终止 PPP 会话。如图 3.11 所示为 PPP 协议的整个链路过程需经历阶段的状态转移图。PPP 须经历以下几个阶段。

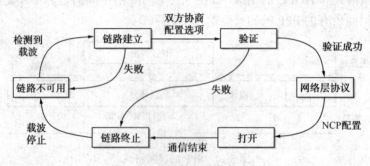

图 3.11　PPP 协议阶段状态图

（1）链路不可用阶段。有时也称为物理层不可用阶段，PPP 链路都需要从这个阶段开始和结束。当通信双方的两端检测到物理线路激活（有载波信号）并建立物理层连接后，PPP 就进入链路建立阶段。

（2）链路建立阶段。它是 PPP 协议最关键和最复杂的阶段，这时 LCP 开始协商一些配置选项，即发送 LCP 的配置请求帧。这是个 PPP 帧，其协议字段置为 LCP，而信息字段包含特定的配置请求。链路另一端可以发送三种响应：配置确认帧、配置否认帧、配置拒绝帧。

LCP 配置选项包括链路上的最大帧长、所使用的认证协议以及不使用 PPP 帧中的地址和控制字段等。协商结束后就进入验证阶段。

（3）验证阶段。多数情况两端设备是要经过认证后才进入到网络层协议阶段，但默认情况下是不进行认证的。在该阶段支持 PAP 和 CHAP 两种认证方式。验证方式的选择是依据在链路建立阶段双方进行协商的结果。

（4）网络层协议阶段。一旦 PPP 完成前面几个阶段，每种网络层协议会通过各自相应的网络层控制协议进行配置，每个 NCP 协议可在任何时间打开和关闭。当网络层配置完毕后，链路就进入可进行数据通信的打开阶段。

（5）链路终止阶段。PPP 能在任何时候终止链路。当出现载波丢失、验证失败、链路建立失败和管理员人为关闭链路等情况时均会导致链路终止。当数据传输结束后，双方通过交换 LCP 链路终止报文来关闭链路。当载波停止后则回到链路不可用阶段。

3.2 局域网的体系结构

3.2.1 什么是局域网

计算机网络在 20 世纪 70 年代末发生了巨大变化，这就是局域网的产生。局域网可使得在一个单位范围内的许多微型计算机互联在一起进行信息交换。局域网最主要的特点是：网络为一个单位所拥有，且地理范围和站点数目都有限。在局域网刚刚出现时，局域网比广域网具有较高的数据率、较低的时延和较小的误码率。但随着光纤技术在广域网中的普遍使用，现在广域网也具有很高的数据率和很小的误码率。

局域网还具有如下一些主要优点。

（1）能方便地共享昂贵的外部设备、主机以及软件、数据，从一个站点可以访问全网。

（2）便于系统的扩展和逐渐演变，各设备的位置可灵活调整和改变。

（3）提高了系统的可靠性、可用性。

局域网可以按网络拓扑结构进行分类，网络拓扑结构在第 1 章有过介绍。类型有星形网，近年来由于集线器（Hub）的出现和双绞线大量用于局域网中，星形网以及多级结构的星形网获得了非常广泛的应用；有环形网，最典型的就是令牌环形网（Token Ring），它又称为令牌环或令牌环路；有总线网，各站直接连在总线上。总线网可使用两种协议，一种是以太网使用的 CSMA/CD，另一种是令牌传递总线协议；有树形网，它是总线网的变型，都属于使用广播信道的网络。

局域网可以使用多种传输媒体。双绞线最便宜，可以用在 10Mb/s 或 100Mb/s 的局域网中。50Ω同轴电缆可用到 10Mb/s，75Ω同轴电缆可用到几百 Mb/s。光纤具有很好的抗电磁干扰特性和很宽的频带，主要用在环形网中，其数据率可达 100 Mb/s 甚至 1Gb/s。

3.2.2 局域网的层次模型

局域网的体系结构是由美国电气和电子工程师学会 IEEE 802 委员会制定的，称为 IEEE 802 参考模型。许多 802 标准现已成为 ISO 国际标准。

从本质上讲，局域网是一个通信网，其协议应该包括 OSI 协议的低三层，即物理层、数据链路层和网络层，但由于在局域网中没有路由问题，任何两点之间可用一条直接的链路，因此它不需要网络层。所以与 OSI 模型相比，局域网参考模型只有最低的两个层次。因为局域网的种类繁多，而且媒体接入控制的方法也各不相同，不像广域网那样简单。所以为了使局域网中的数据链路层不至于太过复杂，就将局域网的数据链路层划分为两个子层，即媒体接入控制或媒体访问控制 MAC 子层和逻辑链路控制 LLC 子层。802 参考模型中还包括对传输媒体和拓扑结构的规约，因为传输媒体和拓扑结构对于局域网是非常重要的。图 3.12 为局域网的层次模型与 OSI 的对应关系。

局域网中各层的功能如下。

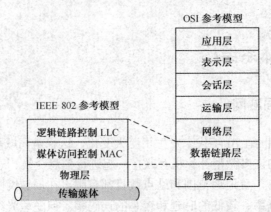

图 3.12　局域网 802 参考模型与 OSI 的对应关系

（1）物理层。与 OSI 的物理层接口功能一样，主要包括：物理接口的电气特性、连接器和传输媒体的机械特性、接口电路及其功能；信号的编码和译码功能；比特的传输与接收功能。

（2）媒体访问控制 MAC 子层。在局域网中与接入各种传输媒体有关的问题都放在 MAC 子层，提供实现不同的媒体访问控制方法。MAC 子层还负责在物理层的基础上进行无差错的通信。在 MAC 子层要将上层交下来的数据封装成帧进行发送，接收时进行相反的过程将帧拆卸。MAC 子层的数据传送单位是 MAC 帧。

MAC 子层还具有寻址功能。因此对于接入局域网的每个站，必须要有数据链路层的地址。802 标准为局域网上的每一个站规定了一种 48 位的全局地址，一般被称为 MAC 地址。当一个站接入另一个局域网时，它的全局地址并不改变。现在 IEEE 是世界上局域网全局地址的法定管理机构，它负责分配地址字段的 6 个字节中的前三个字节（即高 24 位）。世界上凡要生产局域网网卡的厂家都必须向 IEEE 购买由这三个字节构成的一个地址块。地址字段中的后三个字节（即低 24 位）则是可变的，由厂家自行分配。可见用一个地址块可以生成 2^{24} 个不同的地址。在生产网卡时这 6 个字节的 MAC 地址已被固化在网卡中了。

（3）逻辑链路控制 LLC 子层。数据链路层中与媒体接入无关的部分都放在逻辑链路控制 LLC 子层。其主要功能是要建立和释放数据链路层的逻辑连接，提供与高层的接口。LLC 提供了服务访问点地址 SAP，并通过 SAP 指定了运行于一台计算机或网络设备的一个或多个应用进程地址。MAC 子层提供的是一个设备的物理地址。LLC 子层要进行端到端的差错控制和流量控制，要给帧加上序号。LLC 子层的数据传送单位是 LLC PDU。

3.2.3　IEEE 802 标准系列

美国电气和电子工程师学会 IEEE 于 1980 年 2 月成立了 IEEE 802 局域网/城域网标准化委员会，专门研究和制定与局域网/城域网有关的标准，这些标准对促进局域网的发展起到了积极的作用。最早的 IEEE 802 委员会只有 6 个分委会，分别为 802.1～802.6，随着局域网技术的不断发展，目前已增加到了十多个分委员会，并且分别制定了相应的标准。

802.1——主要提供高层标准的框架，包括端至端的协议、网络互联、网络管理和性能测量等。

　　802.2——逻辑链路控制（LLC）。提供数据链路层的高子层功能、局域网 MAC 子层与高层协议间的一致接口。

　　802.3——载波侦听多路访问（CSMA/CD）。定义了 CSMA/CD 总线的媒体访问控制 MAC 和物理层规范。

　　802.4——令牌总线网。定义令牌总线的媒体访问控制 MAC 和物理层规范。

　　802.5——令牌环形网。定义令牌传递环的媒体访问控制 MAC 和物理层规范。

　　802.6——城域网 MAN。定义城域网和媒体访问控制 MAC 和物理层规范。

　　802.7——宽带技术咨询组。为其他分委员会提供宽带网络支撑技术的建议和咨询。

　　802.8——光纤技术咨询组。

　　802.9——综合话音/数据局域网。

　　802.10——可互操作的局域网安全标准。定义提供局域网互联安全机制。

　　802.11——无线局域网 WLAN。定义自由空间媒体的媒体访问控制 MAC 和物理层规范。

　　802.12——按需优先存取网络 100VG-ANYLAN。定义使用按需优先访问的 100Mb/s 以太网。

　　802.14——基于有线电视的宽带通信网络。

　　802.15——无线个人区域网络。

　　802.16——宽带无线接入。

　　802.17——弹性分组环传输技术 PRP。

3.2.4　媒体访问控制方法

　　局域网中，挂接在网络上的各站点都使用共享的公共传输媒体发送数据，而且要确保在一个站点发送数据时一定要独享公共传输媒体，如总线形网络所有站点共享总线电缆，环形网络各站点共享环路电缆，当一个站点通过电缆发送数据时，其他站点必须等待。这样就存在着对传输媒体的争用以及争用后如何使用传输媒体的问题，也就是构成了对媒体的控制方法，即媒体访问控制方法。

　　根据网络的拓扑结构和媒体的使用控制方式，常用的媒体控制方式有：用于以太网的带有冲突检测的载波监听多路访问 CSMA/CD；用于令牌环网的令牌控制；以及令牌总线控制。在后面的相关内容中，我们会对这几种媒体控制方式进行详细介绍。

3.3　以太网标准

　　IEEE 802.3 所支持的局域网标准最早是由美国施乐（Xerox）公司开发的，它以无源的电缆作为总线来传送数据帧，并以曾经在历史上表示传播电磁波的以太来命名。后来通过数字装备公司（Digital）以及英特尔（Intel）公司和施乐公司联合开发进而扩展为以太网标准。

3.3.1 CSMA/CD 与传统以太网

1. 以太网工作原理

最早的以太网使用总线拓扑结构，即由一根总线电缆连接多台计算机，所有计算机共享这个单一的介质。任何连接在总线上的计算机都能在总线上发送数据，并且所有计算机都能接收数据。虽然任何计算机都能通过总线向其他计算机发送数据，但总线拓扑的以太网要求要保证在任何时候只能有一台计算机发送信号，信号从发送计算机向共享电缆的两端传播。在数据帧的传送过程中发送计算机独占使用整个电缆，其他计算机必须等待。在此计算机完成传输数据帧后，共享电缆才能为其他计算机使用。如图 3.13 所示，在站点 A 发送时，其他站点都处于接收状态。

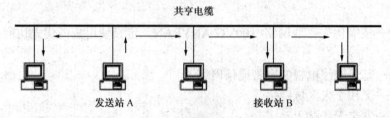

图 3.13 以太网工作原理

如果在没有任何约束情况下，多台计算机同时发送数据，就会出现不同信号在总线相互叠加而互相破坏，这样的叠加信号变为毫无用处的噪声，这就是发生了冲突。当多用户访问的线路通信量增加时，冲突的可能性也随之增加。因此需要一种机制来协调通信，使冲突发生的可能性最小。这种在以太网中使用的介质访问控制方法就是带有冲突检测的载波监听多路访问 CSMA/CD（802.3 标准）。

2. CSMA/CD 原理

在总线形网络中，一旦有一台计算机在发送数据，则总线上就会有电信号，其他计算机一般立即能够觉察到。为了防止网络上冲突的发生，在 CSMA 系统中，任何想发送数据的站点必须首先监听线路上是否已经有其他站点在发送，这可以通过检测线路上的电压值来达到监听的目的。如果没有检测到电压，线路上就被认为是空闲的，就可以发送数据；如果检测到电压，就等待。这样就减少了冲突的可能。因此 CSMA 的基本思想是：网络上任一站点要发送，先监听总线，若总线空闲，则立即发送；若总线正被占用，则等待某一时间后再发送。

CSMA 能够防止冲突的发生，即它能使计算机不去打扰正在发送数据的计算机正常工作。但它并不能完全消除冲突，冲突仍然可能发生。试想某个站刚刚发送了数据，因为信号在线路上传输有一个延迟时间，那么在信号还没有到达正在监听的站点时，监听者会认为总线是空闲的，因此会将自己的数据发送到线路上。所以必须要增加功能，这就是边发送、边监听。只要监听到发生冲突，则冲突的双方就必须停止发送。这样线路就很快空闲下来。这种边发送、边监听的功能就称为冲突检测 CD。

　　CSMA/CD 的要点是：任何想发送数据的站点必须进行监听，监听到线路空闲就发送数据帧，并继续进行监听。如果监听到发生了冲突，就立即放弃此数据帧的发送。图 3.14 为 CSMA/CD 的流程图。

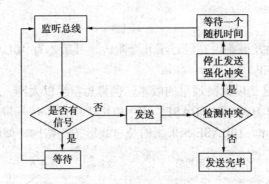

图 3.14　CSMA/CD 的流程图

　　在实际网络中，为了使每个站都能及早正确地判断是否发生了冲突，往往采取一种叫做强化冲突的措施。这就是当发送数据的站一旦发现发生了冲突时，除了立即停止发送数据外，还要再继续发送一串人为干扰信号，以便让所有用户都知道现在已经发生了冲突。

　　使用 CSMA/CD 协议时，在每个站发送数据刚刚开始的一个很短的时间内，由于电磁波在网络上传播需要时间，因此冲突仍有可能发生。这段可能发生冲突的时间间隔就称为争用期。换句话说，在争用期内有发生冲突的可能性，但一旦过了争用期网络中就不会再发生冲突了。因为过了争用期后，所有站点用 CSMA 侦听会发现总线不空闲，就会等待，不会再向外发送数据。在 CSMA/CD 中，一个帧的发送时间越是大于争用期的时间，则其性能越显著。

　　以太网取 51.2μs 为争用期的长度。对于 10Mb/s 以太网，在争用期内可发送 512 位，即 64 字节。因此以太网在发送数据时，如果前 64 字节没有发生冲突，那么后续的数据就不会发生冲突，以太网就认为这个数据帧的发送是成功的。换言之，如果发生冲突，就一定是在发送的前 64 字节之内。由于一检测到冲突就立即中止发送，这时已经发送出去的数据帧长度一定小于 64 字节。因此以太网规定，最短的有效帧长为 64 字节，凡长度小于 64 字节的帧都是由于冲突而异常中止的无效帧。

　　CSMA/CD 不仅仅能检测冲突，也能从冲突中恢复。在一个冲突发生后，计算机必须等待电缆再次空闲后才能传输帧。但如果以太网一空闲计算机就开始传输，那么另一个冲突就会发生。为了防止多次冲突，以太网要求每台计算机在冲突后延迟一段时间后再尝试传输。标准指定了最大延迟 D，并且要求每台计算机选择一个小于 D 的随机延迟。在大多数情况下，当计算机随机选择一个延迟时，它所选的值会与其他计算机所选的不同，而延迟值选择的最小的计算机将开始发送帧，网络将恢复正常运行。

　　如果有两台或多台计算机在冲突后恰好选择几乎相同的延迟，那么它们将几乎同时开始传输，导致第二次冲突。为了防止一连串的冲突，以太网要求每台计算机在每次冲突后把选择延迟的范围加倍。这样，计算机在第一次冲突后从 $0\sim D$ 之间选择一个随机延迟，在第二次冲突后从 $0\sim 2D$ 之间选择一个随机延迟，在第三次后从 $0\sim 4D$ 之间选择一个随机延迟，依次类推。在几次冲突后，选择随机值的范围变得很大，一些计算机选择了较短的延迟而无冲突传输的概率就变得很大。

3．传统以太网

传统以太网从它的发展到现在经过了几个阶段，其版本有 10BASE-5、10BASE-2、10BASE-T 以及 10 BASE-F。

（1）10BASE-5。这是以太网最早的版本，也称为粗缆以太网。这里的"10"表示信号在电缆上的传输速率为 10Mb/s，"BASE"表示电缆上的信号是基带信号，"5"表示每一段电缆的最大长度为 500m。10BASE-5 采用的是总线形拓扑结构，如图 3.15 所示。

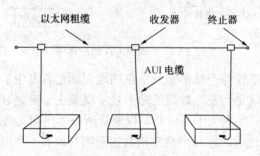

图 3.15　粗缆以太网

构建 10BASE-5 网络时，除每台计算机需要一块插在机箱内的网卡外，还需要一个收发器。收发器直接连接在粗缆上，由一根电缆连接收发器与计算机中的网卡。这样收发器总是远离计算机。把计算机中的网卡与收发器相连的电缆称为连接单元接口 AUI 电缆，网卡和收发器上的连接器称为 AUI 连接器。

组成以太网的同轴电缆的两个末端必须安装一信号终止器。使用终止器是为了当信号到达时防止反射回电缆。终止对网络的正确运行是很重要的，因为无终止电缆的末端像镜子反射光一样反射信号。如果一个站点试图在无终止电缆上发送一个信号，那么信号会从无终止的末端反射回来。当反射回来的信号到达发送站时，它将引起干扰。发送方会认为干扰是由另一个站点引起的，并使用一般的以太网冲突检测机制来回退。因此无终止的电缆是不能用的。

（2）10BASE-2。10BASE-2 又称为细缆以太网。它是一种 10BASE-5 的低廉替代品，与 10BASE-5 具有相同的数据速率，也采用总线形拓扑结构。细缆以太网的优势在于价格便宜同时便于安装。但细缆以太网每个网段的最大长度只有 185m，且只能连接较少的站点。

10BASE-2 的物理连接如图 3.16 所示。使用的连接器和电缆是：网卡 NIC、细同轴电缆、BNC-T 连接器、终止器。在这种技术中，收发器的电路转移到 NIC 中，由一个连接器代替，将站点直接连接到电缆上，这样可以不必使用 AUI 电缆。

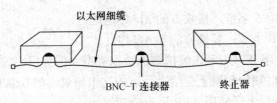

图 3.16　细缆以太网

（3）10BASE-T。10BASE-T 称为双绞线以太网，是以太网中最流行的，它不再采用总线形结构，而是采用星形拓扑结构。使用非屏蔽双绞线电缆，最大长度为 100m，数据传输速度仍为 10Mb/s。

10BASE-T 将所有网络功能集中到一个智能集线器，在集线器中为每个站点提供一个端口。每个站点仍要有网卡 NIC，双绞线与 RJ-45 连接器构成双绞线电缆，连接站点的网卡与集线器端口，如图 3.17 所示。每台计算机直接与集线器相连。

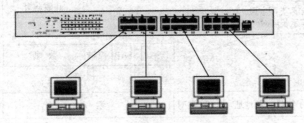

图 3.17　双绞线以太网

在 10BASE-T 网络中，集线器是使用电子部件模拟实际物理电缆的工作，因此整个网络仍然像传统的以太网一样运行。10BASE-T 虽然在物理结构上是一个星形网，但在逻辑上仍是一个总线网，各站点使用的还是 CSMA/CD 协议，网络中各个计算机必须竞争对媒体的控制，在任何时候只能有一台计算机能够发送数据。

3.3.2　以太网帧格式

常用的以太网 MAC 帧有两种标准，一是 DIX Ethernet V2 标准，另一种是 IEEE 的 802.3 标准。

现在最常用的 MAC 帧是 Ethernet V2 的格式，它比较简单，其格式如图 3.18 所示。

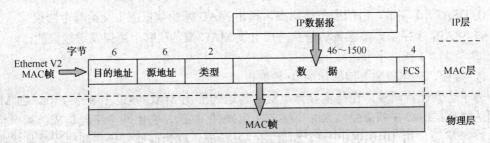

图 3.18　Ethernet V2 的 MAC 帧格式

Ethernet V2 格式由 5 个字段组成，各字段含义如下。

- 目的地址：长度 6 字节，接收方的 MAC 地址。
- 源地址：长度 6 字节，发送方的 MAC 地址。
- 类型：长度 2 字节，表示该帧携带的数据类型（即上层协议的类型），以便接收方把收到的 MAC 帧的数据上交给上一层的这个协议。如 0x0800 表示上层使用 IP 协议，0x0806 表示上层使用 ARP 请求或应答。
- 数据：长度 46～1500 字节，被封装的数据。
- 校验码：长度 4 字节，错误校验，当传输媒体的误码率为 1×10^{-8} 时，MAC 子层可使未检测到的差错小于 1×10^{-14}。

Ethernet V2 的主要特点是通过类型域标识了封装在帧里的上层数据采用的协议，通过它 MAC 帧就可以承载多个上层（网络层）协议。但其缺点是没有标识帧长度的字段。

IEEE 802.3 标准规定的 MAC 帧就稍复杂些，其格式如图 3.19 所示。

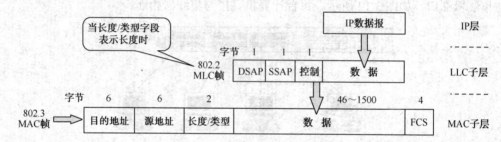

图 3.19　802.3 的 MAC 帧格式

它和 Ethernet V2 的区别如下。

（1）第三个字段是长度/类型字段。根据该字段数值的大小，可以表示为 MAC 帧封装的数据长度或者表示为 MAC 帧封装的数据类型。具体的区分如下。

① 若该字段数值小于 0x0600，这个字段就表示 MAC 帧数据的长度（请注意，不是整个 MAC 帧的长度）。

② 若该字段数值大于 0x0600（相当于十进制的 1536），则这个字段就表示类型。

（2）当长度/类型字段值大于 0x0600 表示类型时，802.3 的 MAC 帧和 Ethernet V2 的 MAC 帧一样，数据字段所封装的是来自 IP 层的 IP 数据报。当长度/类型字段值小于 0x0600 表示长度时，MAC 帧的数据字段就必须装入 LLC 子层的 LLC 帧。

LLC 帧的字段如下。

① DSAP，1 字节，目的服务访问点，指出 MAC 帧的数据应上交给哪个协议。

② SSAP，1 字节，源服务访问点，指出该 MAC 帧是从哪个协议发送过来的。

③ 控制，1 或 2 字节。

④ 数据，该字段装入网络层的 IP 数据报。

为了达到比特同步，在传输媒体上实际传送的要比 MAC 帧还多 8 个字节。当 MAC 帧到达物理层时要在帧前面插入 8 个字节（由硬件生成），它由两个字段构成。第一个字段共 7 个字节，由 10101010…（1 和 0 交替）构成，称为前同步码，其作用是使接收方在接收 MAC 帧时能迅速实现比特同步。第二个字段是帧开始定界符，定义为 10101011，表示在这后面的信息就是 MAC 帧。在 MAC 子层的 FCS 检验范围不包括前同步码和帧开始定界符。

802.3 标准规定凡出现下列情况之一的，即为无效的 MAC 帧。

① 数据字段的长度与长度字段的值不一致。

② 帧的长度不是整数字节。

③ 用收到的帧检验序列 FCS 查出有差错。

④ 数据字段的长度不在 46～1500 字节之间。

对于检查出的无效 MAC 帧就简单地丢弃，以太网不负责重传丢弃的帧。

当 MAC 帧的数据字段的数据长度小于 46 字节时，则应加以填充。有效的 MAC 帧长度为 64～1518 字节。

802.3 标准规定 64 字节最小帧长是为了解决冲突检测中可能出现的问题，即如果帧太短，冲突有可能在帧发送完毕后出现，这样发送方就检测不到了。

MAC 子层的标准规定了帧间隔为 9.6μs，即一个站在检测到总线空闲后，还要等 9.6μs 才能发送数据。这样做是为了使刚收到数据帧的站来得及做好接收下一帧的准备。

3.3.3 快速以太网

20 世纪 90 年代初，以太网速率提高到了 100Mb/s，并很快制定出向后兼容 10BASE-T 和 10BASE-F 的 100BASE-T 以太网规则，成为 802.3u 标准，并被称为快速以太网。100BASE-T 是基于集线器在双绞线上传送 100Mb/s 基带信号的星形拓扑以太网，仍然使用 CSMA/CD 协议。

快速以太网的基本思想是：保留 802.3 的帧格式和 CSMA/CD 协议，只是将数据传输速率从 10Mb/s 提高到 100Mb/s。同时规定 100BASE-T 的站点与集线器的最大距离不超过 100m。

快速以太网标准支持 3 种不同的物理层标准，分别是 100BASE-T4、100BASE-TX 和 100BASE-FX。

100BASE-T4 需要 4 对 3 类或 5 类 UTP 线，这是为已使用 UTP3 类线的用户而设计的。它用 3 对线传送数据，每对线数据传输速率为 33.3Mb/s，另一对线用做冲突检测。

100BASE-TX 需要 2 对 5 类 UTP 双绞线或 1 类 STP 双绞线，其中一对用于发送数据，另一对用于接收数据。

100BASE-FX 的标准电缆类型是内径为 62.5μm、外径为 125μm 的多模光纤，仅需一对光纤，一路用于发送，一路用于接收。100BASE-FX 可将站点与服务器的最大距离增加到 185m，服务器和工作站之间（无集线器）的最大距离增加到约 400m；而使用单模光纤时可达 2km。表 3.1 给出了快速以太网 3 种不同的物理层标准。

表 3.1　快速以太网的 3 种物理层标准

物理层标准	100BASE-TX	100BASE-FX	100BASE-T4
支持全双工	是	是	否
电缆对数	2 对双绞线	1 对光纤	4 对双绞线
电缆类型	UTP 5 类以上，STP 1 类	多模/单模光纤	UTP 3 类以上
最大距离	100m	200m，2km	100m
接口类型	RJ-45 或 DB9	MIC，ST，SC	RJ-45

3.3.4 千兆位以太网

千兆位以太网是 IEEE 802.3 以太网标准的扩展，标准为 802.3z，其数据传输速率为 1 000Mb/s（即 1Gb/s，因此也称吉比特以太网）。千兆位以太网基本保留了原以太网 MAC 层 CSMA/CD 协议，但它对 CSMA/CD 协议进行了一些改动，增加了一些新的特性。为节省标准制定时间，千兆位以太网的物理层没有重新设计新协议，而是采用两种成熟的技术：一种来自现有以太网，另一种则是 ANSI 制定的光纤通道。千兆位以太网的物理层共有以下两个标准。

（1）1 000BASE-X。1 000BASE-X 标准是基于光纤通道的物理层，使用的介质有以下三种。

① 1 000BASE-SX 标准，支持 62.5μm 和 50μm 两种直径的多模光纤，传输距离分别为 440m 和 550m。

② 1 000BASE-LX 标准，支持 62.5μm 和 50μm 两种直径的多模光纤和直径为 5μm 的单模光纤，传输距离分别为 250 m、550 m 和 3km。

③ 1 000BASE-CX 标准，使用屏蔽双绞线（STP），传输距离为 25m。

（2）1 000BASE-T。1 000BASE-T 使用 4 对 5 类非屏蔽双绞线（UTP），其传输距离为 25～100m。

为了在两个相距 200m 的站点之间传输数据时能够检测到冲突，保证网络稳定可靠地运行，千兆位以太网引入了载波扩展和分组突发传输技术。

所谓载波扩展就是适当增加帧的长度，即千兆位以太网对用户的最小帧长度要求仍然为 64 字节时，实际传输的帧长度是 512 字节。当发送帧长不足 512 字节时，就用一些特殊字符填充在帧的后面，使其长度达到 512 字节，以保证在数据发送期间站点能够检测到冲突并采取相应的措施。但是载波扩展也耗费大量的带宽，为了弥补载波扩展之不足，又引入分组突发传输技术，该技术可让载波扩展只用于突发数据帧的第 1 帧。当很多短帧要发送时，第一个短帧要用载波扩展的方法进行填充，但随后的短帧则可以一个接一个地发送，它们之间只需留有必要的帧间最小间隔即可。采用这两种技术就可以把千兆位以太网的冲突检测域扩展到 200m，而在传送大的数据帧时网络利用率可达 90%。

千兆位以太网与快速以太网相比，有其明显的优点。千兆位以太网的速度 10 倍于快速以太网，但其价格只为快速以太网的 2～3 倍。而且从现有的传统以太网与快速以太网可以很容易地过渡到千兆位以太网，并不需要使用新的配置、管理与排除故障技术。千兆位以太网同样支持半双工和全双工两种工作方式。

千兆位以太网最通用的办法是采用三层设计。如图 3.20 所示，最下面一层由 10Mb/s 以太网交换机和 100Mb/s 上行链路组成；第二层由 100Mb/s 以太网交换机和 1 000Mb/s 上行链路组成；最高层由千兆位以太网交换机组成。在每一层，交换机逐步提高干线速率。这种设计的意图是一般由低廉的交换机完成 10Mb/s 工作站的连接，昂贵的大容量交换机只用在最高层。在这一层由于交换的信息量大，价格相对高一些也合理。千兆位以太网可以将现有的 10Mb/s 以太网和 100Mb/s 快速以太网连接起来，现有的 100Mb/s 以太网可通过 1 000Mb/s 的链路与千兆位以太网交换机相连，从而组成更大容量的主干网，这种主干网可以支持大量的交换式和共享式的以太网段。

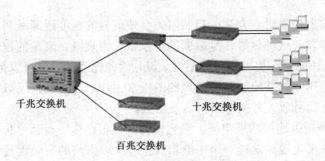

千兆交换机　　　　　　　　十兆交换机

百兆交换机

图 3.20　千兆位以太网结构

3.3.5　万兆位以太网

万兆位以太网正式标准于 2002 年 6 月制定完成，即 IEEE 802.3ae。这标志着以太网的发展又上了一个新台阶。万兆位以太网又称为 10 吉比特以太网。

万兆位以太网并不是简单地把千兆位以太网速率提高 10 倍，而是有许多技术问题要解决。万兆位以太网有以下特点。

MAC 子层的帧格式与 10Mb/s、100Mb/s 和 1Gb/s 以太网的帧格式完全相同。万兆位以太网还是保留 802.3 标准规定的以太网最小和最大帧长。

由于数据率很高，万兆位以太网的传输媒体不再使用铜线而只使用光纤。一般使用长距离的光收发器与单模光纤接口，这样就能够工作在广域网和城域网的范围。也可以使用较便宜的多模光纤，但传输距离只有 65～300m。

万兆位以太网只工作在全双工方式下，因此不存在争用问题，也就不需要使用 CSMA/CD 协议。这就使万兆位以太网不再受冲突检测的限制，从而使其传输距离大大提高。

万兆位以太网定义了两种不同的物理层：

（1）局域网物理层 LAN PHY，局域网物理层的数据率是 10Gb/s。

（2）广域网物理层 WAN PHY，广域网物理层具有另一种数据率，是通过 SONET/SDH 链路支持以太网帧，以 SONET OC-192c（9.58464Gb/s）的速率运行，这种方式的好处是可以与电信网络的 SONET/SDH 兼容。

由于万兆位以太网的出现，以太网的工作范围从局域网（校园网、企业网）扩大到城域网和广域网，实现了端到端的以太网传输。

3.4　以太网设备与相关技术

3.4.1　中继器和集线器

1．中继器

以太网标准中对线缆的距离都有严格的规定，如粗缆的最大长度被限制在 500m。这是因为当信号在电缆上传输时，介质的自然阻力会使信号的强度逐渐减弱，电缆越长，信号的强度就会变得越弱。这种信号逐步减弱的现象就称为衰减。衰减的程度取决于电缆的类型。例如，铜线电缆比光缆更容易导致信号衰减，因此光缆的长度可以远远大于铜线电缆。信号衰减的后果是影响载波监听和冲突检测的正常工作。当需要扩展以太网的距离时，就必须使用中继器将信号放大并整形后再转发出去。

中继器 R 的作用是连接两根电缆，当它检测到一根电缆中有信号传来时，便转发一个放大的信号到另一根电缆，这样一个中继器就把一个以太网的有效连接距离扩大一倍。一个中继器连接的两根以太网电缆称为网段，每个网段中连有计算机站点。因为中继器传送两个网段的所有信号，所以使连在网段上的计算机能和连在另一个网段上的计算机通信。中继器是工作在物理层的设备，因此它不了解帧的格式，也没有物理地址。中继器直接连到以太网电缆上，并且不等一个完整的帧发送过来就把信号从一根电缆发送到另一根电缆。

粗缆以太网一个网段的最大连接距离是 500m，如图 3.21 所示，通过连接两个网段，一个中继器可以使以太网的连接距离增至 1 000m。两个中继器连接三个网段可以使网络长度达 1 500m。使用中继器后源计算机和目的计算机并不知道它们是否属于同一网段，只是仍像在一个网段一样进行通信。那么是否可以使用中继器无限制增加以太网的距离呢？当然答案是否定的。虽然这样能保证有足够的信号强度，但每个中继器和网段都增加了延迟。如果延迟时间太长，CSMA/CD 协议就不能工作。中继器是当前以太网标准的一部分，在以太网标准中规定使用中继器必须遵守 5-4-3 规则，5 是指只能连接 5 个网段，4 表示最多只能使用 4 个中继器，3 指的是只能有 3 个网段可以连接计算机。

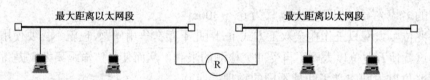

图 3.21　中继器 R 连接两个以太网网段

因为中继器是属于 OSI 中的物理层，所以它不了解所传输的信号。这就带来一个问题，即它从一个网段接收信号并放大转发到另一个网段时，不能区分该信号是有效帧还是一个失效帧或其他信号。因此在一个网段内发生冲突时，中继器就会向另一个网段发送不正确的信号，也就是与冲突相关的信号。同样，当在一个网段产生干扰信号时，中继器也会将它传送到另一个网段。这就是中继器最大的缺点，它会在网段之间传送无效信号，使得在一个网段中发生的冲突或干扰扩散至其他网段。

2. 集线器

集线器起到一个多端口中继器的作用，它接收相连设备的信号并完整转发出去。集线器能够支持各种不同的传输介质和数据传输速率。有些集线器还支持多种传输介质的连接器和多种数据传输速率。在以太网中，集线器通常是支持星形或混合形拓扑结构的。同时还必须遵守 5-4-3-2-1 规则，即只能连接 5 个网段，使用 4 个集线器，只能有 3 个网段可以连接计算机，2-1 指的是一个网段只能有两个结点，且其中一个结点必须是计算机。

一般集线器会包括如下各部分。

（1）端口。一个集线器有多个端口，每个端口通过与线缆相连使其与工作站或其他设备或集线器互联。采用的接口类型（例如有 RJ-45 与 BNC）是由所采用的网络技术来决定的。集线器上的端口通常是 4～24 个。

（2）上行链接端口。它被用来与另一个集线器连接以构成层次结构，上行链接端口可以被看做另外一种端口，但它只能用于集线器之间的连接。

（3）主干网端口。它被用来与网络的主干网连接。对 10BASE-T 网络，这种连接通常是采用较短的细同轴电缆。

（4）连接用发光二极管。端口上指示该端口是否被使用的指示灯。如果连接已经建立起来了，它就一直发绿光。如果认为已经建立了连接，但灯未亮，则需要检查连接情况，传输速率设置以及网络接口卡与集线器是否都接通了电源。

（5）通信（发送和接收数据）用发光二极管。端口上指示该端口是否有数据传输的指示灯。端口正常传输数据时，绿灯应当是闪烁的。有些集线器没有指示发送的指示灯，或者没有指示接收数据的指示灯；还有一些集线器甚至不为这些端口提供这种指示灯。如果有这种指示灯，它们通常处于数据端口旁边并与连接用发光二极管相邻。

（6）冲突检测用发光二极管（以太网的集线器才提供）。该指示灯显示发生了多少次冲突。整个集线器可能只有一个这种指示灯，也可能每一个端口都有一个这种指示灯。如果该指示灯一直亮着，表明有一个结点的连接出现问题或传输出现问题，需要断开连接。

（7）电源。它为集线器供电，每一个集线器都有自己的电源，每一台集线器也都有自己的电源指示灯。如果该指示灯未亮，表明集线器未通电。有些集线器的供电器具有浪涌阻隔功能。

集线器是工作在物理层的设备，它的每个端口都具有发送和接收数据的功能。当集线器的某个端口接收到信号时，就简单地将该信号向所有端口转发。但有些集线器具有内部处理能力。例如，它们可以接受远程管理、过滤数据或提供对网络的诊断信息。能执行上述任何一种功能的集线器都被称做智能型集线器。

集线器有多种类型，有独立式集线器和堆叠式集线器，堆叠式集线器即由几个集线器一个叠在一个上面构成；有模块式集线器，全部网络功能以模块方式实现，各模块可以进行热插拔；有智能型集线器，能够处理数据、监视数据传输并提供故障排除信息。

3.4.2 网桥与生成树算法

网桥也称桥接器，是连接两个局域网的一种设备。网桥可以用于扩展网络的距离、在不同介质之间转发数据信号以及隔离不同网段之间的通信。一般情况下，被连接的局域网具有相同的逻辑链路控制规程 LLC，但在介质访问控制协议 MAC 上可以不同。网桥是为各种局域网之间存储转发数据而设计的，它对末端站点的用户是透明的。

网桥在相互连接的两个局域网之间起到帧转发的作用，它允许每个局域网上的站点与其他站点进行通信，看起来就像在一个扩展的局域网上一样。为了有效地转发数据帧，网桥自动存储接收进来的帧，通过查找地址映射表完成寻址，并将接收帧的格式转换成目的局域网的格式，然后将转换后的帧转发到网桥对应的端口上。

网桥除了具有存储转发功能外，还具有帧过滤的功能。帧过滤功能是阻止某些帧通过网桥。帧过滤有三种类型：目的地址过滤、源地址过滤和协议过滤。目的地址过滤指的是当网桥接收到一个帧后，首先确定其源地址和目的地址，如果源地址和目的地址处在同一个局域网中，就简单地将其丢弃，否则就将其转发到另一个局域网上。目的地址过滤是网桥的最基本的功能。源地址过滤是指网桥拒绝某一特定地址（站点）发出的帧，这个特定地址无法从网桥的地址映射表中得到，但可以由网络管理模块提供。而协议过滤是指网桥能用帧中的协议信息来决定是转发还是滤掉该帧。协议过滤通常用于流量控制和网络安全控制，并不是每一种网桥都提供源地址过滤和协议过滤功能。

网桥的主要功能是在不同局域网之间进行互联。不同局域网在帧格式和数据传输速率等方面都不相同，例如，FDDI 网络中允许的最大帧长度是 4 500 字节，而 802.3 以太网的最大帧长度是 1 518 字节。这样网桥在从 FDDI 向以太网转发数据帧时，必须将 FDDI 长达 4 500 字节的帧分割成几个 1 518 字节长度的 802.3 帧，然后再将这些帧转发到以太网上；反之，在从以太网向 FDDI 转发数据帧时，必须将只有 1 518 字节的以太网帧组合成 FDDI 格式的帧，并以 FDDI 格式传输。以上这些过程都涉及帧的分段和重组，帧的分段和重组工作必须快速完成，否则会降低网桥的性能。另外，网桥还必须具有一定的管理能力，以便对扩展网络进行有效管理。

从功能上可以将网桥分为封装式网桥、转换式网桥、本地网桥和远程网桥等。

封装式网桥是将某局域网的数据帧封装在另一种局域网的帧格式中，是一种"管道"技术。在使用封装式网桥的扩展网络中，不同网络之间的站点不能通信。

转换式网桥需要在不同的局域网之间进行帧格式的转换，它克服了封装式网桥的弊病。

本地网桥是指在传输介质允许范围内完成局域网之间的互联。

远程网桥是指两个局域网之间的距离超过一定范围需要用点到点线路或广域网进行连接的网桥，远程网桥必须成对使用。

下面介绍两种常用的网桥。

1．透明网桥

目前使用较多的是透明网桥。透明网桥的基本思想是：网桥自动了解每个端口所接网段的机器地址（MAC 地址），形成一个地址映射表。网桥每次转发帧时，先查地址映射表。若查到，则向相应端口转发；若查不到，则向除接收方口之外的所有端口转发或扩散。

透明网桥是通过学习算法来填写地址映射表的。当网桥刚接入时，其地址映射表是空的，此时，网桥采用扩散技术将接收的帧转发到网桥的所有端口上（接收方口除外）。同时记录接收帧的源地址与端口的映射，透明网桥通过查看帧的源地址就可以知道通过哪个局域网可以访问某个站点。网桥通过这样的方法就逐渐将地址映射表建立起来。在图 3.22 中，网桥 B1 目前的地址映射表是空的，当从 LAN2 上接收到来自 C 的帧时，它就可以得出结论：经过 LAN2 肯定能到达 C。于是，网桥 B1 就在其地址映射表中添上一项，注明目的站地址为 C 时对应的转发端口是与 LAN2 相连的端口 2。如果以后网桥 B1 收到来自 LAN1 且目的地址为 C 的帧，它就按照该路径转发；如果收到来自 LAN2 且其目的地址为 C 的帧，则将此帧丢弃。通过同样的方法，网桥 B1 逐渐将其地址映射表建立起来；同样，网桥 B2 也通过这样的学习算法将自己的地址映射表建立起来，如图 3.22 所示为 B1 和 B2 的地址映射表。

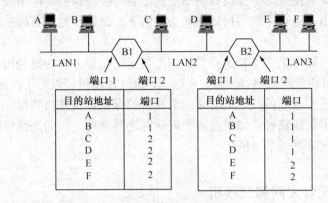

图 3.22　透明网桥

为了提高扩展局域网的可靠性，可以在局域网之间设置并行的两个或多个网桥，如图 3.23 所示两个局域网之间有两个网桥。但是，这样配置引起了另外一些问题，因为在拓扑结构中产生了回路。设站点 A 发送一个帧 F，通过观察图 3.23 如何处理目的地址不明确的帧 F，就可以简单地了解这些问题。按照前面提到的算法，对于目的地址不明确的帧，每个网桥都要进行扩散。在本例中，网桥 B1 和网桥 B2 都只是将其复制到 LAN2 中，到达 LAN2 后分别记为 F1 和 F2。紧接着，网桥 B1 看见目的地不明确的帧 F2，将其复制转发到 LAN1。同样，网桥 B2 也将 F1 复制转发到 LAN1。这样的转发无限循环下去，就引起一个帧在网络中不停地兜圈，从而使网络无法正常工作。

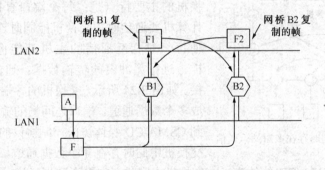

图 3.23　网桥引起帧在网络中兜圈

解决这个难题的方法是让网桥相互通信，并用一棵覆盖到每个局域网的生成树覆盖实际的拓扑结构，即互联在一起的网桥在进行彼此通信后，就能找出原来的网络拓扑的一个子集，在此子集中整个连通的网络中不存在回路，在任何两个站点之间只有一条通路。一旦生成树确定了，网桥就会将某些接口断开，以确保从原来的拓扑得出一个生成树。生成树算法选择一个网桥作为支撑树的根（例如，选择一个最小序号的网桥），然后以最短通路为依据，找到树上的每一个站点。

2. 源路径网桥

源路径网桥是由 IBM 公司针对其 802.5 令牌环网提出的一种网桥技术，属于 IEEE 802.5 的一部分。其核心思想是发送方知道目的站点的位置，并将路径中间所经过的网桥地址包含在帧头中一并发出，路径中的网桥依照帧头中的下一站网桥地址将帧依次转发，直到将帧传送到目的地。

虽然源路径网桥标准是在 802.5 令牌环网上制定的，但并非源路径网桥只能用于令牌环网，或令牌环网只能使用源路径网桥。实际上，源路径网桥可以用于任何局域网的互联。源路径网桥对主机是不透明的，主机必须知道网桥的标识以及连接到哪一个网段上。使用源路径网桥可以利用最佳路径。如果在两个局域网之间使用并联的源路径网桥，则可使通信量比较平均地分配给每一个网桥。

3.4.3 交换式以太网和交换机

1. 交换式以太网

近年来，多媒体技术应用不断发展，大量图像数据需要在网络上传输，对网络带宽的要求越来越高，传统的共享式局域网已不能满足多媒体应用对网络带宽的要求。例如，在传统共享式 10Mb/s 以太网中，各站点竞争并共享网络带宽。当用户增多时，分到每个用户的带宽就会相应减少，如果有 L 个用户，则每个用户占有的平均带宽只有 10Mb/s 的 $1/L$。而要解决上述问题，提高网络带宽的一个办法就是使用局域网交换机代替共享式的集线器，这样可以明显提高网络的性能。

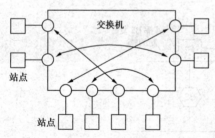

图 3.24　交换机内同时存在多对站点通信

交换式以太网的核心是一个以太网交换机。交换机的主要特点是：每个端口直接与主机相连，当计算机要通信时，交换机能同时连通许多对的端口，使每一对相互通信的主机都能像独占通信媒体那样，进行无冲突的传输数据。通信完成后就断开连接。如图 3.24 所示，交换机的各端口之间同时可以形成多个数据通道，端口之间帧的输入和输出已不再受到 CSMA/CD 媒体访问控制协议的约束。图 3.24 所示交换机中同时存在 4 个数据通道。

既然不受 CSMA/CD 的约束，在交换机内同时存在多个数据通道，那么就系统带宽而言，就不再是只有 10Mb/s 或 100Mb/s，而是与交换机所具有的端口数有关。在使用交换机时，如果每个端口为 10Mb/s，但由于一个用户在通信时是独占而不是和其他网络用户共享传输媒体的带宽，因此对有 N 对端口的交换机，系统总带宽可达 $N×10Mb/s$。所以说交换式以太网系统最明显的特点就是能拓展整个系统带宽。

从共享总线以太网或 10BASE-T 以太网转到交换式以太网时，所有接入设备的软件和硬件、网卡等都不需要做任何改动，即所有接入设备继续使用 CSMA/CD 协议。此外，只要增加交换机的容量，整个系统的容量就很容易进行扩充。

交换式以太网与共享式以太网系统比较其优点有：

（1）每个端口上可以连接站点，也可以连接一个网段。不论站点或网段均独占 10Mb/s 或 100Mb/s 带宽。

（2）系统的最大带宽可以达到端口带宽的 N 倍，其中 N 为端口对数。N 越大，系统能达到的带宽越高。

（3）交换机连接了多个网段，网段上的运作都是独立的，被隔离的独立的网段上的数据流信息不会在其他端口上广播。

2．交换机

交换机是属于 OSI 第二层的设备，也被称为多端口网桥，其中每个端口构成一个独立的局域网网段，通常能够有助于改善网络性能。这些端口之间通过桥接方式进行通信，交换机中有一个端口提供到主干网的高速上行链路。它还能够解析出 MAC 地址信息。交换机的所有端口都共享同一指定的带宽。每一个连接到交换机上的设备都可以享有自己的专用信道。换言之，交换机可以把每一个共享信道分成几个信道。

与网桥一样，交换机可以识别帧中的 MAC 地址，根据 MAC 地址进行转发，并将 MAC 地址与对应的端口记录在自己内部的地址映射表中。下面以图 3.25 为例，介绍交换机的工作流程。

（1）假设有一帧，是 PC1 发往 PC3 的，当交换机从端口 F0/1 收到该帧时，它先读取帧的源地址 MAC1，就知道主机 PC1 是连在 F0/1 端口，便在地址表中记录这一项。

（2）再读取帧中的目的地址 MAC3，并在地址表中查找相应的端口。

（3）如果表中已有目的地址 MAC3 对应端口 F0/5 这一项，交换机就把该帧直接转发到相应的 F0/5 端口。

（4）如果表中找不到相应项，则把该帧广播到所有端口。当目的主机 PC3 回送信息时，交换机可以学到目的 MAC3 地址与哪个端口对应，在下次传送帧时就不再需要向所有端口广播了。

不断循环这个过程，交换机就了解了全网的 MAC 地址信息，并建立和维护自己的地址映射表。

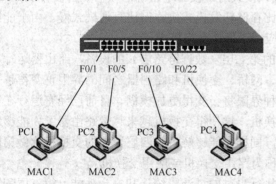

目的 MAC 地址	端口号
MAC1	F0/1
MAC2	F0/5
MAC3	F0/10
MAC4	F0/22

图 3.25　交换机的地址映射表

从以太网的观点来看，每一个专用信道都代表一个冲突检测域。冲突检测域是一种从逻辑或物理意义上划分的以太网网段。在一个段内，所有的设备都要检测和处理数据传输冲突。由于交换机对一个冲突检测域所能容纳的设备数量有限制，因而这种潜在的冲突也就有限。

局域网交换机有 3 种数据交换方式，即直通交换、存储转发交换、无碎片直通交换。

（1）直通交换模式。采用直通模式的交换机会在接收数据帧的同时就立即按帧头中的目的地址，把数据转发到目的端口。因为目的 MAC 地址是处于帧的前面。得到这些信息后，交换机就足以判断出哪个端口将会得到该帧，并可以开始传输该帧，而不用缓存数据，也不检查数据的正确性。采用直通模式的交换机不能在帧开始传输时读取帧的校验序列，因此也就不能利用校验序列来检验数据的有效性。这种方式的优点是交换速度非常快，可以提供线速处理能力；缺点是缺乏对帧进行的差错控制，不能检测出有问题的数据帧，而事实上，传播有问题的数据帧会增加网络的出错次数。所以采用直通交换模式的交换机比较适合较小的工作组，在这种情况下，对传输速率要求较高，而连接的设备相对较少，这就使出错的可能性降至最低。

（2）存储转发交换模式。运行在存储转发模式下的交换机在发送信息前要把整个数据帧读入内存并检查其正确性。尽管采用这种方式比采用直通方式更花时间，但采用这种方式可以存储转发数据，从而可以保证准确性。由于运行在存储转发模式下的交换机不传播错误数据，因而更适合于大型局域网。在一个大型网络中，如果不能检测出错误就会造成严重的数据传输拥塞问题。

采用存储转发模式的交换机也可以在不同传输速率的网段间传输数据。例如，一个可以同时为 50 名学生提供服务的高速网络打印机，可以与交换机的一个 100Mb/s 端口相连，也可以允许所有学生的工作站利用同一台交换机的 10Mb/s 端口。在这种安排下，打印机就可以快速执行多任务处理。这一特征也使得采用存储转发模式的交换机非常适合有多种传输速率的环境。

（3）无碎片直通交换模式。也称为分段过滤，是介于直通式和存储转发式之间的一种解决方案。交换机读取到数据帧的前 64 字节后就开始转发。由于冲突是在前 64 字节内发生的，如果读取的帧小于 64 字节，说明该帧是碎片（即在发送过程中由于冲突而产生的残缺不全的帧），则交换机就丢弃该帧。不过该模式对于校验不正确的帧仍然会被转发。

无碎片直通交换模式的数据处理速度比存储转发模式快，但比直通模式慢。由于能够避免部分残帧的转发，所以此模式被广泛应用于低档交换机中。

传统局域网交换机是运行在 OSI 模型的第二层（数据链路层）的设备，路由器运行在第三层，集线器运行在第一层。但集线器、网桥、交换机和路由器之间的界限正变得越来越模糊。而且，随着交换技术的发展，这种界限将会变得更加模糊。目前已经有运行在第三层（网络层）和第四层（传输层）的交换机，这使得交换机越来越像路由器了。能够解析第三层数据的交换机称做第三层交换机。同样，能够解析第四层数据的交换机称做第四层交换机。这些更高层的交换机也许可以称为路由交换机或应用交换机。

能解析更高层的数据使得交换机可以执行先进的过滤、统计和安全功能。第三层和第四层交换机能够比路由器更快地传输数据，而且比路由器更容易安装和配置。但一般来说，这些交换机的整体性能还是比不上路由器。很典型的例子就是交换机不能在以太网和令牌环网间传输数据，不能打包协议，也不能优化数据传输。这些差别使得交换机并不是特别适用于某些特殊的连接需要。即，如果想连接一个 10BASE-T 以太网和一个 100BASE-T 以太网，使用交换机也就足够了。但如果连接一个令牌环网和一个以太网，就必须要使用路由器了。

3.4.4　虚拟局域网

虚拟局域网（VLAN）是 20 世纪 90 年代局域网技术中最具有特色的技术，虚拟局域网技术突破了按照地域划分局域网段以及划分子网的限制。虚拟局域网技术的出现是和局域网交换技术分不开的。局域网交换技术在很大程度上代替了人们早已熟知的共享型介质。这种网络工作方式非常适合虚拟局域网技术的应用，并迅速成为降低成本、增加带宽的一种有效手段。

究竟什么是 VLAN 呢?虚拟局域网 VLAN 在逻辑上等价于广播域。可以将 VLAN 类比成一组最终用户的集合。这些用户可以处在不同的物理局域网上，但他们之间可以像在同一个局域网上那样自由通信而不受物理位置的限制。在这里，网络的定义和划分与物理位置和物理连接是没有任何必然联系的。网络管理员可以根据不同的需要，通过相应的网络软件灵活地建立和配置虚拟网，并为每个虚拟网分配它所需要的带宽。如图 3.26 所示为连在三个交换机上的站点构成两个 VLAN。

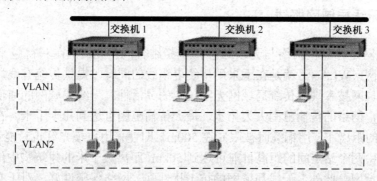

图 3.26　两个虚拟局域网 VLAN1 和 VLAN2

虚拟局域网的合理使用能减少网络对路由器的依赖，同样有效地控制局域网内的广播流量，同时可减少由于网络站点的增加、移动和更改而造成的网络维护的麻烦。如果没有对交换机使用虚拟局域网技术进行设置，局域网交换机只能对确定目的地址的分组进行单独的信息交换，对于广播地址的分组仍然像集线器一样，向交换机的所有端口上转发广播信息。引入虚拟网的概念后，广播报文仅仅向同属于一个 VLAN 的局域网交换机的端口转发。从控制广播流量的角度看，VLAN 包括多个局域网物理网段，但是一个 VLAN 的广播报文被限制在该 VLAN 中，其余的 VLAN 则收不到任何报文。从网络站点可以移动的角度看，VLAN 应该是独立于网络设备物理端口定义的一种网段，例如基于 MAC 地址定义的 VLAN，无论物理网络站点移动到任何地方，只要该站点的网卡的物理地址（即 MAC 地址）不变，它还是连接到原来的 VLAN 上，无须更改任何网络。

划分虚拟局域网的方法有很多，常用的有以下几种。

（1）基于端口规则的 VLAN 划分。将交换机其中的几个端口指定成一个 VLAN。基于端口规则的 VLAN 就是一个群组。

（2）基于 MAC 地址的 VLAN 划分。就是根据局域网 MAC 地址（即网卡物理地址）划分 VLAN。在实际实现时，还是根据不同 VLAN 中的 MAC 地址对应的交换机端口，实现 VLAN 广播域的划分。

（3）基于协议规则的 VLAN 划分。基于协议规则的 VLAN 是把具有相同的第三层协议（即网络层协议）网络站点归并成一个 VLAN，这些站点连接的交换机端口构成一个广播域，以减少在同一个网络环境下不同协议之间的相互干扰。

（4）基于网络地址的 VLAN 划分。基于网络地址的 VLAN 是按照交换机连接的网络站点的网络层地址（例如 IP 地址或者 IPX 地址）划分 VLAN，从而确定交换机端口所属的广播域。

（5）基于用户定义规则的 VLAN 划分。用户网络管理员也可以根据帧的指定域中的特定模式或者特定取值，自己定义满足特定应用需要的 VLAN。

3.5 无线局域网

3.5.1 无线局域网概述

无线局域网是计算机网络与无线通信技术相结合的产物，正在获得越来越广泛的应用。无线局域网（WLAN）就是在不采用传统电缆线的同时，提供传统有线局域网的所有功能。无线局域网技术具有传统局域网无法比拟的灵活性。无线局域网的通信范围不受环境条件的限制，网络的传输范围大大拓宽，最大传输范围可达到几十千米。在有线局域网中，两个站点的距离在使用铜缆时被限制在 500m，即使采用单模光纤也只能达到 3 000m，而无线局域网中两个站点间的距离目前可达到 50km，距离数千米的建筑物中的网络可以集成为同一个局域网。此外，无线局域网的抗干扰性强、网络保密性好。对于有线局域网中的诸多安全问题，在无线局域网中基本上可以避免。而且相对于有线网络，无线局域网的组建、配置和维护较为容易，一般计算机工作人员都可以胜任网络的管理工作。

IEEE 802.11 是 IEEE 在 1997 年提出的第一个无线局域网标准，由于传输速率最高只能达到 2Mb/s，所以主要被用于数据的存取。鉴于 IEEE 802.11 在传输速率和传输距离上都不能满足人们的需要，因此 IEEE 小组又相继推出了 IEEE 802.11b、IEEE 802.11a 和 IEEE 802.11g 三个新标准。IEEE 802.11b 工作于 2.4GHz 频带，物理层支持 5.5Mb/s 和 11Mb/s 两个新传输速率。它的传输速率可因环境的变化而变化，在 11Mb/s、5.5Mb/s、2Mb/s、1Mb/s 之间切换，而且在 2Mb/s、1Mb/s 传输速率时与 IEEE 802.11 兼容。IEEE 802.11a 工作于更高的频带，物理层传输速率可达 54Mb/s，这就基本满足了现在局域网绝大多数应用的速度要求。而且在数据加密方面，采用了更为严密的算法。但是，IEEE 802.11a 芯片价格昂贵、空中接力不好、点对点连接很不经济。空中接力就是较远距离点对点的传输。需要注意的是，IEEE 802.11b 和工作在 5GHz 频带上的 IEEE 802.11a 标准不兼容。目前使用的无线局域网大多符合 IEEE 802.11b 标准。

无线局域网的基础还是传统的有线局域网，是有线局域网的扩展和替换。它只是在有线局域网的基础上通过无线 HUB、无线接入结点（AP）、无线网桥、无线网卡等设备使无线通信得以实现。与有线网络一样，无线局域网同样也需要传送介质。只是无线局域网采用的传输媒体不是双绞线或者光纤，而是红外线（IR）或者无线电波（RF），以后者使用居多。

红外技术 IR：红外线局域网采用小于 1µm 波长的红外线作为传输媒体，有较强的方向性，由于它采用低于可见光的部分频谱作为传输介质，因此使用不受无线电管理部门的限制。

无线电波 RF：采用无线电波作为无线局域网的传输介质是目前应用最多的，这主要是因为无线电波的覆盖范围较广，应用较广泛。使用扩频方式通信时，特别是直接序列扩频调制方法因发射功率低于自然的背景噪声，具有很强的抗干扰、抗噪声、抗衰减能力。这一方面使得通信非常安全，基本避免了信号被偷听与窃取，具有较高的可用性。另一方面无线局域网使用的频段主要是 S 频段（2.4～2.4835GHz），这个频段也叫 ISM（Industry Science Medical），即工业科学医疗频段，该频段在美国不受美国联邦通信委员会的限制，属于工业自由辐射频段，不会对人体健康造成伤害，所以无线电波成为无线局域网最常用的无线传输媒体。

3.5.2　无线局域网产品介绍

构建无线局域网的主要设备有无线网卡、无线网桥、无线访问结点等。多个著名网络厂商都生产无线局域网产品

（1）朗讯科技 WaveLAN 系列产品。WaveLAN 产品是采用射频（RF）技术和 IEEE 802.11 标准的无线局域网网络产品系列。作为从 1989 年无线局域网还处于概念阶段时就开始投入研发的公司，朗讯科技在无线局域网络产品方面一直处于领先地位，他们的 WaveLAN 系列产品被众多用户所认可。WaveLAN 系列产品包括：WavePOINT 无线接入结点、用于计算机设备的网络接口卡、天线系统和 WaveMANAGER 网络控制软件。WaveLAN 可以为终端用户提供高效可靠的网络连接，并可实现与有线系统相同的高性能，同时它又具有无线系统所特有的灵活性、可移动性和低成本等优点。WaveLAN 可以与现有的有线网络和无线网络互相兼容，用户可以利用它来构建一个纯粹的无线局域网结构，并将它加入现有的无线网络之中，或者在现有的有线网络中利用它们来实现无线网络的延伸。

（2）3Com AirConnect 无线局域网络产品。3Com AirConnect 可以提供 11Mb/s 的无线局域网解决方案，其产品包括无线访问结点（Access Point）和 AirConnect PC 卡、PCI 卡，快速可靠，易于安装、配置和管理，安全性强。

3Com Access Point 产品动态支持 11Mb/s、5.5Mb/s、2Mb/s 和 1Mb/s 速率，可以最大程度地增强网络的有效性和可靠性。每个 Access Point 可同时支持多达 63 个无线客户机并可在标准的办公环境中提供 300 英尺（约 91m）的无线覆盖。每个 Access Point 均含有一个

集成的 Web 服务器，允许网络管理员从任何 Web 浏览器访问和配置参数、监视性能和进行诊断。网络管理员可使用 HTTP、远程登录、Serial、PPP 或 SNMP，遥控配置或更新 Access Point。可提供多层次安全保障，包括支持加密技术、访问控制清单、领域鉴定和频谱信号发送。

3Com AirConnect 无线局域网解决方案与 1Mb/s、2Mb/s、5.5Mb/s 和 11Mb/s 的 IEEE 802.11b 标准完全兼容，并与其他支持 1Mb/s 和 2Mb/s 的原 IEEE 802.11 无线标准的直序扩频产品兼容，确保了基于标准的、厂商之间的与其他认证产品的互用性。

（3）思科 Aironet 340 系列产品家族。Aironet 340 系列是一个全面完整的产品家族，包括接入点、易安装的 PC 卡、PCI 和 ISA 客户机适配器、以太网客户机程序以及视距户外桥接器。客户端驱动程序支持包括 Windows 95/98、Windows NT 4.0、Windows 2000 和 Novell Netware 等。

LastKm WLAN 系列无线产品的分类包括无线网卡、无线访问接入点、无线网桥、无线路由器、SOHO 移动办公套件等。其主要产品有 LastKm W0210i/e、W1110i/e 宽带无线局域 PCMCIA 网卡，可作为无线局域网中各工作站的网络接口，适用于配置有 PCMCIA 插口的手提电脑等；LastKm W0220i/e、W1120i/e 宽带无线局域 PCI 网卡可作为无线局域网中各工作站的网络接口，适用于配置有 PCI 插口的各式计算机等；LastKm W0230a、W1130a 宽带无线局域网访问点可作为无线局域网的点对多点基站；LastKm W0240b、W1140b 宽带无线局域网网桥可作为远距离点对点无线网间互联之用。

3.6　其他局域网技术

本节将介绍几种目前属于非主流的局域网。

3.6.1　令牌环网——IEEE 802.5 标准

目前令牌环网是一种不太通用但仍然重要的网络传输模式。令牌环网最初是由 IBM 在 20 世纪 80 年代开发的一种网络传输系统。令牌环网网络的运行速度是 4Mb/s 或 16Mb/s。

令牌环网采用环形拓扑结构，采用一种令牌传递的介质访问控制方式，控制令牌指示环上的哪一台计算机可以通过共享环路发送信息。在任何给定的时间，环上只能有一台计算机可以发送数据。

令牌是一种特殊的帧，它平时不停地在环路上流动，当某个结点需要发送信息时，它必须截获该令牌，并将它改变成一个帧，加上帧头、信息和帧尾。帧头包括了目标结点的地址，然后将该帧发送出去。当帧在环中传输时，所有结点监测该帧并判断是否是发给自己的信息。如果是，就接收该帧，并将该帧重发给下一个结点。当该帧绕环一圈最后回到发送结点时，发送结点要重新发出一个令牌，此时令牌又沿着环路向下传递。如图 3.27 所示，除发送计算机以外的所有站点沿环转发数据。发送计算机收回发出去的数据是为了检验本次数据传输是否有差错。令牌控制方式可以保证数据的无冲突传输以及带宽的有效使用。另一方面，令牌环传递也产生了额外的网络通信量。

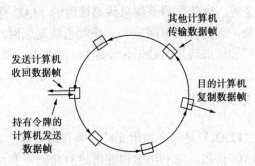

图 3.27　令牌环中发送数据的方式

　　IEEE 802.5 标准描述了令牌环网技术的规范。令牌环网通过屏蔽或非屏蔽双绞线以 4Mb/s 或 16Mb/s 速率传输数据，当使用屏蔽双绞线时，在令牌环网上可具有 260 个可编址结点；当使用非屏蔽双绞线时，在令牌环网上可具有 72 个编址结点。所有令牌环网连接依赖于网络接口卡，而网络接口卡则通过一个类似于集线器的令牌环网等效设备——多址访问单元（MAU）连接进网络。网络接口卡可被设计成专用于 4Mb/s 或 16Mb/s 的网络，或者也可设计成可适应两种数据传输速率的网络。

3.6.2　令牌总线局域网——IEEE 802.4 标准

　　总线局域网对总线的争用策略使得它不太适用于工厂的一些对时间有严格要求的实时控制系统。令牌环网中的令牌绕网一周的时间虽有一个上限值，但它在轻载时的性能不太好。于是综合这两种局域网优点的令牌总线局域网就产生了，这就是 802.4 标准。在美国最先使用这种局域网的是通用汽车公司。

　　令牌总线局域网的两个主要特点是：令牌总线局域网在物理上是一个总线网，而在逻辑上却是一个令牌环网。例如，图 3.23 所示的 5 个站连成一个总线结构，但在逻辑上组成了一个令牌环网。令牌传递的顺序与站的物理位置无关，在图 3.28 中设令牌按照 A→D→E→B→C→A 的顺序传递。

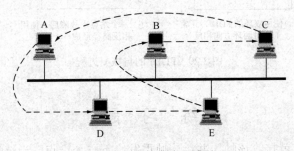

图 3.28　令牌总线局域网

　　这样，令牌总线局域网既具有总线网的接入方便和可靠性较高的优点，也具有令牌环网的无冲突和发送时延有确定的上限值的优点。

令牌总线局域网的令牌传递顺序不是按照站的物理位置，因此必须有一个有效的 MAC 子层协议来管理网络的令牌，这就使得令牌总线局域网的 MAC 子层协议非常复杂。正是因为这种局域网过于复杂，因此推广应用较差。令牌总线局域网的传输媒体使用的是电视用的 75Ω同轴电缆，有三种可供选择的数据传输速率：1Mb/s、5Mb/s 和 10Mb/s。

3.6.3 光纤分布数据接口

光纤分布数据接口（FDDI）是一个使用光纤作为传输媒体的令牌环形网。FDDI 的特点是使用令牌传递的 MAC 协议，它利用多模光纤进行传输，并使用有容错能力的双环拓扑，数据传输速率为 100Mb/s，两个站间的最大距离为 2km，环路长度为 100km。

FDDI 使用冗余来克服错误。一个 FDDI 网络包含两个数据传输方向相反的环，当正常工作时使用一个环发送数据，这个工作的环称为主环，而另一个不工作的环称为次环。当主环出现故障时，FDDI 启用次环工作，使整个网络不致瘫痪。

图 3.29（a）显示了在反旋转环中数据的传输方向，但正常时只有其中的一个环使用。如图 3.29（a）所示，站点总是在外环上传输及接收帧，而网络硬件在内环中转发的数据并没有被解释。图 3.29（b）表明数据路径中有一个站点出现故障，相邻站点检测这一故障，就会重新配置网络使传入的数据沿相反路径循环。这样，故障站点被去除，而其余站点仍连接在一连续网上。这个重新配置以避免网络瘫痪的过程称为自恢复过程，FDDI 也称为自恢复网络。

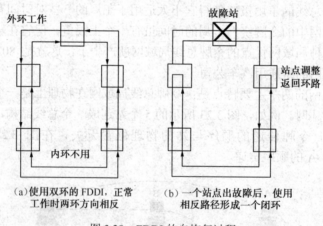

图 3.29 FDDI 的自恢复过程

练 习 题

一、选择题

1. 若 HDLC 帧的数据段中出现比特串"01011111001"，则比特填充后的输出为（   ）。
   A. 010011111001   B. 010111101001   C. 010111110001   D. 010111110010

2. 在连续 ARQ 协议中，如果 4、5、6 号帧被正确接收，接收方可以发送一个带有编号（　　）的 ACK 帧给发送方。

    A. 5　　　　　　　B. 6　　　　　　　C. 7　　　　　　　D. 4

3. 在 HDLC 协议中，在信息帧中 P/F 位的意义与（　　）有关。

    A. 系统配置　　　　　　　　　　B. 帧是命令还是响应

    C. 系统模式　　　　　　　　　　D. 帧检验

4. 在 HDLC 帧中（　　）域定义了帧的开始和结束。

    A. 标志　　　　B. 地址　　　　C. 控制　　　　D. 帧检验序列

5. 数据链路层的数据传输单位是（　　）。

    A. 帧　　　　　B. 比特　　　　C. 报文　　　　D. 分组

6. 以下哪个域在所有 HDLC 帧的控制域中都存在？（　　）

    A. N（R）　　　B. N（S）　　　C. 编码比特　　　D. 查询/结束位 P/F

7. 802 协议族是由下面哪一个组织定义的？（　　）

    A. OSI　　　　　B. EIA　　　　C. IEEE　　　　D. ANSI

8. 如果要在一个建筑物中的几个办公室进行连网，一般应采用（　　）的技术方案。

    A. 广域网　　　　B. 城域网　　　　C. 局域网　　　　D. 互联网

9. 在 IEEE 802 标准中定义的数据链路层的子层是什么？（　　）

    A. 逻辑链路控制子层和介质访问控制子层

    B. 传输控制子层和介质访问控制子层

    C. 逻辑链路控制子层和物理地址子层

    D. 传输控制子层和数据链路控制子层

10. 局域网中，媒体访问控制功能属于（　　）。

    A. MAC 子层　　　B. LLC 子层　　　C. 物理层　　　D. 高层

11. 哪种类型的网桥可以根据帧中的信息创建和更新自己的站表？（　　）

    A. 简单　　　　B. 透明　　　　C. 源路径　　　D. 以上皆不是

12. 共享介质的以太网采用的介质访问控制方法是（　　）。

    A. 令牌　　　　B. CSMA/CD　　　C. 时间片　　　D. 并发连接

13. 以下关于 MAC 的说法中错误的是（　　）。

    A. MAC 地址在每次启动后都会改变

    B. MAC 地址一共有 48bit，它们从出厂时就被固化在网卡中

    C. MAC 地址也称做物理地址，或通常所说的计算机的硬件地址

    D. 在局域网通信中要使用 MAC 地址

14. IEEE 802 参考模型只对应于 OSI 参考模型的物理层和（　　）。

    A. 数据链路层　　B. 网络层　　　C. 传输层　　　D. 应用层

15. 10BASE-T 网络的传输电缆的末端使用哪种类型的连接器？（　　）

    A. BNC-T 连接器　　　　　　　　B. RJ-11 连接器

    C. RJ-45 连接器　　　　　　　　D. SMA 连接器

16．10BASE-T 标准规定结点与集线器之间的非屏蔽双绞线最长为（　　　）。

    A．185m   B．100m   C．500m   D．50m

17．以太网媒体访问控制技术 CSMA/CD 的机制是（　　　）。

    A．争用带宽   B．预约带宽   C．循环使用带宽 D．按优先级分配带宽

18．虚拟局域网与传统局域网的主要区别在（　　　）方面。

    A．组网方法   B．网络操作   C．网络功能   D．网络拓扑

19．下面哪一种关于虚拟局域网（VLAN）的描述不正确？（　　　）

    A．VLAN 可以跨越地理位置的间隔

    B．VLAN 可以把各组设备归并进一个独立的广播域

    C．VLAN 的成员只能是连在一台交换机上的站点

    D．VLAN 可以按交换机的端口定义

20．使用（　　　）传输介质，它既可以适用于 10BASE-T 的物理层协议，又可以适用于 100BASE-TX 的物理层协议。

    A．5 类非屏蔽双绞线   B．屏蔽双绞线

    C．同轴电缆   D．光缆

二、填空题

1．差错控制采用的两种主要方法有：＿＿＿＿＿＿＿＿和＿＿＿＿＿＿＿＿＿。

2．帧同步是指接收方应当从收到的＿＿＿＿＿＿＿中准确区分帧的起始和终止。

3．接收方在收到一个正确的数据帧后，向发方发送一个＿＿＿＿＿＿＿＿＿，当发现差错时，收方向发方发送一个＿＿＿＿＿＿＿＿＿，要解决死锁问题是让发方发送完一帧就启动一个＿＿＿＿＿＿＿＿＿＿。

4．计算机网络中流量控制的一个基本方法是＿＿＿＿＿＿＿＿＿＿＿。

5．HDLC 帧格式中用 F 标志字段解决了＿＿＿＿＿＿＿＿＿问题，并采用＿＿＿＿＿＿＿＿方法实现了链路层的透明传输问题。

6．快速以太网的数据传输速率为＿＿＿＿＿＿＿Mb/s，支持三种不同的物理层标准，分别是＿＿＿＿＿＿＿＿＿、＿＿＿＿＿＿＿＿＿和＿＿＿＿＿＿＿＿＿。

7．计算机网络拓扑结构有多种，试举出局域网常用的四种：＿＿＿＿＿＿＿＿、＿＿＿＿＿＿＿＿、＿＿＿＿＿＿＿＿、＿＿＿＿＿＿＿＿。

8．IEEE 802 局域网协议与 OSI 参考模式比较，对应 OSI 的链路层，IEEE 802 标准将其分为＿＿＿＿＿＿＿＿＿控制子层和＿＿＿＿＿＿＿＿＿控制子层。

9．CSMA 的原理是任何想发送数据的站点必须＿＿＿＿＿＿＿＿，如果＿＿＿＿＿＿＿＿就可以立即发送数据帧。冲突检测 CD 就是＿＿＿＿＿＿＿＿＿，如果发生冲突，则冲突的双方就必须停止发送。

10．MAC 地址长度为＿＿＿＿＿位二进制数，前＿＿＿＿＿位由 IEEE 指定给网络厂商。

11．以太网的争用期是＿＿＿＿＿＿微秒，最短的有效 MAC 帧长是＿＿＿＿＿字节。

三、问答题

1. 数据链路与链路有何区别？

2. 数据链路层中的链路控制包括哪些功能？

3. 简述 HDLC 帧各字段的意义。HDLC 用什么方法保证数据的透明传输？

4. HDLC 帧可分为哪几大类？各类的作用是什么？

5. 停止等待协议中是如何解决重复帧和一直等待确认的问题的？

6. 局域网的主要特点是什么？为什么说局域网是一个通信网？

7. IEEE 802 局域网参考模型与 OSI 参考模型有什么异同之处？

8. 局域网的媒体访问控制方式有哪些？

9. 简述 CSMA/CD 的工作原理。

10. 交换以太网与共享介质以太网有什么区别？

11. 试简述以太网交换机的基本工作原理。

12. 什么是虚拟局域网？划分虚拟局域网的方法有哪些？

13. 网桥的工作原理和特点是什么？网桥与中继器有何异同？

14. 有 4 个局域网 L1～L4 和 6 个网桥 B1～B6。网络拓扑如下：B1 和 B2 连通 L1 和 L2（即 B1 和 B2 是并联的），B3 连通 L2 和 L3，B4 连通 L1 和 L3，B5 连通 L3 和 L4，B6 连通 L2 和 L4。主机 H1 和 H2 分别连接在 L1 和 L3 上，现在 H1 要和 H2 通信。

（1）画出互联网的拓扑结构。

（2）若网桥为透明网桥，所有网桥中的地址映射表都是空的，试找出支撑树。

第 4 章

网络层与 IP 协议

本章先讨论网络层的基本概念，以及网络层提供的两种服务。接着讨论网络互联技术，介绍网络互联用到的硬件设备。网络互联的核心内容就是网际协议（IP），正是由于使用 IP 协议才使互联网看上去像一个单一的通信系统。掌握了 IP 协议的主要内容，就能理解互联网是如何进行工作的。另外还要介绍互联网上使用的路由选择协议。

4.1　网络层

4.1.1　网络层基本概念

网络层是 OSI 参考模型中的第三层，介于运输层和数据链路层之间，它在数据链路层提供的两个相邻结点之间数据帧的传送功能上，解决整个网络的数据通信，将数据设法从源端点经过若干中间结点传送到目的端，从而向运输层提供最基本的端到端数据传送服务。

网络层的数据传送单位称为分组或包，通信子网及广域网的最高层就是网络层，因此网络层的主要作用是控制通信子网正常运行，以及解决通信子网中分组转发和路由选择等问题。网络层的主要功能如下。

（1）提供虚电路和数据报两种分组传输服务，这两种服务分别是面向连接服务和无连接服务方式。

（2）分组转发和路由更新。网络层要逐个结点地把分组从源站点转发到目的站，而转发的路由不是一成不变的，网络层执行某种路由算法，根据当前网络流量及拓扑结构的变化动态地更新路由表，进行路由选择。

（3）拥塞控制。若注入网络的分组太多，在某段时间，如果对计算机网络中的链路容量、交换结点的缓存及处理机等某一资源的需求超过了该资源所能提供的能力，网络的性能就要变坏，甚至大幅度下降，这种情况就叫做拥塞。网络层可以采用预先分配缓存资源、允许结点在必要时丢弃分组、限制进入通信子网的分组数等方法进行拥塞控制。

4.1.2　数据报服务与虚电路服务

在 OSI 参考模型中，除应用层外，各层都要向上层提供服务。服务的类型可以有两类：

面向连接服务与无连接服务。

面向连接服务是指在数据传输之前必须先建立连接，当数据传输结束后，就终止这个连接，所以面向连接服务具有连接建立、数据传输和连接拆除三个阶段。在传送数据时是按序传送的。面向连接服务比较适合于在一定期间内要向同一目的地发送大量数据的情况。但对于发送很少的零星数据的情况，面向连接服务的开销就显得略大。

无连接服务是指在通信之前不需要建立好一个连接，要传送的分组直接发送到网络进行传输，但每个分组都要携带目的地址信息，以便在网络中找到路由。无连接服务的优点是灵活方便和比较迅速。

网络层也向上层提供两种服务：无连接的网络服务与面向连接的网络服务。这两种服务在网络层的具体实现就是：数据报服务和虚电路服务。

1. 数据报服务

如图 4.1（a）所示是数据报服务方式。在数据报方式中，每个分组被称为一个数据报。网络随时都可接受主机发送的数据报。每个数据报自身携带有足够的信息，它的传送是被单独处理的，网络为每个数据报独立地选择路由。当源主机要发送一个报文时，将报文拆成若干个带有序号和地址信息的数据报，依次发送到网络。此后各个数据报所走的路径就可能不同了，因为网络中的各个结点在随时根据网络的流量、故障等情况为数据报选择路由。数据报采用的服务只是尽最大努力将数据报交付给目的主机，因此网络并不能保证做到以下几点。

（1）所传送的数据报不丢失。

（2）按源主机发送数据报的先后顺序交付给目的主机。

（3）所传送的数据报不重复和不损坏。

（4）在某个时限内必须交付给目的主机。

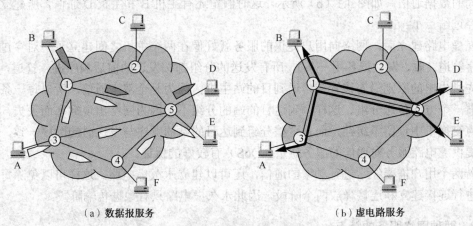

（a）数据报服务   （b）虚电路服务

图 4.1 网络层提供两种服务

这样，当网络发生拥塞时，网络中的某个结点可以将一些数据报丢弃。所以数据报提供的服务是不可靠的，它不能保证服务质量。"尽最大努力交付"的服务就是没有质量的服务。如果网络从来都不向目的主机交付数据报，则这种网络仍然是满足"尽最大努力交付"

的定义。如图 4.1 （a）所示主机 A 向 E 发送分组，有的分组经过结点 3→5，而另一些分组则可能经过结点 3→1→5，或 3→4→5。在一个网络中可以有多个主机同时发送数据报，例如主机 B 经过结点 1→5 与主机 D 通信。

2. 虚电路服务

在虚电路方式中，为了进行数据的传输，网络的源主机和目的主机之间先要建立一条逻辑通道。如图 4.1 （b）所示，假设主机 A 有分组要发送到主机 E，则它首先发送一个呼叫分组，请求进行通信，同时寻找一条合适的路径，设寻找到的路径是 3→1→5。若主机 E 同意通信就发回响应，然后双方就建立了虚电路 A→3→1→5→E，并可以开始在这条虚电路上传送数据。每个分组除了包含数据之外还要包含虚电路标识符。虚电路所经过的各个结点都知道把这些分组转发到哪里去，不需要再进行路由选择。所以主机 A 向 E 发送的所有分组都沿着结点 3→1→5 走，主机 E 发送到 A 的分组都沿着结点 5→1→3 走。在数据传送完毕后，还要将这条虚电路释放。

虚电路服务是网络层向运输层提供的一种使所有分组按顺序到达目的主机的可靠的数据传送方式。进行数据交换的两端主机之间存在着一条为它们服务的虚电路。

之所以称为"虚电路"，是因为由于采用了存储转发技术，使得它和电路交换的连接有很大不同。在电路交换的电话网上打电话时，两个用户在通话期间自始至终地占用一条端到端的物理信道。但是当占用一条虚电路进行计算机通信时，由于采用的是存储转发的分组交换，所以只是断续地占用一段又一段的通信线路，虽然用户感觉到好像占用了一条端到端的物理电路，但实际并没有真正占用。即这一条电路不是专用的，所以称为"虚"电路。建立虚电路的好处是可以在有关的交换结点预先保留一定数量的缓存，作为对分组的存储转发之用。每个结点到其他任一结点之间可能有若干条虚电路，以支持特定的两端主机之间的数据通信。如图 4.1 （b）所示，这时假定还有主机 B 和主机 D 通信，所建立的虚电路经过结点 1→5。

在虚电路建立后，网络向用户提供的服务就好像在两个主机之间建立了一对穿过网络的数字管道（收、发数据各用一条），所有发送的分组都按发送的前后顺序进入管道，然后按照先进先出的原则沿着该管道传送到目的站主机。因为是全双工通信，所以每一条管道只沿着一个方向传送分组。这样，到达目的站的分组不会因为网络出现拥塞而丢失，因为在结点交换机中预留了缓存，而且这些分组到达目的站的顺序与发送时的顺序一致，因此网络提供虚电路服务对通信的服务质量（QoS）有较好的保证。

若两个用户需要经常进行频繁的通信，还可以建立永久虚电路。这样可以免除每次通信时进行连接建立和连接释放两个阶段，因此永久虚电路只有数据传输阶段。

3. 两种网络服务的特点

虚电路服务和数据报服务的本质差别表现在是将顺序控制、差错控制和流量控制等通信功能交给通信子网完成，还是由端系统自己完成。

虚电路服务的思路来源于传统的电信网。电信网将它的用户终端（电话机）做得非常简单，而电信网负责保证可靠通信的一切措施，因此电信网的结点交换机复杂而昂贵，所以采用虚电路时由网络系统提供无差错的数据传输以及流量控制。

数据报服务使用另一种完全不同的新思路。它要求可靠通信由用户终端中的软件来保证，而对网络只要求提供尽最大努力的服务，使得对网络的控制功能分散。但这种网络要求使用较复杂且有相当智能的计算机作为用户终端。

那么网络层究竟应该采用数据报服务还是虚电路服务呢？这在网络界一直是有争论的。OSI 在一开始就按照电信网的思路来对待计算机网络，坚持网络提供的服务必须是非常可靠的观点，因此 OSI 在网络层采用了虚电路服务。而制定 TCP/IP 体系结构的专家认为，不管用什么方法设计网络，计算机网络提供的服务并不可能做得非常可靠，端系统的用户主机仍然要负责端到端的可靠性，所以让网络只提供数据报服务就可大大简化网络层的结构。随着技术的进步，使网络出错的概率越来越小，因而让主机负责端到端的可靠性不会给主机增加更多的负担，而且可以使更多的应用在这种简单的网络上运行。Internet 发展到今天的规模，充分说明了在网络层提供数据报服务是非常成功的。

此外数据报服务和虚电路服务各有一些优缺点。

虚电路适用于两端之间长时间的数据交换，尤其是在频繁的而每次传送的数据又很短的情况，免去了每个分组中地址信息的额外开销。

数据报免去了连接建立过程，在分组传输数量不多的情况下比虚电路迅速又经济。若采用虚电路，为了传送一个分组而建立虚电路和释放虚电路就显得太浪费网络资源了。

为了在交换结点进行存储转发，在使用数据报时，每个分组必须携带完整的地址信息。但在使用虚电路的情况下，每个分组不需要携带完整的目的地址，仅需要有个虚电路号的标识符，因而减少了额外的开销。

对待差错处理和流量处理，这两种服务也是有差别的。在使用数据报时，主机承担端到端的差错控制和流量控制；在使用虚电路时，网络应保证分组按顺序交付，而且不丢失、不重复，并维护虚电路的流量控制。

数据报服务因为每个分组可独立选择路由，当某个结点发生故障时，后续的分组可以另选路由，因而提高了可靠性。但在使用虚电路时，结点发生故障时所有经过该结点的虚电路就遭到破坏，因此必须重新建立另一条虚电路。虚电路服务与数据报服务的比较如表 4.1 所示。

表 4.1　虚电路服务与数据报服务的对比

对 比 项 目	虚电路服务	数据报服务
思路	可靠通信由网络来保证	可靠通信由用户主机来保证
连接的建立	必须要	不要
目的主机地址	仅在连接建立阶段使用，每个分组使用短的虚电路号	每个分组都有目的主机的地址
路由选择	在虚电路建立时进行，所有分组均按同一路由	每个分组独立选择路由
当结点出现故障时	所有通过故障结点的虚电路均不能工作	故障结点可能会丢失分组，一些路由可能会发生变化

对 比 项 目	虚电路服务	数据报服务
分组的顺序	总是按发送顺序到达目的主机	不一定按发送顺序到达目的主机
端到端的差错处理和流量控制	由通信子网负责	由用户主机负责

4.1.3 网络互联

目前各种网络技术都被设计成符合一套特定的规则，只要是符合某种相同规则的设备就可以很容易构成一个物理网络，在一定程度上能够满足人们通信的需求。例如，构建局域网能用于小范围的资源共享与数据通信，若较大范围则可采用广域网技术构建网络。但这些都属于是单一的网络技术。在许多情况下，一个单位往往需要在地理位置分散的地方建立多个物理网络，而且会选择最适合的网络类型构建不同的网络。多个网络所导致的问题是：单一网络中的计算机只能同连接在同一网络中的其他计算机进行通信，而不能与连接在另一个网络中的计算机进行通信。其结果就是使得每一个物理网络形成了一个孤岛，在这种情况下就需要有一种技术，能使不同网络之间相互连接起来，使任意两台计算机能够进行通信，也就是说需要采用网络互联技术。

虽然不同的网络采用的技术各不相同并互不兼容，但人们仍然设计出能在异构网络间提供通信的一种技术，这种技术就称为网络互联。该技术既用到了硬件，也用到了软件。专门的硬件系统用于将一系列的物理网络进行互联，而软件系统为所有连上的计算机提供通信服务。连接了各种物理网络的一个大型计算机网络被称为互联网络（internetwork）或简称为互联网（internet）。

这里要注意的是：internet（互联网）是泛指由多个物理网络互联而成的计算机网络。而使用大写字母 I 的 Internet（因特网）是指当前全球最大的、开放的、由众多网络相互连接而构成的特定计算机网络，它采用 TCP/IP 体系结构。

网络互联相当普遍，互联网没有大小的限制，既可以是包含几个网络的互联网，也可以是连接上千个网络的互联网。同样，互联网中连接到每个网络的计算机数也是可变的。

网络互联的目标是在异构网络间实现通信。而互联在一起的网络要进行通信，会遇到许多问题要解决，因为不同的网络使用不同的帧格式、不同的编址方案、不同的网络接入机制、不同的管理和控制方式等，因此需要有互联网协议软件，克服帧格式和物理地址的不同以便在使用不同技术的网络中实现通信。互联网软件为连接的许多计算机提供了一个单一、无缝的通信系统。这一系统提供了通用服务：给每台计算机分配一个地址，任何计算机都能发送数据到其他计算机。而且，互联网软件隐藏了物理网络连接的细节、物理地址及路由信息，用户和应用程序都不了解基本物理网络和连接这些物理网络的路由器。因此可以将互联网看成一个虚拟网络系统，如图 4.2（a）所示。也就是说，虽然硬件和软件的连接提供了一个单一网络的错觉，使得互联网上的众多计算机在进行通信时好像在一个网络上通信一样，但这一网络并不存在，而是如图 4.2（b）所示，是许多计算机连在各自的物理网络中，然后通过一些路由器进行互联。

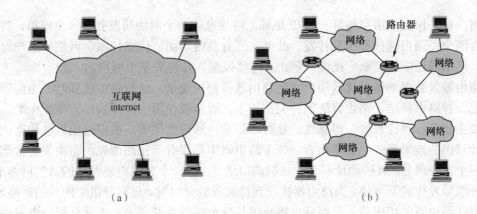

（a）　　　　　　　　　　　　　　　　　（b）

图 4.2　互联网的概念

4.1.4　网络互联设备

将各个异构网络互相连接起来需要一些中间设备，这些中间设备又称为中继系统。根据 OSI 的分层原则，中继系统一般有以下几种。

（1）中继器，工作在物理层。

（2）网桥，工作在数据链路层。

（3）路由器，工作在网络层。

（4）网关，工作在网络层以上。

在第 3 章对中继器和网桥做过介绍，中继器是在物理层进行互联，网桥是在数据链路层进行互联。一般来讲，这两种方式是不能称为网络互联的，因为它们都仅仅是把一个网络范围扩大了，其实仍然是一个物理网络。而网关由于比较复杂，目前很少用在网络互联中。因此用于网络互联的基本设备就是路由器，讨论网络互联时一般都是指用路由器进行互联的互联网。

路由器其实是一台用于完成网络互联工作的专用计算机，用来在互联网中进行路由选择。路由器有常规的处理器和内存，对所连接的每个网络有一个单独的输入/输出端口。网络像对待其他计算机一样对待所连接的路由器。如图 4.3 所示使用路由器连接两个物理网络，对每个网络连接，路由器有一个单独的端口。图中路由器两边的网络用一朵云而不是一条线或一个圆表示，因为路由器的连接不限定所用的网络技术。一个路由器可以连接两个局域网、一个局域网和一个广域网或两个广域网。路由器连接同一基本类型的两个网络时，这两个网络不需要使用同样的技术。例如，一个路由器连接两个局域网时，这两个局域网可以一个是以太网，另一个是 FDDI 网。因此，每朵云代表了任意一种网络技术。

图 4.3　两个物理网络用路由器互联

　　路由器是根据网络层地址（如 IP 地址）将信息从一个网络转发到另一个网络，其功能主要有两个：路由选择和信息转发。此外，还有负载均衡、流量控制、网络和用户管理等功能，路由器还能够隔离广播域，阻止"广播风暴"传递到整个网络。

　　路由器对数据的转发比较简单，而路由选择则较复杂。进行路由选择时，路由器首先要确定一种路由算法，路由算法的种类比较多，通常要使用一些参数作为衡量标准，包括的参数主要有：路径长度、可靠性、延时、带宽、通信费用等。根据路由算法和路由衡量参数计算出的结果形成一张路由表。每个路由器中都要有一张路由表，路由表通常至少要包含两个重要部分：目的地址和下一站的端口地址，即一个分组将要发往的目的网络地址，以及分组要发往的下一站。当路由器接收到待转发的分组时，根据分组中的目的网络地址，通过查找路由表的相应项，从而确定将分组从哪个端口发送出去，也就是把分组发往了下一站。运行动态路由协议的路由器能够根据互联网络的结构变化情况来更新和维护路由表，允许网络结点的增加、减少和移动位置。

　　由于路由器是工作在网络层，因此它与网络层使用的协议有关，它必须支持每个分组使用的网络层协议。目前最常用的网络层协议是网际协议（IP），该协议是 Internet 和大多数专用网运行的基础，因此大多数情况下，路由器都是支持 IP 协议的。但有些专用网络在网络层上是使用 Novell 公司的网际数据包交换协议（IPX），因此路由器必须支持 IPX 协议才能连接那些网络。大多数路由器都可以支持多种路由协议，并提供多种类型的接口。

　　一个路由器还可以被设计成连接两个以上的网络，因此用单个路由器就可以连接多个网络。但一般来说，一个单位很少使用单个路由器去连接所有的网络。这是因为由于路由器中的 CPU 和内存要处理每个分组，用一个路由器中的处理器来处理任意数量网络中的数据通信量是不够的。另外，使用多个而不是单个路由器的冗余连接可以提高互联网的可靠性，协议软件会监视互联网的连接情况，当一个网络或路由器发生故障时，它指示路由器沿另一条可替换路径发出信息。

4.2 IP 协议

　　Internet（因特网）是一个全球范围的、由众多网络连接而成的互联网，所使用的协议是 TCP/IP。其中网际协议（IP）是用于互联许多计算机网络进行通信的协议，因此这一层也常常称为网际层，或 IP 层。如图 4.4 所示为网际层在整个 TCP/IP 体系中的位置。在这一层中还有以下三个协议与 IP 协议配套使用。

　　（1）地址解析协议（ARP）。

　　（2）逆地址解析协议（RARP）。

　　（3）Internet 控制报文协议（ICMP）。

　　这三个协议与 IP 协议的关系如图 4.4 所示，ARP 和 RARP 处于 IP 协议的下面，因为 IP 经常要使用这两个协

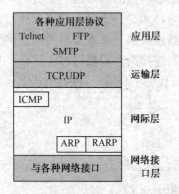

图 4.4　网际协议（IP）及其配套协议

议。ICMP 处于这一层的上面，因为它要使用 IP 协议。

4.2.1　IP 地址及子网掩码

网络互联的目标是提供一个无缝的单一的通信系统。为达到这个目标，互联网协议必须屏蔽物理网络的具体细节并提供一个大虚拟网的功能。虚拟互联网操作上要像任何网络一样，允许计算机发送和接收信息。互联网和物理网的主要区别是互联网仅仅是设计者想像出来的抽象物，完全由软件产生。设计者可在不考虑物理硬件细节的情况下选择地址格式、分组格式和发送技术。因此编址是使互联网成为单一网络的一个关键组成部分。

1．IP 地址

为了以一个单一的统一系统出现，所有主机必须使用统一编址方案，但物理网络地址却不能满足这个要求。因为一个互联网可包括多种物理网络技术，每一种技术有自己的地址格式。这样，两种技术采用的地址因为长度不同或格式不同而不兼容。因而网际层的 IP 协议定义了一个与底层物理地址无关的编址方案，这就是 IP 层的地址，称为 IP 地址。这样任何在互联网上要进行通信的计算机都要使用 IP 地址，发送方把目的地 IP 地址放在分组中，将分组传送给网络，由协议软件来发送。统一编址有助于产生一个虚拟的、大的、无缝的网络，因为它屏蔽了下层物理网络地址的细节。两个应用程序的通信不需要知道对方的硬件地址。

那么什么是 IP 地址呢？IP 地址就是给每一个连接在 Internet 上的主机分配一个在全世界范围是唯一的 32 位二进制数。IP 地址在进行编址时是采用两级结构的编址方法，因为两级层次结构设计使得在 Internet 上能够很方便地进行寻址。每个 32 位 IP 地址被分割成前后两部分。IP 地址的前半部分确定了计算机从属的物理网络，后半部分确定了网络上一台单独的计算机。互联网中的每一个物理网络都被分配了唯一的值作为网络号，网络号是从属于该网络的每台计算机 IP 地址中作为前缀出现，而同一物理网络上给每台计算机分配一个唯一的主机编号作为 IP 地址的后缀。可以用下列公式表示 IP 地址：

IP 地址＝网络号＋主机号

IP 地址的层次结构使以下两点得到了保证。

（1）每台计算机都被分配一个唯一的地址（即一个地址从不分配给多台计算机）。

（2）虽然网络号分配必须全球一致，但主机号可本地分配，不需要全球一致。

第二点说明了在保证没有两个物理网络被分配为同一网络号的情况下，同一个主机号是可以在多个网络上使用的，但同一网络中不能有两台计算机具有相同主机号。例如，一个互联网包含三个网络，它们被分配的网络号为 1、2、3，挂接在网络 1 的三台计算机可分配主机号为 1、2、3。同时挂接在网络 2 的三台计算机也可被分配的主机号为 1、2 和 3。

2．IP 地址分类

当决定了 IP 地址的长度并把地址分为两部分后，就必须决定每部分应该包含多少位。前缀部分需要足够的位数以允许分配唯一的网络号给互联网上的每一个物理网络。后缀部分也需要足够位数以允许从属于一个网络的每一台计算机都分配一个唯一的主机号。这不是简单地进行选择就可以，因为一部分增加一位就意味着另一部分减少一位。选择大的前缀适合大量网络，但限制了每个网的大小；选择大的后缀意味着每个物理网络能包含大量计算机，但限制了网络的总数。

因为互联网可以包括任意的网络技术，所以一个互联网可由一些大的物理网络构成，同时也可能由一些小的网络构成，而且单个互联网还可能是一个包含大网络和小网络的混合网。因此 IP 编址选择了将地址分类的方案，使之能满足大网和小网的组合。IP 地址分成了五类，即 A 类到 E 类。A、B、C 三类称为基本类，每类有不同长度的网络号和主机号，它们用于主机地址。地址的前几位决定了所属类别，并确定地址的剩余部分如何进行划分网络号和主机号。如图 4.5 所示为 IP 地址的五种类型。

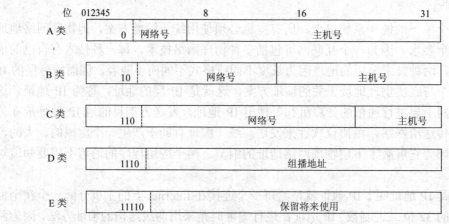

图 4.5　IP 地址的五种类型

网络号字段，A 类、B 类和 C 类地址的网络号字段分别为 1 字节、2 字节和 3 字节长，由网络号字段最前面的 1～3 位区别类别，其数值分别规定为 0、10 和 110。

主机号字段，A 类、B 类和 C 类地址的主机号字段分别为 3 字节，2 字节和 1 字节长。

D 类地址是组播地址，主要留给 Internet 体系结构委员会 IAB 使用。E 类地址保留在今后使用。目前大量使用的 IP 地址仅 A 类、B 类、C 类 3 种。

32 位二进制的 IP 地址对于输入或读取是非常不方便的，因此常常用一种更适合人们习惯的表示方法，称为点分十进制表示法。其做法是将 32 位数中的每 8 位分为一组，每组用一个等价十进制数表示，在各个数字之间加一个点。如图 4.6 表示了一些 32 位地址与等价点分十进制数表示的例子。

32 位二进制 IP 地址				等价的点分十进制数
10000001	00110100	00000110	00000000	129.52.6.1
11000000	00000101	00110000	00000011	192.5.48.3
00001010	00000010	00000000	00100101	10.2.0.37
10000000	00001010	00000010	00000011	128.10.2.3
10000000	10000000	11111111	00000000	128.128.255.0

图 4.6　IP 地址的 32 位表示与点分十进制表示

点分十进制数表示法把每一组作为无符号整数处理,最小可能值为 0(当 8 位都为 0 时),最大可能值为 255(当 8 位都为 1 时)。所以点分十进制数的地址范围为 0.0.0.0~255.255.255.255。

表 4.2 给出了 A、B、C 三类 IP 地址的使用范围。

表 4.2　IP 地址的使用范围

网 络 类 别	第一个字节 数值范围	第一个可用 的网络号	最后一个可 用的网络号	最大网络数	每个网络 中最大主机数
A 类	1~126	1	126	126	16 777 214
B 类	128~191	128.1	191.254	16382	65 534
C 类	192~223	192.0.1	223.255.254	2097150	254

3. 特殊 IP 地址

观察表 4.2,我们发现有些地址没有包含在内。那就是一些特殊地址,称为保留地址,而且特殊地址从不分配给主机。表 4.3 列出了特殊 IP 地址。

表 4.3　特殊 IP 地址

网络号字段	主机号字段	地址类型	用 途
全 0	全 0	本机	启动时作为本主机地址
网络号	全 0	网络地址	标识一个网络
网络号	全 1	直接广播	在特定网络上广播
全 1	全 1	有限广播	在本地网络上广播
127	任意	回送	本地软件回送测试

(1)IP 地址保留主机地址为全 0 表示一个网络。因此地址 168.121.0.0 表示一个 B 类网络。网络地址指网络本身而不是指连到那个网络的主机,所以网络地址不能作为目的地址出现在分组中。

(2)在网络号后面跟一个所有位全 1 的主机号,便形成了网络的直接广播地址。当这样的地址作为一个分组的目的地址时,该分组就会被发送到该网络,并被发给网络中的所有主机。为了确保每个网络具有直接广播,IP 保留包含全 1 的主机号。管理员不能分配全 0 或全 1 主机号给一个特定计算机,否则会导致错误发生。

(3)有限广播是指在一个本地物理网的一次广播。这种地址的所有位都是 1。

(4)本机地址是用于当计算机刚启动还不知道自身 IP 地址的情况下,把它作为自身的源地址,去网络获得它的 IP 地址。

(5)当网络号为 127,主机号为任意时是一个用于测试网络应用程序的回送地址。经常使用的形式是 127.0.0.1。

4. IP 地址特点

IP 地址具有以下一些特点:

（1）IP 地址不能反映任何有关主机位置的地理信息。

（2）当一个主机同时连接到两个网络上时，该主机必须同时具有两个 IP 地址，其网络号不同。这种主机称为多接口主机（如路由器）。

（3）由于 IP 地址中有网络号，因此 IP 地址不仅仅是标识一个主机（或路由器），而是指明了一个主机（或路由器）和一个网络的连接。

（4）按 Internet 的观点，用中继器或网桥连接的若干个局域网仍为一个网络，因此这些局域网都具有同样的网络号。

图 4.7 画出了两个路由器将 3 个局域网互联起来，其中局域网 LAN2 由两个局域网通过网桥 B 互联。每台主机以及路由器都需分配 IP 地址。

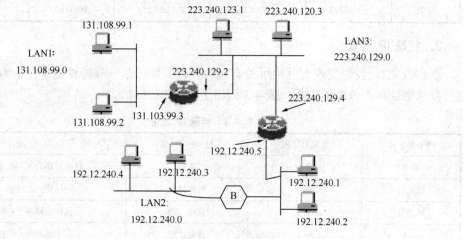

图 4.7　IP 地址的分配例子

通过图 4.7 所示的例子，我们应当注意以下几点。

（1）与某个局域网相连接的计算机或路由器的 IP 地址，它们的网络号都必须一样。

（2）用网桥互联的局域网仍然是一个局域网，由网桥互联起来的主机都有同一个网络号。

（3）路由器总是具有两个或两个以上的 IP 地址。

5．子网掩码

为了更好地利用 IP 地址的资源，目前 Internet 都采用子网划分的方式。子网划分是把单个网络细化为多个规模更小的网络的过程，使得多个小规模物理网络可以使用路由器互联起来并且共有同一个网络号。

划分子网有很多原因，其中一个原因是当初 IP 地址设计不够合理，A 类和 B 类网的地址空间太大，使得在 IP 地址的使用上有很大的浪费。例如，如果某个单位申请到一个 B 类地址，而该单位只有 2 万台主机，那么在这个 B 类地址中的其余 4 万 5 千多个主机号地址就浪费了。因为其他单位的主机无法使用这些号。另外我们知道，一个网络中的所有主机必须有相同的网络号，一个单位分配到的 IP 地址是 IP 地址的网络号，而后面的主机号则由本单位进行分配。本单位所有的主机都使用同一个网络号。但如果一个单位的主机很多，且分布在较大的地理范围，则往往需要在几个地区构建物理网络。如果考虑到需要使用同一个网络号，就需要用网桥将这些主机互联起来。但网桥的缺点很多，而且很容易引起广播风暴，并且当网络出现故障时不太容易隔离和管理，因此需要用路由器将几个物理网络互联起来。而路由器连接的两个网络必须具有不同的网络号，因而也需要采用子网划分的办法。要注意的是，划分子网只是单位内部的事，而在外部看来仍像任何一个单独网络一样只有一个网络号。

划分子网时，是用 IP 地址中的主机号字段中的前若干位作为"子网号字段"，后面剩下的仍为主机号字段，如图 4.8 所示，这样 IP 地址就进一步被划分为三部分，以支持子网的划分，分别为网络号字段、子网号字段和主机号字段。在原来的 IP 地址模式中，网络号部分就标识一个独立的物理网络，引入子网模式后，网络号部分加上子网号才能全局唯一地标识一个物理网络。也就是说，子网的概念延伸了 IP 地址的网络部分。子网编址使得 IP 地址具有一定的内部层次结构，便于分配和管理。

这样通过把 IP 地址的主机号字段划分成两个字段，就能够建立子网地址。这时必须用子网掩码来确定如何进行这样的划分，即要确切指出子网号字段需要多少位进行编码。子网中的每台主机都要指定子网掩码，而且子网中的所有主机必须配置相同的子网掩码。

图 4.8　IP 地址进一步划分出子网号

如何用子网掩码来确定子网的划分呢？TCP/IP 体系规定由一个 32 位二进制的子网掩码来表示子网号字段的长度。子网掩码由一连串的 1 和一连串的 0 组成，对应于网络号和子网号字段的所有位都为 1，1 必须是连续的，或者说连续的 1 之间不允许有 0 出现，对应于主机号字段的所有位都为 0。那么使用一个什么子网掩码，如何划分子网号字段的位数，就取决于具体的需要。例如，一个 B 类的网络地址 172.16.0.0，如果要划分出 62 个子网，则子网号字段的位数要有 6 位，这样 2^6-2 就可以划分出 62 个子网（去掉全 0 和全 1 的子网号）。因此要使用子网掩码 11111111 11111111 11111100 00000000 进行划分子网。这时第一个子网可使用的 IP 地址为 172.16.4.1～172.16.7.254，第二个子网可使用的 IP 地址为172.16.8.1～172.16.11.254，依次类推。子网掩码一般也采用点分十进制数表示，如该例中的子网掩码可表示成 255.255.252.0。

如果网络没有被划分为子网，那么就要用默认子网掩码。要注意的是，即使网络没有被划分为子网，所有主机也必须要有一个子网掩码。默认的子网掩码中 1 的长度就是网络号的长度。因此，对于 A、B、C 3 类 IP 地址，其对应的子网掩码默认值如表 4.4 所示。

表 4.4　A、B、C 三类 IP 地址的默认子网掩码

地址类型	点分十进制数表示	二进制数表示			
A	255.0.0.0	11111111	00000000	00000000	00000000
B	255.255.0.0	11111111	11111111	00000000	00000000
C	255.255.255.0	11111111	11111111	11111111	00000000

若子网掩码用点分十进制数表示，如 255.255.240.0，为了知道对应的子网号字段的长度，往往需要将它转化为二进制数。在子网掩码中使用到的数字实际上只有几个，所以只要记住表 4.5 中列出的几个数值转换关系，就可以很自如地使用子网掩码了。

表 4.5　十进制与二进制的转换

十进制	二进制
128	10000000
192	11000000
224	11100000
240	11110000
248	11111000
252	11111100
254	11111110
255	11111111

划分子网后，根据子网掩码可以得出能够划分出多少个子网，以及每个子网中最多可以分配的主机号。例如，一个 B 类网络，使用的子网掩码是 255.255.248.0，则首先将子网掩码转换成二进制数，即 11111111 11111111 11111000 00000000，这样就得出子网号字段是 5 位，主机号字段为 11 位，因此最多可有 $2^5-2=30$ 个子网，这里减 2 是去掉全 0 和全 1 的两个地址，每个子网中最多可有 $2^{11}-2=2\ 046$ 个供分配的主机号。

注意：有些网络可以将全 0 用做子网地址，但应该避免这样做，除非确信所有的路由器都支持这个特性。

前面提过划分子网后网络地址的概念就延伸了，那么已知一个 IP 地址和子网掩码，如何得到地址呢？答案就是 IP 地址和子网掩码进行"AND（与）"运算，所得的结果就是网络号。例如，IP 地址为 156.36.20.68，子网掩码为 255.255.255.224，要进行"AND"运算，首先把这两个数换成二进制数表示形式，然后对每一位进行与操作，即可得到网络地址，如图 4.9 所示。

		网络号				主机号
156.36.30.68		10011100	00100100	00010100	010	00100
AND						
255.255.255.224		11111111	11111111	11111111	111	00000
		10011100	00100100	00010100	010	00000
网络地址		156.	36.	30.	64	

图 4.9　网络号的计算

6. 专用互联网可用的 IP 地址

如果一台计算机必须要访问 Internet 的资源，才需要从 Internet 地址管理机构申请注册 IP 地址。但对于没有与 Internet 连接的专用网络来说，就没有必要注册网络地址，管理员

可以使用他们想用的任何 IP 地址，只要在同一个网络中没有重复的地址即可。但是如果该网络上的任何一台计算机采用某种方式与 Internet 连接起来，那么就可能发生该网络中的一个内部地址与 Internet 上的注册地址之间的冲突。

为了防止出现这种冲突，Internet 规定了 3 个地址范围，用于专用网络。这些地址不分配给任何 Internet 上的注册网络，因此可以供任何单位内部专用网络使用。这 3 个地址范围是：

10.0.0.0～10.255.255.255	1 个 A 类地址
172.16.0.0～172.31.255.255	16 个连续的 B 类地址
192.168.0.0～192.168.255.255	255 个连续的 C 类地址

7．超网

由于 B 类的网络地址资源有限，因此 Internet 又提供了一种可以将多个 C 类网络合并为一个逻辑网络的方法，这就是无类域间路由 CIDR 技术。超网技术是将多个 C 类地址合并，要求合并的 C 类地址必须具有相同的高位，也就是说要合并的必须是一些连续的地址，此时子网掩码被缩短，以便将 C 类地址网络字段中的部分位变成主机字段，并使得这些被合并的 C 类地址都在一个子网中。

现用一个例子来说明上面所述。例如，现在有如下 8 个连续的 C 类网络地址：

192.168.168.0
192.168.169.0
192.168.170.0
192.168.171.0
192.168.172.0
192.168.173.0
192.168.174.0
192.168.175.0

使用子网掩码 255.255.248.0 将这些地址合并，按照子网掩码划分 IP 地址的方式，此时每一个 IP 地址都属于相同的子网，如表 4.6 所示。

表 4.6　使用子网掩码合并的 C 类网络地址

地　　址	使　用　的　位			
掩码 255.255.248.0	11111111	11111111	11111000	00000000
192.168.168.0	11000000	10101000	10101000	00000000
192.168.169.0	11000000	10101000	10101001	00000000
192.168.170.0	11000000	10101000	10101010	00000000
192.168.171.0	11000000	10101000	10101011	00000000
192.168.172.0	11000000	10101000	10101100	00000000
192.168.173.0	11000000	10101000	10101101	00000000
192.168.174.0	11000000	10101000	10101110	00000000
192.168.175.0	11000000	10101000	10101111	00000000

观察表 4.6，我们发现这些地址的高 21 位是一样的（11000000 10101000 10101），从而有效地创建了一个 21 位的网络号，因此如 IP 地址为 192.168.168.12 的主机和 IP 地址为 192.168.174.3 的主机就在相同的子网中。

4.2.2　地址转换协议

当主机中有数据需要在网络上进行传送时，IP 协议会将数据放进分组中，在分组中包含了源 IP 地址和目的 IP 地址。每个主机或路由器通过分组中的目的 IP 地址来选择传送此数据的下一站。一旦下一站确定了，协议就通过网络将数据传送给选定的主机或路由器。为了提供一个独立大网络的假象，协议利用 IP 地址转发分组时，下一站地址和分组的目的地址都是 IP 地址。但是在通过物理网络硬件传送帧时，却不能使用 IP 地址，因为硬件并不懂 IP 地址，因而通过物理网络传送帧时必须使用硬件的帧格式，即帧中的硬件地址。因此，在传送帧之前，必须将下一站的 IP 地址翻译成等价的硬件地址。

将一台计算机的 IP 地址翻译成等价的硬件地址的过程就叫地址转换，这个转换是由地址解析协议（ARP）来完成的。

地址解析是一个网络内的局部过程，也就是说两台计算机必须连在同一物理网络中时，一台计算机才能够解析另一台计算机的硬件地址，计算机是无法解析远程网络上的计算机地址的。如图 4.10 所示，主机 A 与主机 B 连在同一物理网络中，如果主机 A 上的一个应用程序给主机 B 上的某个应用程序发送数据，使用 B 的 IP 地址作为目的地址，A 上的 ARP 协议会将 B 的 IP 地址解析为 B 的硬件地址，并利用此硬件地址直接发送帧。如果主机 A 上的一个应用程序要送一条消息给主机 F 上的某个应用程序，但主机 F 位于一个远程网络中，这时主机 A 上的软件无法解析 F 的地址。A 上的软件首先确定了数据报必须经过路由器 R1，因此解析 R1 的地址，并将数据报发给 R1 路由器。R1 上的软件能够确定数据报必须发给 R2，因此解析 R2 的地址，并将数据报发给 R2。最后，R2 收到这个数据报，判断出目的地 F 与自己连在一个物理网络上，因而解析 F 的地址，然后将数据报发送给 F。从这个例子可以看出，每台计算机在发送数据报之前都要先解析下一站的地址。

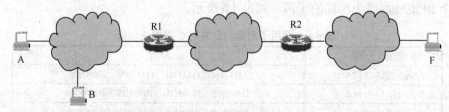

图 4.10　互联网中计算机只能解析同一物理网络中的计算机地址

由于 IP 地址有 32 位，而局域网的硬件地址是 48 位，因此它们之间不是一个简单的转换关系。而且在一个网络上可能经常会有新的计算机加入进来，也会撤走一些计算机。另外，更换计算机的网卡也会使其硬件地址发生改变。可见在计算机中应存放一个从 IP 地址到硬件地址的转换表，并且能够经常动态更新。地址解析协议（ARP）很好地解决了这些问题。

每一个主机都应有一个 ARP 高速缓存（ARPcache），里面有 IP 地址到硬件地址的映射表，这些都是该主机目前知道的一些地址。当主机 A 要向本局域网上的主机 B 发送一个 IP 数据报时，就先在其 ARP 高速缓存中查看有无主机 B 的 IP 地址。若有，就可以查出对应的 B 的硬件地址。然后将此硬件地址写入 MAC 帧，再通过局域网发到该硬件地址。

也有可能查不到主机 B 的 IP 地址的项目。这可能是主机 B 才入网，也可能是主机 A 刚刚加入，其高速缓存还是空的。在这种情况下，主机 A 就自动运行 ARP，去找出主机 B 的硬件地址。其做法是：主机 A 在本局域网上发送一个 ARP 请求，上面有主机 B 的 IP 地址，该 ARP 请求被广播给本局域网上的所有计算机，所有主机上收到此请求后都会检测其中的 IP 地址，与 IP 地址匹配的主机 B 就向主机 A 发送一个 ARP 响应，上面写入自己的硬件地址，A 收到 B 的 ARP 响应后，就在 ARP 高速缓存中写入主机 B 的 IP 地址到硬件地址的映射。

当主机 A 向主机 B 发送数据报时，很可能以后不久主机 B 还要向主机 A 发送数据报，因而主机 B 也可能要向主机 A 发送 ARP 请求。因此主机 A 在发送 ARP 请求时，就将自己的 IP 地址到硬件地址的映射写入 ARP 请求。当主机 B 收到主机 A 的 ARP 请求时，主机 B 就将主机 A 的这一地址映射写入主机 B 自己的 ARP 高速缓存中。这样主机 B 以后向主机 A 发送数据时就方便了。这样做可以减少网络上的通信量。

还有一种地址转换会经常用到，那就是逆地址解析协议（RARP）。RARP 使只知道自己硬件地址的主机能够知道自己的 IP 地址。这种主机住往是无盘工作站。这种无盘工作站一般只要运行其 ROM 中的文件传送代码，就可用下载方法从局域网上其他主机得到所需的操作系统和 TCP/IP 通信软件，但这些软件中并没有 IP 地址。无盘工作站要运行 ROM 中的 RARP 来获得其 IP 地址。RARP 的工作过程大致如下。

为了使 RARP 能够工作，在局域网上至少有一个主机要充当 RARP 服务器，无盘工作站先向局域网发出 RARP 请求，并在此请求中给出自己的硬件地址。RARP 服务器有一个事先做好的从无盘工作站的硬件地址到 IP 地址的映射表，当收到 RARP 请求分组后，RARP 服务器就从这个映射表查出该无盘工作站的 IP 地址，然后写入 RARP 响应分组，发回给无盘工作站。无盘工作站用此方法获得自己的 IP 地址。

4.2.3　IP 数据报

TCP/IP 在网际层采用的是无连接服务，并使用 IP 数据报作为数据传送单位。IP 数据报与帧格式类似，也是以首部开始，后跟数据区。其格式如图 4.11 所示，首部的前一部分长度是固定的 20 字节，后一部分长度是可变的。首部各字段的含义如下。

（1）版本：占 4 位，指 IP 协议的版本。目前使用的 IP 协议版本是 4。通信双方使用的 IP 协议的版本必须一致。

（2）首部长度：4 位，可表示的最大数值是 15 个单位，每个单位为 4 字节，因此 IP 的首部长度的最大值是 60 字节。当 IP 数据报的首部长度不是 4 字节的整数倍时，必须利用最后一个填充字段加以填充，因此数据部分总是在 4 字节整数倍处开始。

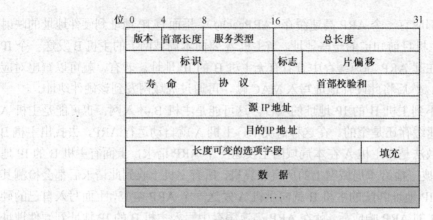

图 4.11　IP 数据报的格式

（3）服务类型：8 位，用来获得更好的服务，表明发送方需要有什么优先级，是否要求有低延时，是否要求有更高吞吐量以及更高的可靠性。

（4）总长度：指首部和数据之和的长度，单位为字节。总长度字段为 16 位，因此数据报的最大长度为 65 535 字节。但实际使用的数据报长度很少有超过 1 500 字节的。

（5）标识：该字段是为了使分片后的各数据报片最后能准确地重装成为原来的数据报。

（6）标志：占 3 位。目前只有前两位有意义。表示后面是否还有分片，以及是否允许分片。

（7）片偏移：片偏移指出较长的分组在分片后，某片在原分组中的相对位置。

（8）寿命：该字段记为 TTL，即数据报在网络中的生存时间，其单位为秒。

（9）协议：占 8 位，协议字段指出此数据报携带的上层数据使用什么协议，以便目的主机的 IP 层知道应将此数据报上交给哪个进程。

（10）首部校验和：此字段只检验数据报的首部，不包括数据部分。

（11）地址：这是首部中最重要的字段。源 IP 地址和目的 IP 地址字段都各占 4 字节。

（12）可变部分字段：IP 首部的可变部分，此字段长度可变，从 1 字节到 40 字节不等。

4.2.4　ICMP 协议

因为 IP 协议定义的是一种尽最大努力的通信服务，其中数据报可能丢失、重复或延迟。因此在 IP 层制定了一种机制，用于减少 IP 数据报的丢失，尽量避免差错并在发生差错时报告信息。这就是 Internet 控制报文协议（ICMP，Internet Control Message Protocol），一个专门用于发送差错报文的协议。IP 在需要发送一个差错报文时要使用 ICMP，而 ICMP 利用 IP 数据报来传递报文。

ICMP 定义了 5 种差错报文和 4 种信息报文。5 种差错报文分别是：

（1）源抑制。当路由器收到太多的数据报以至于缓冲区容量不够时，就发送一个源抑制报文。当一个路由器缓冲区不够用时，就不得不丢弃后来的数据报。因此在丢弃一个数据报时，路由器就会向创建该数据报的主机发送一个源抑制报文，使源主机暂停发送数据报，过一段时间再逐渐恢复正常。

（2）超时。当路由器将一个数据报的生存时间减到零时，路由器会丢弃这一数据报，并发送一个超时报文。另外，在一个数据报的所有分片到达之前，重组计时器到点了，则主机也会发送一个超时报文。

（3）目的不可达。当路由器检测到数据报无法传送到它的最终目的地时，就向源主机发送一个目的不可达报文。这种报文告知是特定的目的主机不可达还是目的主机所连的网络不可达。也就是说，这种差错报文能使人区分是某个网络暂时不在互联网上，还是某一特定主机临时断线了。

（4）改变路由。当一台主机将一个数据报发往远程网络时，主机先将这一数据报发给一个路由器，由路由器将数据报转发到它的目的地。如果路由器发现主机错误地将应该发给另一个路由器的数据报发给了自己，就使用一个改变路由报文通知主机应改变它的路由。

（5）要求分片。一个 IP 数据报可以在头部中设置某一位，规定这一数据报不允许被分片。如果路由器发现这个数据报的长度比它要去的网络所规定的最大传输单元（MTU）大时，路由器向发送方发送一个要求分片报文，随后丢弃这一数据报。

另外，ICMP 还定义了以下 4 种信息报文。

（1）回送请求/应答。回送请求报文是由主机或路由器向一台特定主机发出的询问，收到此请求报文的主机要发一个回送应答报文。这种报文用来测试目的站是否能达。如应用层有一个 PING 服务，用来测试两个主机之间的连通性。PING 使用了 ICMP 的回送请求和回送应答报文。

（2）地址掩码请求/应答。当一台主机启动时，会广播一个地址掩码请求报文，路由器收到这一请求就会发送一个地址掩码应答报文，其中包含了本网络使用的 32 位子网掩码。

ICMP 不是高层协议，而是 IP 层的协议。ICMP 使用 IP 数据报来传送每一个差错报文。当有一个 ICMP 报文要传送时，它是作为 IP 层数据报的数据被封装在其中，加上 IP 数据报首部然后发送出去。如图 4.12 所示，表明 ICMP 报文被封装在一个 IP 数据报中。携带 ICMP 报文的数据报并没有什么特别优先权，它们像其他数据报一样转发。

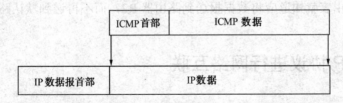

图 4.12　ICMP 报文作为 IP 数据报的数据

可以使用 ICMP 差错报文来跟踪路由。前面我们介绍过，IP 数据报首部有一个寿命字段，该字段是为了避免一个数据报沿着一个环形路径永远走个不停，每一个路由器都要将数据报的寿命计时器减 1。如果计时器到零了，路由器会丢弃这一数据报，并向源主机发回一个 ICMP 超时错误。

现在有一种跟踪路由（Trace Route）的工具，它利用 ICMP 超时报文来发现到目的地的一条路径上的路由器列表。跟踪路由程序简单地发送一系列的数据报并等待每一个响应。在发送第一个数据报之前，将它的生存时间置为 1。第一个路由器收到这一数据报会将生存时间减 1，显然就会丢弃这一数据报，并发回一个 ICMP 超时报文。由于 ICMP 报文是通过 IP 数据报传送的，因此跟踪路由可以从中取出 IP 源地址，也就是去往目的地的路径上的第一个路由器的地址。在得到第一个路由器的地址之后，跟踪路由会发送一个生存时间为 2 的数据报。第一个路由器将计时器减 1 并转发这一数据报，第二个路由器会丢弃这一数据报并发回一个超时报文。与此类似，一旦跟踪路由程序收到距离为 2 的路由器发来的超时报文，它就发送生存时间为 3 的数据报，然后是 4，等等。跟踪路由程序在一个路由比较稳定的互联网中非常有用。

跟踪路由程序也需要处理生存时间大到足以到达目的主机的情况。为了知道什么时候数据报成功到达了目的地，跟踪路由程序发送一个目的主机必须响应的数据报。跟踪路由程序使用用户数据报协议（UDP），这一协议允许应用程序发送和接收单独的报文。跟踪路由程序发送一个 UDP 数据报给目的主机上一个不存在的程序时，ICMP 会发送一个目的不可达报文。因而，每次跟踪路由程序发出一个数据报后，要么会从路径上的另一个路由器收到一个 ICMP 超时报文，要么收到一个从最终目的地发出的 ICMP 目的不可达报文。

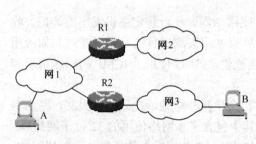

图 4.13　ICMP 改变路由

另一个用得比较多的 ICMP 差错报文是改变路由。以图 4.13 为例，主机 A 向主机 B 发送 IP 数据报应经过路由器 R2。现在假定主机 A 启动后其路由表中只有一个默认路由器 R1，当主机 A 向主机 B 发送数据报时，数据报就被送往路由器 R1。路由器 R1 从它的路由表查出，发往主机 B 的数据报应经过路由器 R2。于是数据报从路由器 R1 再转到路由器 R2，最后传到主机 B。显然，这个路由是不好的，需要改变。于是，路由器 R1 向主机 A 发送 ICMP 改变路由报文，指出此数据报应经过的下一个路由器 R2 的 IP 地址。主机 A 根据收到的信息更新自己的路由表。以后主机 A 再向主机 B 发送数据报时，根据路由表就知道应将数据报送到路由器 R2，而不再送到默认路由器 R1 了。

4.3　使用 IP 协议进行网络互联

4.3.1　IP 协议互联原理

IP 协议是如何做到使异构的物理网络相互连接，一个数据报究竟是如何在互联网上传输的呢？答案就是使用了路由器，由路由器将数据报从一个网络转发到另一个网络。源主机在发送一个数据报时，会将目的地址放入数据报的首部，然后将数据报送往附近的路由器。当路由器收到一个数据报后，就会使用其目的地址选择下一个要去的路由器，并将数据报传给它。最终数据报会到达一个这样的路由器，该路由器能够直接将数据报传到最终的目的地。

一个数据报沿着从源到目的地的一条路径传输时，中间会经过很多路由器。路径上的每台路由器收到这个数据报时，先从首部取出目的地址，根据这个目的地址决定数据报应该发往的下一站，并将此数据报转发给下一站。下一站可能就是最终目的地，也可能是另一个路由器。为了能够找到下一站，在每个路由器中会有一张路由表，用于保存路由选择信息。

　　路由表中的每一项都指定了一个目的地和为到达这个目的地所要经过的下一站。如图 4.14 所示有 4 个网络通过 3 个路由器互联在一起，路由器 R2 的路由表如图 4.14 所示。路由器 R2 直接与网络 2 和网络 3 连接，因此 R2 能将数据直接发送到连在这两个网络的任何主机。若要去的目的地主机在网络 1 中，R2 就需要将数据报发往路由器 R1。同样，目的地在网络 4，R2 就需要将数据报发往路由器 R3。我们看到，在路由表中列出的目的地是一个网络，而不是一个单独的主机。每一个网络中都可能有成千上万个主机，如果按查找目的主机号来制作路由表，则得出的路由表显然太复杂。因此，使用网络作为目的地可以使路由表尺寸变得较小。

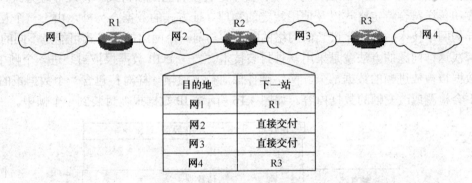

图 4.14　路由器 R2 理论上的路由表

　　实际上，一个 IP 路由表还要稍复杂些，每一行都有 3 项内容。第一项是目的地网络的网络地址，第二项是目的地网络的子网掩码，第三项是下一站路由器的 IP 地址。另外，一般路由表中还会包含一个默认路由，即用默认路由代替所有的具有相同下一站的项目，以减少路由表所占用的空间和搜索路由表的时间。在图 4.15 中各网络地址已在图中标识，每个路由器被指定了两个 IP 地址，一个地址对应一个接口。图 4.15 中列出了路由器 R1 和 R2 的路由表，在 R1 的路由表中使用了默认路由。以路由器 R2 来说，如果目的站在网络 1 中，则下一站路由器是 R1，其 IP 地址为 30.0.0.7，在此处下一站地址不能用 R1 的 20.0.0.4 地址。因为从路由器 R2 转发分组到 R1 时，R2 只能以同连在网络 2 的 R1 的 30.0.0.7 这个地址为目的地将分组发往 R1，而不能将分组转发到 R1 的 20.0.0.4 地址，因为 R1 的 20.0.0.4 地址这个接口与 R2 不在同一个网络。同理，如果目的站在网络 4 中，则路由器应将分组转发给 IP 地址为 128.1.0.6 的路由器 R3。

　　使用路由表为数据报选择下一站的过程叫路由或转发。但要注意的是，在 IP 数据报的首部写的地址是源站和最终目的站的地址，下一站路由器的 IP 地址是不出现在数据报中的。那么待转发的数据报又怎样能够找到下一站路由器呢？

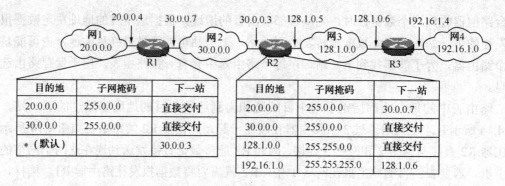

图 4.15　路由表中列出目的地址、子网掩码和下一站的 IP 地址

当路由器收到一个待转发的数据报后，会取出目的地址，用它从路由表得出下一站路由器的 IP 地址，然后通过物理网络将数据报传送到下一站的路由器。但是物理网络并不了解数据报格式和 IP 地址。相反，每种硬件技术定义了自己的帧格式和物理寻址方式，硬件只接收和传送符合特定格式以及使用特定的物理寻址方式的数据。另外，由于一个互联网包含异构网络技术，因此穿过当前网络的帧格式与前一个网络的帧格式可能是不同的。

解决这样问题的方法就是采用一种封装技术。当一个 IP 数据报被封装进一个帧中时，整个数据报被放进帧的数据部分。网络硬件像对待普通帧一样对待包含一个数据报的帧，硬件不会检测或改变帧的数据内容。如图 4.16 所示，IP 数据报被封装到一个帧中。

图 4.16　IP 数据报被封装在一个帧中

同样，携带了一个 IP 数据报的帧也要有一个目的地址。因此封装除了将数据报放入帧的数据区外，还要求发送方提供数据报要去的下一站物理地址。为了得到这个物理地址，发送方机器就使用前面介绍过的 ARP 协议，将下一站的 IP 地址解析成对应的物理地址，然后放在帧头部的目的地址区。

数据报在一次转发中封装只发生一次。发送方在选好下一站之后，将数据报封装到一个帧中，并通过物理网络传给下一站。帧到达下一站时，接收方从帧中取出数据报，然后丢弃这一帧。如果数据报必须通过另一个网络转发时，就会产生一个新的帧。如图 4.17 所示说明了这种情况，当一个数据报要从源主机去往目的主机时，中间通过三个网络和两个路由器，于是被多次封装和解封装，产生多种表现形式。这是因为每个网络可能使用一种不同于其他网络的硬件技术，这意味着帧的格式也不相同。主机和路由器只在内存中保留了整个数据报而没有多余的帧头信息。当数据报通过一个物理网络时，才会被封装进一个合适的帧中。帧头的大小依赖于相应的网络技术。例如，如果网络 1 是一个以太网，帧 1 有一个以太网头部，同样，如果网络 2 是一个 FDDI 网络，帧 2 就有一个 FDDI 头部。

要注意一点，在通过互联网的整个过程中，帧头并没有累积起来。只有在数据报要通过一个网络时，才被封装。当帧到达下一站时，数据报将被从输入帧中取出来，然后才被路由和重新封装到一个输出帧中。因而，当数据报到达它的最终目的地时，携带数据报的帧被丢弃，使得数据报的大小与其最初被发送时一样。

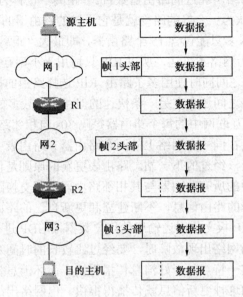

图 4.17　一个 IP 数据报在通过互联网时被多次封装和解封装

以上我们讨论了 IP 层怎样根据路由表的内容进行路由选择，以及如何通过一个物理网络将数据报发送到下一站。下面就要讨论路由表是如何建立和更新的。

4.3.2　路由协议

互联网中路由器是根据路由表进行路由选择并转发数据报的，因而路由表是否为最佳将直接影响网络的性能。

Internet 采用动态的路由选择协议，并采用分层次的路由选择协议。因此，Internet 将整个互联网划分为许多较小的自治系统，简称为 AS。一个自治系统是一个互联网，其最重要的特点是它有权自主决定在本系统内应采用什么路由选择协议。一个自治系统内的所有网络都属于一个单位来管辖。这样，Internet 就把路由选择协议划分为如下两大类。

（1）内部网关协议（IGP）。即在一个自治系统内部使用的路由选择协议，而这与在互联网中的其他自治系统选用什么路由选择协议无关。目前这类路由选择协议使用得最多，如 RIP、HELLO 和 OSPF 协议。

（2）外部网关协议（EGP）。如果源计算机和目的计算机处在不同的自治系统中（这两个自治系统可以使用不同的内部网关协议），当数据报传到一个自治系统的边界时，就需要使用一种协议将路由选择信息传递到另一个自治系统中。这样的协议就是外部网关协议（EGP）。在外部网关协议中目前使用最多的是 BGP。

下面重点讨论内部网关协议中的 RIP 和 OSPF。

1. 路由信息协议（RIP）

RIP 是一个基于距离向量的分布式路由选择协议，它的最大优点就是简单。RIP 协议定义"距离"就是到目的网络所经过的路由器数目。"距离"也称为"跳数"，每经过一个路由器，跳数就加 1。RIP 认为一个好的路由就是它通过的路由器的数目少，也就是说"距离短"。RIP 允许一个通路最多只能包含 15 个路由器，即最大"距离"为 15。因此当"距离"的值为 16 时，RIP 就认为网络不可达，所以 RIP 只适用于小型互联网。

RIP 不能在两个网络之间同时使用多条路由。RIP 选择路由的标准就是经过的路由器要少，即使这时在两个网络之间还存在另一条快速的但路由器较多的路径。

RIP 的工作方式是让互联网中的每个路由器每隔 30s 向相邻路由器广播自己的路由表。所谓相邻路由器就是连接在同一个网络上的两个路由器。路由表中最主要的信息就是：到某某网络的距离，以及应该经过的下一站。路由表更新的原则是使到各目的网络的距离最短。RIP 协议让互联网中的所有路由器与其相邻路由器不断交换距离信息，每一个路由器根据其相邻路由器发送来的路由信息，不断建立和更新自己的路由表，最后算出到每一个目的网络的最佳路由。RIP 报文使用运输层的用户数据报 UDP 进行传送。

RIP 存在的问题是当网络出现故障时，要经过比较长的时间才能将此信息传送到所有的路由器。RIP 协议的这一特点是：好消息传播得快，而坏消息传播得慢。如果一个路由器发现了更短的路由，则这种更新信息就传播得很快。但网络出故障的传播往往需要较长的时间，这是 RIP 的一个主要缺点。

2. 开放最短路径优先（OSPF）

OSPF 称为开放最短通路优先。"开放"表明是公开发表的。"最短通路优先"是使用了最短通路算法。OSPF 克服了 RIP 的所有限制，其最主要的特征就是它是一种链路状态协议，而不是像 RIP 那样的距离向量协议。在链路状态协议中，每个路由器和互联网中的所有其他路由器共享关于其邻居的信息。

在一个链路状态协议中，路由器不是与其邻站交换距离信息。它采用的是每个路由器主动地测试与其邻站相连的链路状态，将这些信息发送给它的相邻站，而相邻站将这些信息在自治系统中传播出去。每个路由器接收这些链路状态信息，并建立起完整的路由表。

OSPF 的要点如下：

（1）所有路由器都维持一个链路状态数据库，这个数据库实际上就是整个互联网的拓扑结构图。所谓一个路由器的"链路状态"就是该路由器都和哪些网络或路由器相邻，以及将数据发往这些网络或路由器所需的费用。

（2）每一个路由器用链路状态数据库中的数据算出自己的路由表。

（3）只要网络拓扑发生任何变化，链路状态数据库就能很快进行更新，使各个路由器能够重新计算出新的路由表。OSPF 的更新过程收敛得快是它的重要优点。

（4）OSPF 依靠各路由器之间的频繁交换信息来建立链路状态数据库，并维持该数据库在全网范围内的一致性。

（5）OSPF 不用 UDP 而是直接用 IP 数据报传送（其 IP 数据报首部的协议字段值为 89）。

OSPF 规定，每两个相邻路由器每隔 10s 要交换一次信息。这样就能确知哪些邻站是可达的。因为只有可达邻站的链路状态信息才存入链路状态数据库，并由此计算出路由表。若有 40s 没有收到某个相邻路由器发来的信息，则可认为该相邻路由器是不可达的，应立即修改链路状态数据库，并重新计算路由表。

4.3.3　路由器原理与使用

我们已经知道，路由器可以将多个异构网络互联构成互联网。下面介绍目前比较流行的 Cisco 路由器的结构原理。

路由器与其他计算机相似，也有内存、操作系统、配置和用户界面，Cisco 路由器中的操作系统称为互联网络操作系统（Internetwork Operating System，IOS），其版权归 Cisco 所有。路由器也有一个引导过程，用于从 ROM 装入引导程序，并将其操作系统和配置装入内存。路由器与其他计算机所不同的是其用户界面以及内存的配置。

1. 路由器的内存类型

路由器有多个存储器，每个存储器用于不同的功能。

（1）ROM。只读存储器（ROM）中含有一份路由器使用的 IOS 副本。7000 系列路由器的 ROM 芯片位于路由器处理器板上，4000 的 ROM 芯片位于主板上。在 7000 和 4000 系列中，ROM 芯片可升级为新版的 IOS。在 2500 系列路由器和 1000 系列 LAN 扩展器中，ROM 芯片不能被升级，且只含有一个功能非常有限的操作系统，即仅有路由选择功能。在 2500 系列的路由器中，IOS 位于闪存中。

（2）RAM。随机访问存储器（RAM）被 IOS 分为共享内存和主存。主存用于存储路由器配置和与路由协议相关的 IOS 数据结构。对于 IP，主存用于维护路由表和 ARP 表等；对于 IPX，主存用于维护 SAP 和其他表。

共享内存用于缓存等待处理的报文分组。这类内存仅被 4000 和 2500 系列路由器使用。

（3）Flash（闪存）。闪存保存着在路由器上运行的 IOS 当前版本。ROM 的内容不可改写，而闪存是可擦写的，可将 IOS 的新版本写入闪存。

（4）NVRAM。非易失性 RAM（Nonvolatile RAM，NVRAM）在掉电后，其内容不会丢失，NVRAM 中保存着路由器配置信息。

2. 引导路由器

路由器的引导过程与 PC 类似，其过程如下。

（1）从 ROM 装入引导程序。

（2）从闪存装入操作系统（IOS, 互联网络操作系统）。

（3）查找并加载 NVRAM 中的配置文件，或在预先指定的网络服务器中的配置文件。若配置文件不存在，则路由器进入设置模式。

3. 配置 Cisco 的用户界面

路由器有一个控制台端口 Console 口，用于与终端相连，以便对路由器进行配置。每一个路由器都带有一个控制台连接工具箱，其中包括一条黑色的 RJ-45 电缆和一组连接器。

可以将路由器连接到一台 PC 上，并运行终端仿真程序。大多数 PC 都带有一个 9 针的串口连接器，只要将 9 针的串口连接器连到 RJ-45 电缆，将路由器 Console 口与 PC 串口相连即可。将 PC 终端仿真程序设置为 9 600b/s、8 位数据位、无奇偶校验和 1 位停止位，就可以对路由器进行设置。

这时会出现口令和路由器提示。在输入正确的口令后，显示如下：

```
Hostname>
```

Hostname 是该路由器的名称。这时，可以开始输入命令。在 Cisco 用户界面中，有两级访问权限：用户级和特权级。用户级允许查看路由器状态，又称为用户执行模式。特权级又称为特权执行模式。在这种模式下，可以查看路由器的配置、改变配置和运行调试命令。特权模式又叫做 Enable 模式，如果要进入特权执行模式，必须在输入正确的口令后，输入 enable 命令。操作如下：

```
Hostname>enable↵
Password:    （在此输入 enable 密码后按回车键）
Hostname#
```

这时，提示符变为一个单独的 "#"，表示你已具有了特权执行权限。

路由器可以工作在两种模式下。第一种是查看模式，在这种模式下，可输入 show 和 debug 命令，便可以查看接口的状态、协议和其他与路由器有关的项目。当第一次登录后，路由器便处于这种模式下。第二种是配置模式，它允许修改当时正在运行的路由器的配置。在配置模式中，当输入配置命令后，只要按下回车键，则此命令会立即生效。在获得特权权限后，即可进入配置模式。操作如下：

```
Hostname# config terminal↵
Enter configuration commands, one per line. End with Ctrl/Z.
Hostname (config) #
```

进入配置模式的该命令告诉路由器将要从终端对它进行配置。同时提示符发生改变，提醒用户目前正处于配置模式。

例如，要为 Ethernet 0 接口输入配置，操作命令如下：

```
Hostname (config) #interface ethernet0↵
Hostname (config-if) #
```

这样就进入了为 Ethernet 0 接口配置的界面，当相关配置设好后，要返回上一级，可以输入如下命令：

```
Hostname (config-if) #exit↵
Hostname (config) #
```

如果想从任何一级退出配置模式，需同时按下 Ctrl 键和 Z 键：

```
Hostname (config-int) #<Ctrl-Z>
Hostname#
```

要退出 Enable 模式，输入如下命令：

```
Hostname#exit↵
Hostname>
```

4.4 网络地址转换与下一代网际协议 IPv6

4.4.1 网络地址转换

　　一般单位内部的主机可以使用 Internet 保留的专用网 IP 地址进行网络互联，但内部主机如果想要访问 Internet，专用 IP 地址就会在互联网上产生地址冲突。简单的解决办法是多申请一些有效的注册的公共 IP 地址，给想上网的内部主机分配这些 IP 地址。但这种方法多数情况下是不易办到的，因为全球公共 IP 地址所剩不多且不易申请，一个单位也不太可能拥有几百或上千个注册 IP 地址给内部主机，所以目前使用最多的方法是采用网络地址转换（NAT）。

　　网络地址转换（NAT）方法就是需要在专用网连接到 Internet 的路由器上安装 NAT 软件。装有 NAT 软件的路由器叫做 NAT 路由器，它至少有一个有效的外部公共 IP 地址。简单来说就是所有使用专用私有地址的主机在上网时都在 NAT 路由器上将其私有地址转换成公共地址，然后和 Internet 主机进行通信。例如，当内部主机 A 用私有地址 IPa 与 Internet 主机 B 通信时，它所发送的数据报必须经过 NAT 路由器。路由器将数据报源地址转换成自己的公共地址 IPg，但目的地址 IPb 保持不变，然后发送到 Internet。当路由器从 Internet 收到主机 B 发回的数据报时，知道源地址是 IPb、目的地址是 IPg，根据原来的记录（即 NAT 转换表），路由器就会把目的地址 IPg 转换为 IPa，然后转给最终内部主机 A。NAT 地址转换例子如图 4.18 所示。

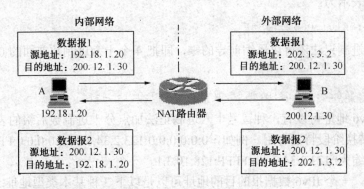

图 4.18 网络地址转换（NAT）

　　NAT 技术在使用时有两种模式：静态 NAT 和动态 NAT。静态 NAT 是建立内部私有地址与公共地址 IPg 一对一的永久映射关系。动态 NAT 是建立内部本地地址与公共地址池的临时对应关系，如果经过一段时间，内部本地地址没有向外的请求，该对应关系将被删除。

还有一种 NAT 转换将运输层的端口号用上，这样就可以用一个公共 IP 地址使多个拥有本地地址的主机同时和 Internet 上不同的主机进行通信。本地地址的主机同时和 Internet 上不同的主机进行通信。

4.4.2　IPv6 的基本概念

随着 Internet 的迅速增长，IPv4 地址资源会逐渐耗尽，最主要的问题是目前 IP 地址 32 位长度不够长。虽说采用无类域间路由（CIDR）和网络地址转换（NAT）方法使得 IP 地址耗尽的日期推后不少，但不能从根本上解决问题，最终解决办法是要采用具有更大地址空间的新版本的 IP 协议，即 IPv6。

1．IPv6 的地址

IPv6 最主要的变化是将地址增大到了 128 位，地址空间大于 3.4×1 038。如果整个地球表面都覆盖着计算机，那么 IPv6 允许每平方米拥有 7×1 023 个 IP 地址。如果地址分配速度是每微秒分配 100 万个地址，则需要 1 019 年时间才能将所有可能地址分配完毕。在可预见到将来，IPv6 的地址空间是不可能用完的。

IPv6 使用冒号十六进制记法，它把每个 16 位的值用十六进制值表示，各值之间用冒号分隔。例如一个 IPv6 地址：

```
2001:0410:0000:0001:0000:0000:0000:45ff
```

冒号十六进制记法可采用零压缩，即一连串连续零可以用一对冒号"::"代替，例如上面的地址可以表示为：

```
2001:0410:0000:0001::45ff
```

为了保证零压缩有一个不含混的解释，规定在任一地址中只能使用一次零压缩，例如上面地址不能表示为：

```
2001:0410::0001::45ff
```

冒号十六进制记法还可以压缩前导的零，即把 4 个十六进制数前面的 0 省略，则上面地址表示为：

```
2001:410:0:1:0:0:0:45ff 或 2001:410:0:1::45ff
```

另外，IPv6 地址可以有一种冒号十六进制记法加点分十进制数后缀的表示方法，这在 IPv4 向 IPv6 转换阶段特别有用。例如，0:0:0:0:0:0:123.2.34.3 和 0:0:0:0:0:FFFF:128.10.3.1，也可以分别压缩为::123.2.34.3 和::FFFF:128.10.3.1。

一般来讲，一个 IPv6 数据报的目的地址可以是以下 3 种基本类型地址之一。

（1）单播，就是传统的点对点通信。

（2）多播，是一点对多点的通信，数据报交付给一组计算机中的每一个，IPv6 没有采用广播的术语，而是把广播看做多播的一个特例。

（3）任播，这是 IPv6 增加的一种类型，任播的目的站是一组计算机，但数据报在交付时只交付给其中的一个，通常是距离最近的一个。

2．IPv6 数据报格式

IPv6 另一个重要的特点就是对数据报的首部做了很大简化，IPv4 首部中的一些功能被取消或被放在扩展首部中。IPv6 数据报有一个 40 字节的基本首部，其后可有零个或多个扩展首部，再后面是数据，如图 4.19 所示。

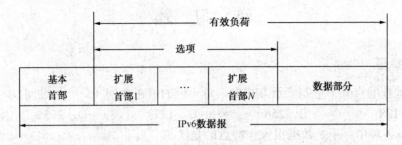

图 4.19　IPv6 数据报一般格式

IPv6 的基本首部格式如图 4.20 所示，首部的各字段含义如下。

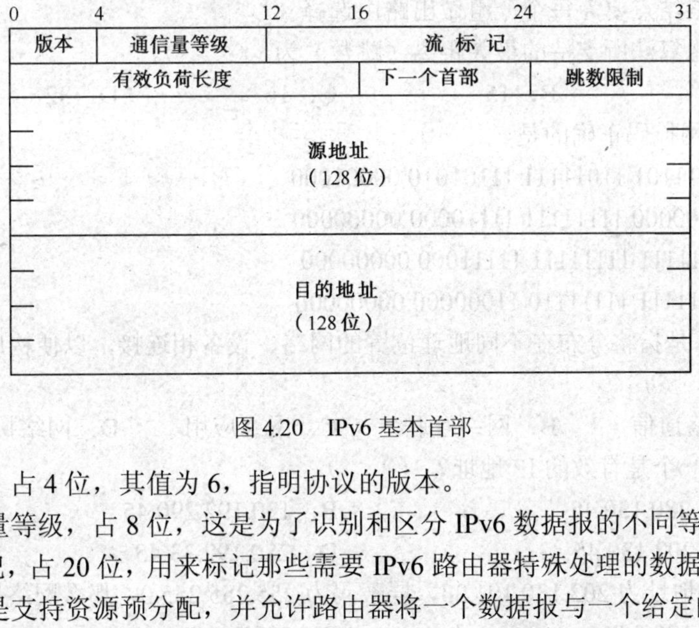

0	4	12	16	24	31
版本	通信量等级		流　标　记		
有效负荷长度			下一个首部	跳数限制	
源地址 （128 位）					
目的地址 （128 位）					

图 4.20　IPv6 基本首部

（1）版本，占 4 位，其值为 6，指明协议的版本。

（2）通信量等级，占 8 位，这是为了识别和区分 IPv6 数据报的不同等级或优先级。

（3）流标记，占 20 位，用来标记那些需要 IPv6 路由器特殊处理的数据报的顺序。IPv6 一个新的机制是支持资源预分配，并允许路由器将一个数据报与一个给定的资源分配相联系。IPv6 提出流的抽象概念。所谓"流"就是互联网上从特定源点到特定终点（单播或多播）的一系列数据报，而在这个"流"所经过的路径上的路由器都保证指明服务质量。所有属于同一个流的数据报都具有相同的流标记。

（4）有效负荷长度，占 16 位，表示 IPv6 数据报除首部以外部分的长度（所有扩展首部都算在有效负荷之内），以字节为单位，最大值是 64KB。

（5）下一个首部，占 8 位，标识紧跟基本首部之后的扩展首部的类型。

（6）跳数限制，占 8 位，用来防止数据报在网络中无限期存在。每个路由器在转发数据报时，先将该字段值减 1，当值减至 0 时，就要丢弃该数据报。该字段作用类似 IPv4 首部中的 TTL 字段。

（7）源地址，占 128 位，是数据报发送方的地址。

（8）目的地址，占 128 位，是数据报接收方的地址。

练 习 题

一、选择题

1. IP 地址的点分十进制表示方式中，每一位的值在 0 到（　　）之间。

    A. 128　　　　　　B. 256　　　　　　C. 127　　　　　　D. 255

2. 以下各项中，不是数据报操作特点的是（　　）。

    A. 每个分组自身携带有足够的信息，它的传送是被单独处理的

    B. 在整个传送过程中，不需要建立虚电路

    C. 使所有分组按顺序到达目的端系统

    D. 网络结点要为每个分组做出路由选择

3. RIP 路由算法所支持的最大距离（跳数）为（　　）。

    A. 10　　　　　　B. 15　　　　　　C. 16　　　　　　D. 32

4. 以下子网掩码正确的是（　　）。

    A. 11011101 11011111 11101010 00001000

    B. 00000000 11111111 11110000 00000000

    C. 11111111 11111111 11111000 00000000

    D. 11111111 11111110 11000000 00000000

5. （　　）是指将分布在不同地理位置的网络、设备相连接，以便构成更大规模的网络系统。

    A. 网络通信　　　B. 网络互联　　　C. 网络应用　　　D. 网络接入

6. 下面哪一个是有效的 IP 地址？（　　）

    A. 202.280.130.45　　　　　　　　B. 130.192.290.45

    C. 192.202.130.45　　　　　　　　D. 280.192.33.45

7. 如果 IP 地址为 202.130.191.33，屏蔽码为 255.255.255.0，那么网络地址是（　　）。

    A. 202.130.0.0　　　　　　　　　B. 202.0.0.0

    C. 202.130.191.33　　　　　　　　D. 202.130.191.0

8. 在 OSI 的七层参考模型中，工作在第三层以上的网间连接设备是（　　）。

    A. 集线器　　　　B. 网关　　　　　C. 网桥　　　　　D. 中继器

9. IPv4 地址是一个 32 位的二进制数，它通常采用点分（　　）。

    A. 二进制数表示　　　　　　　　　B. 八进制数表示

    C. 十进制数表示　　　　　　　　　D. 十六进制数表示

10. 在 IP 地址方案中，159.226.181.1 是一个（　　）。

  A．A 类地址　　　B．B 类地址　　　C．C 类地址　　　D．D 类地址

11．当一台主机从一个网络移到另一个网络时，以下说法正确的是（　　）。

  A．必须改变它的 IP 地址和 MAC 地址

  B．必须改变它的 IP 地址，但不需要改动 MAC 地址

  C．必须改变它的 MAC 地址，但不需要改动 IP 地址

  D．MAC 地址和 IP 地址都不需要改动

12．用来在网络设备之间交换路由信息的协议是（　　）。

  A．FTP　　　　　B．SMTP　　　　C．NFS　　　　　D．RIP

13．内部网关协议中的动态路由协议 RIP 和 OSPF 是在（　　）使用的。

  A．一个自治系统内部　　　　　　B．自治系统之间

  C．整个 Internet 中　　　　　　　D．以上都是

14．下面哪个是 B 类网络 IP 地址？（　　）

  A．230.0.0.0　　B．130.4.5.6　　C．23.4.5.9　　D．230.4.5.6

15．RARP 的功能是（　　）。

  A．验证数据帧的接收　　　　　　B．测量在单个发送中丢失的数据包

  C．获得主机的 IP 地址　　　　　　D．获得主机的 MAC 地址

16．ARP 的功能是（　　）。

  A．验证数据帧的接收　　　　　　B．测量在单个发送中丢失的数据包

  C．获得主机的 IP 地址　　　　　　D．获得主机的 MAC 地址

17．下面哪一种是路由器的主要功能？（　　）

  A．选择转发到目的地址所用的最佳路径

  B．重新产生衰减了的信号

  C．把各组网络设备归并进一个单独的广播域

  D．向所有网段广播信号

18．ICMP 协议是直接承载在（　　）协议之上的。

  A．IP　　　　　　B．TCP　　　　　C．UDP　　　　　D．PPP

19．IP 协议属于 TCP/IP 模型的哪一层？（　　）

  A．网络接口层　　B．传输层　　　　C．网际层　　　　D．应用层

20．TCP/IP 协议中 IP 层的数据单元称为（　　）。

  A．消息　　　　　B．段　　　　　　C．数据报　　　　D．帧

21．哪种路由协议是只基于距离的算法？（　　）

  A．RIP　　　　　B．OSPF　　　　　C．BGP　　　　　D．以上都是

22．在（　　）方式中，同一报文中的分组可以由不同传输路径通过通信子网。

  A．数据报　　　　B．异步　　　　　C．虚电路　　　　D．线路交换

23．对于一个没有经过子网划分的传统 C 类网络，允许连接多少台主机？（　　）

  A．1024　　　　B．65534　　　　C．254　　　　　D．48

24．在 IP 地址的分类中，（　　）IP 地址所能包含的主机数量最多。

  A．A 类　　　　　B．B 类　　　　　C．C 类　　　　　D．D 类

25. IP 地址 219.25.23.56 的默认子网掩码有几位？（　　）
    A. 8　　　　　　　B. 16　　　　　　　C. 24　　　　　　　D. 32
26. C 类地址最大可能子网数是（　　）。
    A. 6　　　　　　　B. 8　　　　　　　C. 12　　　　　　　D. 141
27. 172.16.255.255 代表的是（　　）地址。
    A. 主机地址　　　B. 网络地址　　　C. 组播地址　　　D. 广播地址
28. PING 命令应用的是 ICMP 的哪种报文？（　　）
    A. 超时　　　　　　　　　　　　　B. 改变路由
    C. 回送请求（ECHO Request）　　　D. 掩码请求/应答

二、填充题

1. IP 地址的网络号任意，主机号如果全为 1，则表示是_____地址，主机部分若全为 0，则表示是_____地址，全 1 的 IP 地址是用于_____地址。

2. 路由信息协议 RIP 的"距离"表示到目的网络所经过的_____，也称为"跳数"。RIP 规定一条路径上"距离"最多是_____，当最大值为_____时即相当于不可达。

3. 一台主机可以有 3 个唯一标识它的地址，分别是_____、_____和_____。

4. IP 地址有两种广播地址形式，一种叫直接广播地址，另一种叫_____。

5. 广域网中的最高层是网络层，网络层为接在网络上的主机提供_____和_____两大类服务。

6. 对于面向连接的网络服务，其间通信要经历_____、_____、_____ 3 个阶段。

7. 路由表中最主要包含两项，即分组要去的目的地，以及将分组转发出去的_____。

8. Internet 中的一个自治系统是一个互联网络，最主要的特点是它有权自主决定在本系统内采用_____。

9. C 类 IP 地址仅用 8 位表示主机，在一个网络中最多只能连接_____台设备。

10. 按 Internet 的观点，用_____或_____连接的若干个局域网仍为一个网络，因此这些局域网都具有_____。

11. IP 地址的网络号任意，主机号如果全为 1，则表示是_____地址，主机部分若全为 0，则表示是_____地址，第 1 个字节为 127 的 IP 地址是用于_____地址。

12. 某计算机的 IP 地址是 208.37.62.23，该计算机在_____类网络上，如果该网络的子网掩码是 255.255.255.240，问该网络最多可划分为_____个子网，每个子网最多可以有_____台主机。

13. 子网掩码是由_____和_____组成，其中"1"对应于_____，"0"对应于_____。

三、问答题

1．试从多方面比较虚电路和数据报这两种服务的优缺点。

2．网络互联的定义是什么？网络互联的功能是什么？

3．IP 地址的结构是怎样的？IP 地址可以分为哪几种？

4．试说明 IP 地址与硬件地址的区别。为什么要使用这两种不同的地址？

5．子网掩码的用途是什么？对于 A、B、C 3 类网络，其默认子网掩码是什么？

6．对于子网掩码为 255.255.252.0 的 B 类网络，能创建多少个子网？

7．对于子网掩码为 255.255.255.224 的 C 类网络，能创建多少个子网？

8．对于子网掩码为 255.255.248.0 的 B 类网络，一个子网能连接多少台主机？

9．某单位分配一网络地址 129.250.0.0，问选用哪个子网掩码可至少划分出 458 个子网且可提供最多的主机数？

10．路由表的用途是什么？

11．设某路由器建立了如表 4.7 所示的路由表，此路由器可以直接从接口 0 和接口 1 转发分组，也可通过相邻路由器 R2、R3 和 R4 进行转发。先共收到 5 个分组，其目的站 IP 地址分别为：（1）128.96.39.10；（2）128.96.40.12；（3）128.96.40.151；（4）192.4.153.17；（5）192.4.153.90，试分别计算它们的下一站。

表 4.7　题 11 的路由表

目 的 网 络	子 网 掩 码	下 一 站
128.96.39.0	255.255.255.128	接口 0
128.96.39.128	255.255.255.128	接口 1
128.96.40.0	255.255.255.128	R2
192.4.153.0	255.255.255.192	R3
*（默认）		R4

12．简述 RIP 和 OSPF 路由选择协议的主要特点。

第 5 章

运输层与 TCP 协议

5.1　运输层概述

　　运输层位于七层模型的第四层，属于资源子网，但其所起的作用却好像是通信子网的代理。运输层屏蔽了通信子网的复杂性，为高层用户提供友好的使用界面和端到端的透明传输服务。运输层所处的位置决定了其承上启下的作用，运输层以下的三层实现面向数据的通信，以上的三层实现面向信息的处理，而运输层是数据传送的最高层，是七层模型中最重要和最复杂的一个层次。其主要功能有：

　　(1) 连接管理：负责传输连接的创建、维护与撤销。传输连接的建立过程称为"握手"。

　　(2) 流量控制：运输层在发送本层数据分段时，还要确保数据的完整性。流量控制是完成这项任务的方法之一。流量控制避免了接收主机缓冲溢出，溢出会造成数据丢失。这里的流量控制是指端到端的流量控制，即在一个主机没有收到确认之前最多能够向另一个主机发送多少信息量。在数据链路层也讨论过这个问题，只是数据链路层执行的是点到点的流量控制，而运输层进行的是端到端的流量控制，可用于网络拥塞的控制。

　　(3) 差错检测与恢复：这个功能似乎与低层的功能重复，但这是必需的。有些错误能逃避较低层的差错检测，虽然分组的传输可以由数据链路层的 CRC 校验保证，但是无法确保中间结点（如路由器）处理分组时不出错。另外，如果一个中间结点在收完报文并确认后，在转发之前却将它丢失了，这时也只有通过端到端的差错检测来控制。

　　(4) 提供用户要求的服务质量：一个用户在通信时会要求特定的网络服务质量，例如，高吞吐量、低延迟、低费用和高可靠性服务等。运输层可根据需要提供相应的网络服务。

　　(5) 提供端到端的可靠通信：面向连接的传输协议能够提供用户间的可靠通信，这对于用户来说是最重要的功能。

　　在第 4 章讲过 IP 地址可以唯一地标识一个主机，IP 协议可以将源主机发送的分组按照目的 IP 地址送交到目的主机，那为何又要运输层实现主机间的信息通信呢？

　　要理解这个问题就要搞清楚主机间真正相互通信的实体是什么。严格地讲，两个主机进行通信实际上就是两个主机中的应用程序互相通信。IP 协议虽然能把分组送到目的主机，但是这个分组还停留在主机的网络层而没有交付给主机中的应用程序，因为 IP

地址是标志 Internet 中的一个主机，而不是标志主机中的应用程序。由于通信的两个端点是源主机和目的主机中的应用程序，因此应用程序之间的通信又称为端到端的通信。在一个主机中经常有多个应用程序同时分别和另一个主机中的多个应用程序通信。例如，某用户在使用浏览器查看某网站的同时，还要用电子邮件给网站发送反馈意见，这时主机既要运行浏览器客户程序又要运行电子邮件客户程序。运输层就为应用程序之间提供端到端的逻辑通信，而网络层是为主机之间提供逻辑通信。

运输层还有一个很重要的功能就是复用和分用，如图 5.1 中主机 A 的应用程序 AP1 和 AP2 分别与主机 B 的应用程序 AP3 和 AP4 通信。应用层的应用程序 AP1 和 AP2 的报文通过不同端口向下交到运输层，再往下就是公用网络层提供的服务。当这些报文沿着图中虚线到达目的主机后，目的主机运输层就使用分用功能，通过不同的端口将报文分别交付到相应的应用程序 AP3 和 AP4。

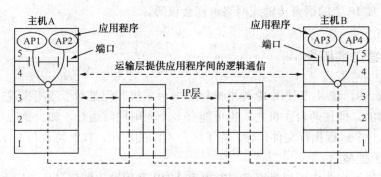

图 5.1　运输层为应用程序提供逻辑通信

5.2　TCP/IP 中的运输层

5.2.1　运输层协议

TCP/IP 在运输层有两个不同的协议：传输控制协议（TCP）和用户数据报协议（UDP）。TCP 协议的数据传输单位是 TCP 报文段，UDP 协议的数据传输单位是 UDP 报文或用户数据报，如图 5.2 所示。

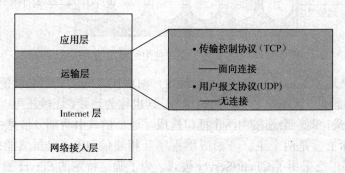

图 5.2　TCP 和 UDP

TCP 和 UDP 是性质完全不同的运输层协议，被设计用来向高层用户提供不同的服务。两者都使用 IP 协议作为其网络层的传输协议。TCP 和 UDP 的主要区别在于服务的可靠性。TCP 是高度可靠的，而 UDP 则是一个相当简单的、尽力而为的数据报传输协议，不能确保数据报的可靠传输。两者的这种本质区别也决定了 TCP 协议的高度复杂性，因此需要大量的功能开销，而 UDP 却由于它的简单性获得了较高的传输效率。

TCP 是面向连接的、可靠的协议。在面向连接的环境中，信息在开始传输之前先要在两个终端之间建立连接；TCP 负责将消息分段传输，在目标工作站再对它们进行汇集重组；TCP 重新发送没有接收的段；TCP 在终端用户应用之间提供面向连接的可靠服务。

UDP 是无连接的、不可靠的协议。尽管 UDP 负责传输消息，但是它不具有可靠性的机制，UDP 的可靠性依赖于应用层协议。UDP 不提供流量控制，适合于通信量较小的应用，其简单性可以使 UDP 节约网络资源，同时操作过程也比 TCP 快得多。因此适合于与时间相关的应用，如 IP 上的语音传输或网络可视会议等。

5.2.2 端口的概念

在 Internet 中，IP 协议使用 IP 地址来标识一台主机，但是对于应用来说，仅仅知道哪台主机是不够的，即使两台主机之间也可能有多个应用同时运行，如一个应用进程执行邮件传输，而另一个进程执行文件传输。为了区分不同的应用，TCP 协议与 UDP 协议中引入了端口（port）的概念。

运输层通过端口为应用提供服务，TCP 和 UDP 都用端口把信息传递给上层，如图 5.3 所示。端口号用来跟踪同一时间内通过网络的不同会话，也就是说一个应用进程是与某个端口连接在一起的。但是，仅仅依靠端口号不能完全确定一个应用的位置，因为有可能存在不同的主机，它们分别运行了具有相同端口号的应用，而一旦两者与第三个主机的应用通信时，那个第三者就无法知道究竟是哪个主机上的进程与自己通信。

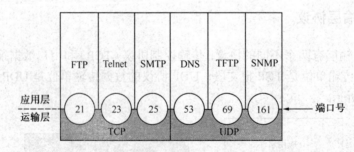

图 5.3　端口号描述了正在使用运输层的上层协议

按照 TCP/IP 运输层协议的定义，完全确定一对应用之间的关系必须使用 4 个参数：源 IP 地址、目的 IP 地址、源端口号和目的端口号。这也称为连接，连接还可以从插口（socket）概念的角度来定义，即一个连接由两个插口构成，一个插口由两部分信息标识，即 IP 地址与端口号。

TCP/IP 网络广泛采用了 Client/Server 模式。为了确定特定的 Server 服务进程，Internet

为一些基本服务保留了所使用的端口号，称为众知端口。这些端口号的范围在 0～1 023 之间。负责管理众知端口分配的机构是 IANA（Internet 地址分配委员会）。目前已配了许多众知端口号，例如，TCP 的众知端口有 21（FTP 应用）、23（Telnet 应用）和 25（SMTP 应用）等；UDP 的众知端口有 161/162（SNMP 应用）、53（DNS 应用）和 69（TFTP 应用）等。不与众知端口号应用相关的会话将被在特定取值范围内随机分配一个端口号。表 5.1 列出了一些 TCP 和 UDP 众知端口号。

表 5.1　保留的 TCP 和 UDP 众知端口号

十 进 制 数	关 键 字	说 明
20	FTP	文件传输协议
21	FTP	文件传输协议
23	Telnet	远程登录
25	SMTP	简单邮件传输协议
42	Nameserver	主机名字服务器
53	Domain	域名服务器
67	Bootps	启动协议服务器
68	Booppc	启动协议客户端
69	TFTP	简单文件传输协议
80	WWW-Http	超文本传输协议
110	Pop3	邮局协议第 3 版
161	SNMP	简单网络管理协议

端口号的指定范围如下：
● 1024 以下的号码都被认为是众知端口；
● 1024 以上（包括 1024）的号码是动态分配的端口。

终端系统利用端口号来选择合适的应用程序，源主机服务请求的起始端口号是由源主机来动态地分配，它们通常是一些大于 1023 的端口号，如图 5.4 所示。

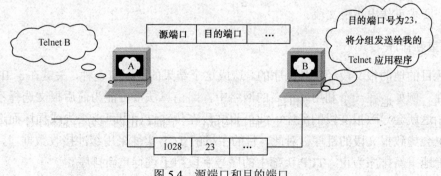

图 5.4　源端口和目的端口

5.3 TCP 协议

TCP（Transmission Control Protocol）即传输控制协议，它是一个面向连接的运输层协议，是运输层中使用最广泛的一个协议。TCP 是提供可靠通信的运输层协议，一旦数据报被破坏或丢失，将其重新传输的工作则由 TCP 而非高层应用程序来完成。TCP 也会检测传输错误并予以修正。TCP 提供可靠的全双工数据传输服务。

TCP 协议是面向连接的。从概念上讲，TCP 传输数据报就像打电话一样，在传输数据开始前，发送端和接收端先建立一个连接，当连接建立好后，开始传输数据，当所有的数据传输完毕后，断开连接，释放资源。TCP 协议能为应用程序提供可靠的通信连接，使一台计算机发出的字节流无差错地发往网络上的其他计算机，对可靠性要求高的数据通信系统往往使用 TCP 协议传输数据。

TCP 是面向连接的端到端的可靠协议。它支持多种网络应用程序。TCP 对下层服务没有多少要求，它假定下层只能提供不可靠的数据报服务。TCP 的下层是 IP 协议，TCP 可以根据 IP 协议提供的服务传送大小不定的数据，IP 协议负责对数据进行分段、重组，在多种网络中传送。

TCP 的主要功能如下。

1. 数据流的多路复用

TCP 提供用户的应用与网络通信服务之间的接口。TCP 可以同时用于传输多种不同的应用数据，TCP 在收到应用交给的数据后将其封装在 TCP 报文段（Segment）中转交到 IP 协议，而接收端的 TCP 实体也能够同时接收多种应用的数据。TCP 区分不同应用的机制是端口号，通过端口实现从数据流中区分出各种应用的数据。

2. 检测数据段的完整性

封装在 TCP 段中的数据经过校验和计算，结果放在 TCP 头部的校验和字段中。在接收端，对所收到的数据执行相同的计算，并将结果与 TCP 头部中校验和字段比较。如果两者相同，表明数据完好无损；否则表明数据在传输中发生错误，接收端会给源主机发送一个信息，要求重传出错报文段。

3. 重新排序

到达目的地的报文段经常是乱序的。造成这个结果的原因有多种，关键在于 IP 协议的无连接性。例如，在一个利用率很高的网络中，路由算法很可能为前后报文选择不同的网络路径，这就会导致报文段的乱序，此外报文段在传输过程中可能丢失或损坏而造成源主机重传也会导致报文段的乱序。对此，目的主机的 TCP 实体采用缓冲接收数据段，直到将它们正确地重新排序为止。TCP 头部中的序号字段用于进行重新排序。

4．流量控制

TCP 会话的源主机与目的主机是对等实体，TCP 具有在主机间进行端到端流量控制的能力。流量控制使用的是 TCP 的可变窗口机制。源与目的主机利用报文段头部的窗口大小字段实施流量控制。任何一端的主机来不及处理所接收的数据时，可以通过设置该字段，降低发送端的发送速率或暂时终止发送端的发送。

5．复杂的时钟机制

TCP 内部的多个功能使用了时钟机制加以控制。例如，每次传输一个报文段时将启动一个时钟，跟踪对该报文段的确认。如果时钟在接收到确认之前超时，就认为该数据段已经丢失，因而进行重传。时钟还用于间接地管理网络拥塞，在出现超时现象时减慢发送速率。虽然理论上说 TCP 不能很好地处理网络拥塞，但这种机制多少会减小通信双方对网络拥塞的影响。在流量控制过程中，源主机会使用一个坚持时钟，周期性地查询目的主机的最大窗口（即接收窗口）。在理想情况下是不需要坚持时钟的，因为每个确认段中会包含窗口大小。但是有时网络会丢失报文段。设想某个时刻一台主机发生了缓冲区溢出，并发回一个大小为 0 的窗口尺寸，那么发送端会中止发送。但是，如果过了一段时间后，接收端恢复接收，而后继的包含非 0 窗口尺寸的确认丢失，则发送端将处于困难的境地。坚持时钟通过周期性地向接收端询问窗口大小来保证不会发生这种情况。如果查询若干次后仍不能得到非 0 窗口，TCP 将会复位连接。

6．高效的确认方式

TCP 被设计用于全双工通信，一个送往对方的报文段中除了送往对方的数据外，还有对所收到的报文段进行确认的信息，这种确认方式称为"捎带"确认。利用这种全双工特点，TCP 会话中的报文段几乎大多数都携带了确认信息。一个未被确认的报文段最终要进行重传。

在数据正确性要求较严格的情况下（如 Telnet，FTP），使用 TCP 是较佳的选择。

5.3.1　TCP 报文

了解 TCP 报文段中各字段的意义对理解 TCP 协议的功能有着很大的帮助，如图 5.5 所示为 TCP 报文段的格式。TCP 协议头部的固定部分为 20 字节，以下分别介绍每个字段的含义。

（1）源端口号：16 位的源端口号字段包含源端应用连接的端口值。源端口号与源 IP 地址一起用于标识报文段的返回地址。

（2）目的端口号：16 位的目的端口号字段定义了传输目的的应用连接的端口，这实际上是报文接收端主机上的应用程序的地址。

（3）发送序号：32 位的发送序号指出段中首字节数据的序号，该序号值由接收端主机使用，用于重组报文段中的数据，获取一个完整的应用层报文。

图 5.5　TCP 报文段的格式

（4）确认号：32 位的确认号仅当 ACK 标志设置时有意义。其中的值表示期望接收的下一个报文段数据部分第一个字节的序号。该字段用于对已收到的报文段进行确认。

（5）报头长度：4 位的报头长度字段指出段中数据部分相对于首部起始处的偏移位置，以 32 位为单位。这实际上是指 TCP 首部的大小。

（6）预留：6 位保留字段应该设置为 0，这是为将来增加新功能而保留的。

（7）编码位：6 位编码位字段用于指定报文段的性质。6 个编码标志分别为：紧急标志（URG）、确认（ACK）标志、推（PSH）标志、连接复位（RST）标志、同步（SYN）标志和终止（FIN）标志。这 6 个编码标志并非完全独立，在很多情况下可以同时设置其中的多个标志。编码标志的意义参见表 5.2。

表 5.2　TCP 头部编码标志位的含义

标 志 位	含 义
URG	紧急指针（Urgent pointer）有效
ACK	确认号有效
PSH	要求接收端尽快将这个报文段交给应用层
RST	复位一个 TCP 连接
SYN	同步序号用于建立一个连接
FIN	发送端口已经完成发送任务并要求终止传输

（8）窗口：接收端主机使用 16 位的窗口字段通告本地可用缓冲区的大小，这也是对方能够发送的未被确认的最大数据量，单位为字节。

（9）校验和：TCP 头部包括 16 位的校验和字段。采用 IP 校验和的计算算法，即求 TCP 段中所有内容（包括首部与数据部分）的 16 位二进制字的反码和的反码。此外也要求在计算中包含一个相关的 TCP 伪头部。伪头部共有 12 字节，它仅仅用于校验和的计算，如图 5.6 所示。

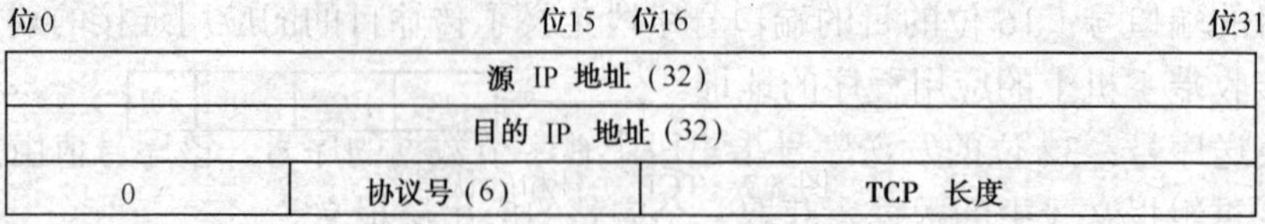

图 5.6　TCP 的伪头部结构

（10）紧急指针：该字段的长度为 16 位，指向数据段所包含的紧急数据的最后一个字节的位置，该字段只有在 URG 标志为 1 时才有意义。紧急数据的发送与窗口大小无关。

（11）选项：TCP 定义了几种选项，其中最有用的是 MSS（最大段长）。这个选项在两个主机建立连接时交换，分别告诉对方自己可以接收的最大报文段的长度。为了提高网络的利用效率，在允许情况下应该选择一个尽可能大的 MSS 值。

（12）填充：如果使用选项，为了确保 TCP 头部以 32 位为基本单位，可以使用填充字段来满足这一要求。

（13）数据：上层协议数据（不固定）。

5.3.2　TCP 的编号与确认

TCP 的协议数据单元称为报文段（Segment），但是 TCP 的数据并非以一个段作为基本单位，而是采用字节流形式。TCP 不是按传送的报文段来编号，而是将所要的整个报文（可能包括许多报文段）看成是由一个个字节组成的数据流，然后对每一字节编一个序号。在连接建立时双方要商定初始序号，TCP 就将每一次所传送的第一个数据字节的序号放在 TCP 首部的序号字段中。TCP 提供了报文段排序功能，源工作站在传输之前对每个报文段都进行编号，在接收端，TCP 再将这些段重组成一条完整的消息。

包含在报文段中的数据字段部分的每个字节都有自己的序号，但不可能为每个字节都设置一个序号字段，TCP 采用的方法是将首字节的序号作为报文段的发送序号。由于 TCP 的全双工特性，双方在选择某个方向上的初始序号时不必相同，可以自行选择。值得注意的是初始序号的产生往往也有很多技术问题要解决。例如，一个可以预测的初始序号产生机制将对网络通信的安全不利。

TCP 被设计用于全双工通信，一个送往对方的报文段中除了送往对方的数据外，往往还有对所收到的报文段的确认，这种确认方式称为"捎带"。利用这种全双工特点，TCP 会话中的报文段几乎大多数都携带了确认标记，如图 5.7 所示。

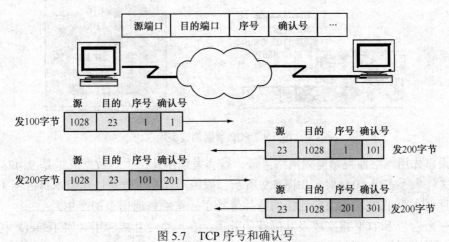

图 5.7　TCP 序号和确认号

对接收到的数据进行确认时，TCP 是对收到的报文段的最后一个数据字节做出确认，但是为了便于处理，返回的确认序号是已收到的数据的最高序号加 1，一个确认号 n 表示对 n 以前各个字节的确认。也就是说，确认序号表示希望下次收到的第一个数据字节的序号。例如，当窗口尺寸为 1 时，每个段都必须在下一报文段发送之前得到确认，如图 5.8 所示。

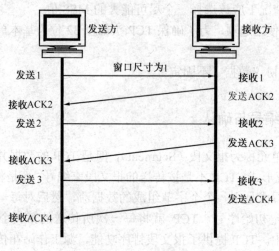

图 5.8 TCP 确认

我们来做一个实验，用计算机 A（安装 Windows 2000 Server 操作系统）从"网上邻居"上的一台计算机 B 复制大小为 8 644 608 字节的文件，通过状态栏右下角网卡的发送和接收指标就会发现：虽然数据流是由计算机 B 流向计算机 A 的，但是计算机 A 仍发送了 3 456 个数据包，如图 5.9 所示。这些数据包是怎样产生的呢？因为文件传输时使用了 TCP/IP 协议，更确切地说是使用了面向连接的 TCP 协议，计算机 A 接收数据包时，要向计算机 B 回发数据包，所以也产生了一些通信量。

图 5.9 TCP 数据传输实验

如果事先用网络监视器监视网络流量，就会发现由此产生的数据流量是 9 478 819 字节，比文件大小多出 10.96%，如图 5.9 所示，原因不仅在于数据包和帧本身占用了一些空间，而且也在于 TCP 协议面向连接的特性导致了一些额外通信量的产生。

现在来看一下 TCP 报文段及其确认的效率。在一个交互式应用（如 Telnet）利用 TCP 工作时，用户的每个击键产生的数据是很少的，它们几乎是一个一个字符地传输到服务器端的。一个只包含一个字符（单字节）的 IP 分组有 41 字节长，其中 20 字节为 IP 头部，20 字节为 TCP 头部，以及 1 个字节的数据。这些小分组的大量出现对于高带宽的局域网一般不会引起大问题，但在广域网上，这些小分组的大量出现就有产生拥塞的危险。更糟的是，服务器产生的单独的确认也使用 40 字节的 IP 分组。

一种简单且比较好的解决方法是使用 RFC896 所建议的 Nagle 算法。Nagle 算法的基本原理是要求每一条 TCP 连接上最多只能有一个未被确认的小报文段，在该报文段的确认到达之前不能再发送其他小报文段，而由本地 TCP 实体收集这些小报文段。在确认到来之前有可能已经能够将其拼装成一个较大的报文段了，所以在收到确认时就能够将这个报文段发送出去。Nagle 算法还规定，如果本地的数据积累到窗口尺寸的一半或者到达最大的数据段长度时，应该立即发送一个报文段。Nagle 算法是自适应的，确认到达得越快，数据也就发送得越快。

但是，有时也需要关闭 Nagle 算法。一个典型的例子是 X-Window 的服务器的工作。X-Window 的服务器负责接收用户的击键与鼠标移动，并将其发送到客户端。显然，鼠标移动信息应该及时、毫无延迟地发送出去，以便为进行某种操作的用户提供实时的反馈。另一个例子是使用 Telnet 的交互注册过程，当用户输入仿真终端上的一个特殊功能键时，该功能键往往产生多个字符的构成序列，而且一般都以 ASCII 码的转义字符（Escape）开始。如果 TCP 每次得到一个字符就发送，则很可能会发送序列中的第一个字符 ESC，然后缓存其他字符并等待对该字符的确认。而另一端的服务器接收到 ESC 字符后并不发送确认，而是继续等待接收序列中的其他字符。这就会产生明显的延迟。一般的应用编程接口都能够让用户选择是否关闭 Nagle 算法，例如著名的 BSD socket 可以使用 TCP_NODELAY 选项来关闭 Nagle 算法。

5.3.3　TCP 的传输连接管理

TCP 是一个面向连接的协议，所以需要在传输数据之前建立连接。面向连接的服务包括三个阶段：连接建立阶段、数据传输阶段和连接终止阶段。在连接建立阶段，源和目标之间建立连接或会话。资源通常在这一阶段进行保留，以确保服务等级的一致性。在数据传输阶段，数据通过建立的路径按顺序传输，并按发送的顺序到达目标。连接终止阶段是在源和目标之间不再需要连接时，将连接终止的阶段。

为确保连接的建立和终止都是可靠的，TCP 使用了三次握手方式来交换信息。就是说，它在送出真正的数据之前会先利用控制信息和对方建立连接。首先连接发起端 TCP 先送出同步信息，另一端收到后回答同步、确认信息，接着发起端再回答确认信息完成连接建立，然后它们才开始传出第一组真正的数据。

为建立或初始化连接，两台主机的初始序号必须同步。由 TCP 主机随机选取的序号用于跟踪报文段的顺序，以确保在传输过程中没有丢失。初始序号是建立 TCP 连接时使用的起始号。在连接阶段交换初始序号可确保重新获得丢失的数据。

同步通过交换建立连接报文段来完成，这些报文段承载了称为 SYN（同步）的控制位和初始序号。承载 SYN 位的分段也叫 SYN。

同步要求每方都发送各自的初始序号并接收对方对初始序号的确认（ACK）。下面是三次握手的步骤，如图 5.10 所示。

（1）主机 A 到主机 B 的 SYN：在 SYN 分段中，主机 A 告诉主机 B，序号（SEQ）为 X。

（2）主机 B 到主机 A 的 SYN：主机 B 接收 SYN，记录序号 X，并用 ACK＝X＋1 和自己的序号（SEQ＝Y）确认 SYN，以回答主机 A。ACK＝X＋1 意味着主机（这里为主机 B）收到了 X，并希望下一个 SYN 是 X＋1。这一技术叫做转发确认。

（3）主机 A 到主机 B 的 ACK：主机 A 随后对主机 B 发送的数据进行确认,指出主机 A 希望收到的下一个报文段的序号是 Y＋1（ACK＝Y＋1）。

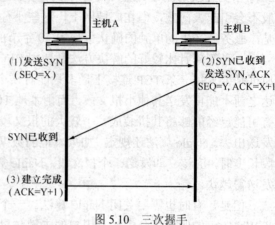

图 5.10 三次握手

在完成了上述 3 步后，连接就建立好了。此时，双方就可以开始数据传输了。

三次握手是必需的，由于 IP 协议是不可靠的，先前发出的 SYN 报文段可能迟到，为了避免建立无用连接，需要源端对目的端发来的 SYN 报文段进行确认。

连接释放过程和建立时的三次握手在本质上是一致的。终止一条 TCP 连接实际上也是三次握手。只是在实际中，连接释放分为两个方向上的独立过程，因此其中可能会涉及 4 个报文段的交换，但是，可以将其中的第 2 个与第 3 个报文段理解为一个，而且事实上当目的端也无任何数据传递时这两个段是合二为一的。由于 TCP 连接是全双工的，因此每个方向必须单独进行关闭。当一方完成它的数据发送任务后就能发送一个完成信息来终止这个方向连接。当一端收到一个完成信息后，它必须通知应用层另一端已经终止了那个方向的数据传送，发送完成信息通常是应用层进行关闭的结果。收到一个完成信息只意味在这一方向上没有数据流动。正常关闭的过程首先是发起关闭的一方执行主动关闭，而另一方执行被动关闭。但是实际操作中也可能双方同时执行主动关闭而切断连接。按不同方向分别终止连接的主要目的是为了避免连接终止时可能产生的数据丢失。

5.3.4 TCP 流量控制与拥塞控制

为管理设备之间的数据流，TCP 使用了流量控制机制。当创建一条连接时，连接的每一端都会分配一个缓冲区用于保存输入的数据，并将缓冲区尺寸放在交换的报文段中传输到对方。当数据到达时，接收端发送确认信息，其中包含了目前本地剩余的缓冲区的大小。这个缓冲区空间的可用大小值被称为通知窗口，该窗口指定了接收方 TCP 此时准备接收的 8 位字节数（从确认号开始）。在相应的报文段中给出窗口的过程称为窗口通告。接收端在发送的每一个确认中都含有一个窗口通告。如果接收端能够及时处理到达的数据，则总是会在每个接收确认中发送一个正的（大于 0）的窗口通告。如果发送端传输的速度高于接收端，那么接收端的数据缓冲区最终将被接收到的报文段填满，因此导致接收端给出一个零窗口值。当发送端收到一个零窗口通告时，必须停止发送，直到接收端重新给出一个正的窗口值为止。窗口尺寸决定了收到目标的确认之前能传输的数据量。在连接期间，TCP窗口的尺寸是可变的。每个确认中都包含窗口通告，指出了接收方能接受的字节数。窗口尺寸（字节数）越大，主机能传输的数据量越多。传输了窗口尺寸指定的字节数后，主机必须在接收到对这些报文段的确认后才能继续发送数据。

　　TCP 还维护了一个拥塞控制窗口，其尺寸通常与接收方窗口相同，但是在段丢失时（如出现拥塞时），窗口的尺寸将减半。这种方法使得窗口尺寸将随管理缓冲区空间和处理的需要扩大或缩小。

　　如图 5.11 所示，假设收、发双方交换的报文段为定长，如果源端发送 3 个报文段，然后等待 ACK。接收方最多只能收 2 个报文段，因为它的窗口尺寸只能容纳 2 个报文段。因此，它将第 3 个报文段指定为下一个报文段，并将新的窗口尺寸指定为 2 个（即能容纳 2 个报文段）。源端发送丢失的第 3 个报文段及第 4 个报文段，但仍将自己的窗口尺寸指定为 3（例如，它依然可以从接收方接收 3 个报文段）。

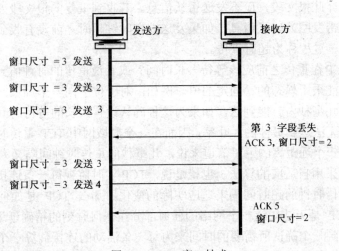

图 5.11　TCP 窗口技术

　　TCP 的流量控制常常用于拥塞控制。如果网络系统产生了拥塞，则由此造成的分组丢失将会十分严重，而且由于 TCP 的重传机制的作用，可能会加重拥塞现象。这将是一连锁反应，最终导致整个系统进入死锁状态，使网络彻底停止运行。为了避免出现这一问题，TCP 总是用网络中的分组丢失来估计拥塞。如果发生了分组丢失，则 TCP 将降低重传数据的速率，并开始实施拥塞控制。TCP 开始时不会发送大量的数据，而是只发送一个报文段。如果确认到来，则 TCP 就将发送的数据量（作为拥塞窗口）加倍，即发送两个报文段。如果对应的所有确认都到来了，则 TCP 就再发 4 个报文段，依次类推。这种递增过程是按指数增长的，一直持续到 TCP 发送的数据量到达内部维护的一个拥塞控制阈限值为止，这时，TCP 将降低增长率，使之以缓慢的速率增加，这就是所谓的拥塞避免。而一旦产生重传，TCP 又将重复前述的过程。

　　上述过程中，TCP 使用了几个技术："慢启动"、拥塞控制和加速递减的算法。为了实施这一过程，除了原先的通知窗口之外，在发送端的 TCP 实体内部增加了另一个窗口——拥塞窗口。当与一台主机建立 TCP 连接时，拥塞窗口被初始化为一个报文段大小，随着每次都接收到对方返回的确认，拥塞窗口值将翻倍。但是无论发送端如何加速，总的发送窗口大小有一个上限，该上限值为发送端维护的拥塞窗口与通知窗口中的较小者。其中拥塞窗口是发送方使用的流量控制，而通知窗口则是接收方使用的流量控制。如果在某个时刻发生了超时，则 TCP 将把当前拥塞窗口值的一半作为新的阈限窗口值，而同时将拥塞窗口再次变为 1。

5.3.5 TCP 的重传机制

TCP 实现可靠传输的技术是重传机制。重传机制可确保从一台设备发送的数据流传送到另一台设备时不会出现重复或数据丢失。当 TCP 发送报文段时，启动一个时钟，跟踪对该报文段的确认；当 TCP 正确收到一个报文段时，应该送回一个确认信息。若收到有差错的报文段，则丢弃此报文段，而不发送否认信息。若收到重复的报文段，也要将其丢弃，但要发回（或捎带发回）确认信息。如果发送端在时钟超时之前没有收到确认信息，将重传该报文段，这一过程称为超时重传。

如何确定 TCP 在重传之前应该等待多长时间？或者说重传的时钟值到底为多少呢？很显然，时钟值不能采用静态的、固定的值。例如，对于位于同一个局域网上的两台主机回送的确认可能在几毫秒内就能到达，如果为这种确认设置太长的等待时间则会使网络过多处于空闲状态而无法达到最佳的吞吐率，因而在一个局域网中 TCP 重传时钟值不应该设置得太大。但是对一个远距离的卫星信道来说，几毫秒的重传时钟间隔又太小了。

TCP 的重传采用自适应的算法。也就是说，TCP 实时监视每一条连接中的当前延迟，并动态地改变重传时钟的超时间隔来适应实际的变化。那么 TCP 是如何监视网络延迟的呢？事实上，TCP 是无法知道一个网络的任何部分在任何时刻的精确延迟的。但是，TCP 可以通过测量收到一个确认所需要的时间来为每一条活动的连接估算一个往返延迟。当发送一个报文时，TCP 记录下发送的时刻，当确认到来时，TCP 将当前时刻减去所记录的发送时刻，以此为该连接的往返延迟产生一个新估计样本。在经过多次发送报文段和接收确认后，TCP 就产生了一系列的往返估计，并用下列函数产生一个加权平均值：

平均往返时间延迟（RTT）$= \alpha \times$旧的平均往返时间延迟$+ (1-\alpha) \times$新的往返时延样本

若 α 选择接近于 1，则在 RTT 的计算中，对新的往返时延样本的作用考虑较少；若选择 α 接近于 0，则 RTT 的计算较大地受新的往返时延样本的影响。典型的 α 值为 7/8。

在求得平均往返时间延迟之后，RFC793 推荐的重传时间间隔 RTO（Retransmission Time Out）的值应该设置为：

$$RTO = \beta \times 平均往返时间延迟$$

这里 β 的推荐值为 2。

但是上述算法也存在问题。如果一个作为新样本的报文段被重传，该如何计算其往返时延呢？例如，一个报文段总共重传了两次之后收到了确认，那么这个往返延迟应该从第一个报文段还是第二个报文段算起呢？显然，造成这一问题的原因是收到的确认存在二义性。对此，Karn 算法给出了一个简单的解决方法：当一个超时和重传发生时，那么该报文段的样本将不在统计之列，而将其抛弃。

然而，这又引起了新的问题。如果在某段时间内网络流量突然增大了很多，造成报文传输延迟大大增加，因此也产生了许多重传。如果按照 Karn 算法工作，那么所有这些重传的报文段都不会被计算，这样重传时间也就永远无法更新了。而在这种情况下，更新重传时间十分必要，否则不会解决重传过多的问题。因此有一种对 Karn 算法进行修正的方法：一个报文段每重传一次，就将重传时间增大一些，即

$$新的重传时间＝\gamma×旧的重传时间$$

这里系数 γ 的典型值为 2。

重发机制是 TCP 协议最重要、最复杂的问题之一。TCP 之所以值得信赖，其关键是数据传输服务是建立在一个称为正向认可与重传的机制上。采用这种传输机制的系统会每隔一定时间送出一个相同的报文段，直到收到对方的确认信息之后，再送出下个报文段。TCP 每发送一个报文段，就设置一次定时器，只要定时器设置的重发时间到而还没有收到确认，就要重发这一报文段。

TCP 也采用校验和（Checksum）计算数据的正确性，该校验和位于每个报文段的首部。当 TCP 收到一个报文段时，会首先将它所计算的检查值与包中的校验和进行比较，若相同，则送出确认信息，否则丢弃该报文段，等待对方重传的报文段。

5.4　UDP 协议

UDP 协议是英文 User Datagram Protocol 的缩写，即用户数据报协议，也是运输层的一个重要协议，用来支持那些需要在计算机之间传输数据的网络应用。包括网络视频会议系统在内的众多客户/服务器模式的网络应用都需要使用 UDP 协议。UDP 协议从问世至今已经被使用了很多年，虽然其最初的光彩已经被一些类似协议所掩盖，但是即使在今天，UDP 仍然不失为一项非常实用和可行的网络运输层协议。

与我们所熟知的 TCP（传输控制协议）协议一样，UDP 协议直接位于 IP（网际协议）协议的顶层。根据 OSI（开放系统互联）参考模型，UDP 和 TCP 都属于运输层协议，如图 5.12 所示。

与 TCP 不同的是，UDP 是一个无连接的协议，无连接的通信不提供可靠性，即不通知发送端口是否正确接收了报文。无连接协议也不提供错误恢复能力。UDP 比 TCP 要简

应用层	
表示层	
会话层	
运输层	TCP, UDP
网络层	IP
数据链路层	Ethernet
物理层	Unshielded Twisted Pair (UTP)

图 5.12　运输层协议

单得多，它可以简单地与 IP 或其他协议连接，只充当数据报的发送者或接收者。如图 5.13 所示为 UDP 分段报文的格式，UDP 没有顺序字段或确认字段。UDP 报文中的字段为终端

工作站之间提供了通信能力。

图 5.13　UDP 分段报文的格式

UDP 报头的长度通常为 64 位。UDP 段中的字段定义包括如下。

（1）源端口。呼叫端口号（16 位），源端口用于标识发送端口的应用程序，当无须返回数据时置为 0；

（2）目的端口。被叫端口号（16 位），目的端口用于标识目的端口的应用程序；

（3）长度。UDP 报头和 UDP 数据的长度（16 位），长度以字节为单位；

（4）校验和。通过计算得到的报头和数据字段的校验和（16 位），校验和是一个可选段，置"0"时表示未选，全"1"表示校验和为 0；

（5）数据。上层协议数据（不固定）。

UDP 协议使用端口号为不同的应用保留其各自的数据传输通道。UDP 和 TCP 协议正是采用这一机制实现对同一时刻内多项应用同时发送和接收数据的支持。数据发送一方（可以是客户端或服务器端）将 UDP 数据报通过源端口发送出去，而数据接收一方则通过目标端口接收数据。有的网络应用只能使用预先为其预留的静态端口；而另外一些网络应用则可以使用未被指派的动态端口。因为 UDP 报头使用两个字节存放端口号，所以端口号的有效范围是 0～65 535。

数据报的长度是指包括报头和数据部分在内的总的字节数。因为报头的长度是固定的，所以该域主要被用来计算可变长度的数据部分（又称为数据负载）。数据报的最大长度根据操作环境的不同而各异。从理论上说，包含报头在内的数据报的最大长度为 65 535 字节。不过，一些实际应用往往会限制数据报的大小，有时会降低到 8 192 字节。

UDP 协议使用报头中的校验值来保证数据的安全。校验值首先在数据发送方通过特殊的算法计算得出，在传递到接收方之后，还需要再重新计算。如果某个数据报在传输过程中被第三方篡改或者由于线路噪声等原因受到损坏，发送和接收方的校验计算值将不会相符，由此 UDP 协议可以检测是否出错。其实在 UDP 协议中校验功能是可选的，这与 TCP 协议不同，后者要求必须具有校验值。

UDP 和 TCP 协议的主要区别是两者在如何实现信息的可靠传递方面不同。TCP 协议中包含了专门的传输保证机制，当数据接收方收到发送方传来的信息时，会自动向发送方发出确认消息；发送方只在接收到该确认消息或超时后才继续传送其他信息。

与 TCP 不同，UDP 协议并不提供数据传送的保证机制。如果在从发送方到接收方的传递过程中出现数据包的丢失，协议本身并不能做出任何检测或提示。因此，通常人们把 UDP 协议称为不可靠的传输协议。

相对于 TCP 协议，UDP 协议的另外一个不同之处在于如何接收突发性的多个数据包。

不同于 TCP，UDP 并不能确保数据的发送和接收顺序。例如，一个位于客户端的应用程序向服务器发出了以下 4 个数据包（如图 5.14 所示）：

图 5.14　UDP 数据传输实验

D1

D22

D333

D4444

但是 UDP 有可能按照以下顺序将所接收的数据提交到服务端的应用：

D333

D1

D4444

D22

事实上，UDP 协议的这种乱序性基本上很少出现，通常只会在网络非常拥挤的情况下才有可能发生。

"无连接"就是在正式通信前不必与对方先建立连接，不管对方状态如何就直接发送。这与现在风行的手机短信非常相似：你在发短信时，只需要输入对方手机号就可以了。UDP 适用于一次只传送少量数据、对可靠性要求不高的应用环境，如 SNMP（简单网络管理协议）。

TCP 协议和 UDP 协议各有所长，适用于不同要求的通信环境。TCP 协议和 UDP 协议之间的差别如表 5.3 所示。

表 5.3　TCP 协议和 UDP 协议的差别

	TCP	UDP
是否连接	面向连接	无连接
传输可靠性	可靠的	不可靠的
应用场合	传输大量的数据	少量数据
速度	慢	快

也许你会问，既然 UDP 是一种不可靠的网络协议，那么还有什么使用价值或必要呢？其实不然，在有些情况下 UDP 协议可能会变得非常有用，因为 UDP 具有 TCP 所望尘莫及的速度优势。虽然 TCP 协议中植入了各种安全保障功能，但是在实际执行的过程中会占用大量的系统开销，无疑使速度受到严重的影响。而 UDP 由于排除了信息可靠传递机制，将安全和排序等功能移交给上层应用来完成，从而极大地降低了执行时间，使速度得到了保证。

关于 UDP 协议的最早规范是 RFC768，1980 年发布。尽管时间已经很长，但是 UDP 协议仍然继续在主流应用中发挥着作用，包括视频电话会议系统在内的许多应用都证明了 UDP 协议的存在价值。因为相对于可靠性来说，这些应用更加注重实际性能，所以为了获得更好的使用效果（例如，更高的画面帧刷新速率），往往可以牺牲一定的可靠性（例如，画面质量）。这就是 UDP 和 TCP 两种协议的权衡之处。根据不同的环境和特点，两种传输协议都将在今后的网络世界中发挥更加重要的作用。

使用 UDP 的协议包括简单文件传输协议（TFTP）、简单网络管理协议（SNMP）、网络文件系统（NFS）和域名系统（DNS）等。

练 习 题

一、选择题

1. 在 TCP/IP 协议簇中，UDP 协议工作在（　　　）。
   A．应用层　　　　　B．传输层　　　　　C．网络互联层　　　　D．网络接口层
2. 在发送端，数据从上到下封装的格式为（　　　）。
   A．比特　　数据报　　帧　　报文段　　　数据
   B．数据　　报文段　　数据报　　帧　　　比特
   C．比特　　帧　　　数据报　　报文段　　　数据
   D．数据　　数据报　　报文段　　帧　　　比特
3. 在 OSI 参考模型中，（　　　）负责为用户提供可靠的端到端的服务。
   A．网络层　　　　　B．会话层　　　　　C．传输层　　　　　D．表示层
4. TCP 协议是一种（　　　）服务的协议。
   A．无连接　　　　　B．主机—网络层　　C．面向连接　　　　D．应用层
5. 运输层端口号区分上层应用，端口号小于（　　　）的定义为熟知端口。
   A．128　　　　　　B．256　　　　　　C．1024　　　　　　D．4096

二、填充题

1. 运输层通过_____为应用层提供服务。
2. 在 OSI 环境中，发送方的应用进程数据依次从应用层逐层传至物理层，其中运输层的数据传输单位为_____，网络层的数据传输单位为_____，数据链路层的数据传输单位为_____，物理层的数据传输单位为_____。
3. TCP 协议是面向字节的，TCP 对所发送的整个报文的编号方式是_____编一个序号，接收端返回的确认序号是已收到数据的_____序号加 1。
4. 运输层是为_____之间提供逻辑通信，而网络层是为_____之间提供逻辑通信。

三、问答题

1. 运输层的主要功能有哪些？
2. 什么是端口？试列举出几个常用的端口。
3. 请说出 TCP 的报文格式。
4. 请简述何谓"三次握手"。
5. 什么是"窗口"？TCP 是如何运用"窗口"进行流量控制的？
6. UDP 与 TCP 最大的差别在哪里？

第 6 章

Internet 应用

6.1 应用层概述

应用层是 OSI 模型中最靠近终端用户的一层，它不为模型中的其他层次提供服务，只为存在于 OSI 模型之外的应用进程提供服务。例如，电子表格程序、字处理软件及银行终端程序等。此外，通过与运输层间的接口，应用层直接使用运输层提供的服务。应用层的每个协议（如 HTTP、Telnet、FTP 等）都是被设计用来解决某一类应用问题的。

Internet 的应用很多，因而应用层协议也很多，由于篇幅限制无法在本章中一一讲解，本章只选择应用面较广的应用层协议（如 SMTP、FTP、SNMP、DNS 等）进行介绍。为了使读者对 Internet 应用层的概貌及协议之间的相互关系有所了解，图 6.1 给出目前常用的应用层协议，显示它们之间及它们与 TCP/IP 其他协议之间的关系，位于 TCP 和 UDP 以上的为应用层协议。

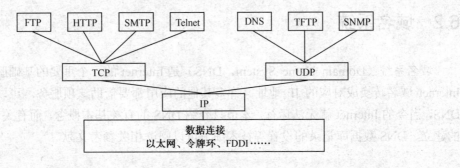

图 6.1 TCP/IP 协议族示意图

图 6.1 中各术语含义如下。

（1）FTP：文件传输协议（File Transfer Protocol），用来实现计算机之间的文件复制。

（2）HTTP：超文本传输协议（Hypertext Transfer Protocol），用来传送网页。

（3）SMTP：简单邮件传送协议（Simple Mail Transfer Protocol），用于电子邮件传送。

（4）DNS：域名系统（Domain Name System），用于将域名转换成相应的 IP 地址。

（5）TFTP：简单文件传输协议（Trivial File Transfer Protocol），用于无盘工作站、X 终端的自举、网络设备配置文件的传送等。

（6）SNMP：简单网络管理协议（Simple Network Management Protocol），用于网络管理。

（7）Telnet：远程终端协议，用于远程登录。

Internet 的各种应用采用分布处理的方式来实现，即每种应用都是由两台或两台以上的计算机通过网络通信互相协作而实现。或更确切地讲是由分布在两台或两台以上计算机中的应用进程（程序）相互通信互相协作而实现。这种分布式处理采用的是客户/服务器模式，这种模式中客户和服务器分别是两个应用进程（程序）。Internet 上的一些计算机运行服务进程（服务器），提供服务，它们在各自的"众知端口"上等候客户请求的到来；其他需要服务的计算机作为客户，当用户使用某个服务时，启动该服务的客户进程，通过网络，向能提供该种服务的服务器发出服务请求。对于基于 TCP 的应用，在交换数据之前，客户进程与服务进程还需要建立 TCP 连接。服务器对该请求进行处理，然后把处理结果送回客户机，由客户机显示给用户。

对于某些应用，客户机只需用一个请求与服务器交互。客户机生成一个请求，将该请求发送到服务器，然后等待服务器的回答。而对另一些应用，客户机要与服务器进行不断的交互，在客户机与服务器建立了连接后，客户机不断地显示服务器送来的数据，同时又把键盘或鼠标的输入送给服务器进行新的处理。

值得注意的是，客户/服务器模式中"服务器"和计算机硬件制造商生产的"服务器"是两个不同的概念，前者是应用进程，后者是硬件（硬件服务器）。一台硬件服务器上往往会同时运行多个不同的服务器进程，提供多种服务。

6.2 域名系统

域名系统（Domain Name System，DNS）是 Internet 的一个重要的基础服务，负责将 Internet 域名转换成对应的 IP 地址。许多其他的应用都要借助该项服务。可以说，缺少了 DNS，当今的 Internet 就无法运行。本节只介绍 DNS 的有关基本概念，而有关 DNS 服务器的建立、DNS 数据库记录的设置等技术细节可以阅读相关参考文献。

6.2.1 域名系统概述

使用 Internet，就像使用电话要知道要对方电话号码一样，需要知道对方的 IP 地址并把该地址输入到计算机中。数字形式的 IP 地址令人们难以记忆，若用含有一些意义的文字名字来标识计算机，则会大大方便人们的记忆和使用。显然，Internet 上的每台主机的名字必须是唯一的，否则该名字就不能把该主机与其他主机区分开来。实现名字的唯一性，一种可能的方案是集中命名，全网所有的主机由唯一的命名机构进行命名和管理。由于 Internet 上主机的数量巨大，单一的机构无法承受如此巨大的命名和管理工作量，况且各个网络的拥有者都希望能由自己按意愿给自己的主机自由命名，显然这种集中式的命名方案是不现实的。为此 Internet 制定了一套层次型的、基于域的命名机制，称为域名系统（Domain Name System，DNS），并采用分布式的数据库系统来实现这个命名机制。按域名系统的规则定义的名字称为域名。

引入域名的好处是用文字表达的域名比用数字表达的 IP 地址容易记忆。在早期，Internet 仅仅只有几百台主机，那时域名由网络信息中心（Network Information Center ，NIC）来维护一个域名表，此表叫做 hosts.txt。随着 Internet 上主机数目的剧增，使用 hosts.txt 已经不能满足需求，在 20 世纪 80 年代中期，域名系统开始投入使用。

域名是为了方便人们的使用，而 IP 协议软件只使用 32 位的 IP 地址不能直接使用域名。当用户用域名来表示通信对方的地址时，在 Internet 内部必须将域名翻译（解析）成对应的 32 位 IP 地址，才能做进一步处理。这个解析工作是由解析器（Resolver）和域名系统的名字服务器（Name Servers）协同完成的。若名字服务器由于某种原因不能正常工作，用户以域名来表示通信对方的地址就无法进行通信。此时直接用 IP 地址表示通信对方的地址往往还能进行通信。

6.2.2　Internet 的域名结构

域名系统采用分布型层次式的命名机制。域名由若干子域（Sub-Domain）构成，子域和子域之间以圆点相隔，最右边的子域是最高层域，由右向左层次逐级降低，最左边的子域是主机的名字。例如，中国教育科研网的 Web 服务器的域名为 www.cernet.edu.cn，其最高层域是 cn，表示这台主机在中国这个域（关于各种最高层域的含义下面将介绍）。接下来的子域是 edu，表示这台主机是教育单位的。再接下来的子域是 cernet，表示这台主机是中国教育科研网的。最左边的子域是 www，这是该主机的名字。从该名字可以想到它是一台 Web 服务器。

当要与中国教育网的 Web 服务器通信时，人们会很容易想到它的名字是 www.cernet.edu.cn。从这个例子可以看出使用域名带来的好外。

域名的层次结构可以表示为一棵树。树中，结点代表一个域或一台主机，除根结点外的每个结点都有一个标识。某个结点的全域名就是以"."相隔的一串从该结点出发到根结点所经历的所有结点的标识。域名对字母的大小写不敏感，完整的域名长度不能超过 255 个字符。所有的域名的集合构成 DNS 的名字空间。图 6.2 所示的树表示的就是 Internet 名字空间的一个部分。

不同的子域由不同层次的机构分别进行命名和管理。

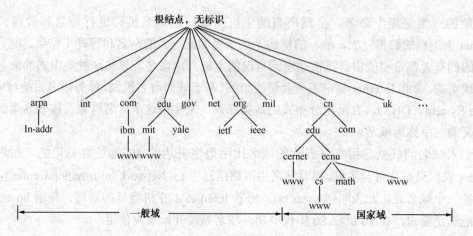

图 6.2 DNS 的层次结构示意及 Internet 的部分名字空间

Internet 有关机构对最高层域进行命名和管理，这些最高域可分成两大类：一类表示机构的性质，称为"一般最高域"，有时也称为"组织域"；另一类表示地理位置，称为"国家域"或"地理域"。

一般最高域有：

com	公司单位	int	国际组织
net	网络支持中心	edu	教育机构
org	非营利性组织	gov	美国政府机构
mil	美国军事部门		

表示地理位置的最高域用于表示国家或地区，例如：

at	奥地利	fr	法国
au	澳大利亚	it	意大利
be	比利时	il	以色列
ca	加拿大	kr	韩国
ch	瑞士	jp	日本
cn	中国	ru	俄罗斯
de	德国	sg	新加坡
dk	丹麦	uk	英国
es	西班牙	us	美国
eg	埃及	ua	乌克兰
fi	芬兰	za	南非

表示地理位置的最高域名取自国家代码的国际标准（ISO—3166），由有关的国家和地区管理和使用。"一般最高域"中的 com、net 和 org，由于历史的原因，以前由美国的 interNIC 管理，可由各个国家申请使用。美国机构的主机其最高层域名一般不用 us，而是用 com、edu、org、net、int、gov、mil 等表示机构性质的最高层域名。这些表示机构性质的最高层域名中的 mil 和 gov 只用于属于美国的机构。由于 Internet 的发展，其应用已不局限于教育、研究、军事和政府部门。原先定义的 7 个"一般最高域"已不能反映 Internet 中各种主机的

应用领域，1996 年起，开始讨论增加新的"一般最高域"以及最高域的管理权由各国共享的问题。现已决定新增 7 个"一般最高域"，它们是：

aero	航空有关的机构	pro	专业人士，如医生、律师
biz	商业机构	info	可用于各个领域的通用域
coop	合作企业	name	个人或个人命名的单位
museum	博物、展览机构		

这 7 个新域名中的 info 和 biz 已投入使用，name 不久也将投入使用。仅由美国对最高域名进行注册管理的限制已取消，这些新增的最高域和原来的 com、net 和 org 的部分管理权可通过一定的程序授予不同国家的域名注册机构。

域名表达中所用字母的大小写没有严格意义上的区别，例如，www.cernet.edu.cn、WWW.CERNET.EDU.CN 和 Www.Cernet.Edu.Cn 都表示同一台主机。向计算机输入域名时，可按各人的爱好和习惯任意使用大小写字母。

以上提及的域名一般都是用来标识主机的，但域名并不仅限于标识主机，域名还可以用来标识电子邮箱、域名服务器等。

每个域，无论是一台主机还是一个顶层域，都有一个相关的资源记录。对于主机，最普通的记录就是它的 IP 地址，但还有其他的资源记录。客户端给 DNS 一个域名，DNS 将取回与该域名有关的资源记录。

资源记录由 5 项组成，是用 ASCII 文本存储的。它的格式如下：

Domain _ name、Time_ to _ live、Type、Class、Value

其中，域名（Domain _name）表示这条记录的域名；生存时间（Time _to_ live）指出资源记录的稳定性；协议类型（Class）表示资源记录的类别；记录数据（Value）用于指定与当前资源记录有关的数据，该数据内容取决于资源记录的类型；类型（Type）指出资源记录的类型，常用的类型如表 6.1 所示。

表 6.1　主要的 DNS 资源记录类型

类　　型	意　　义	值
SOA	域的开始标记	该区的参数
A	主机的 IP 地址	32 位长
MX	邮件交换的优先级	域接收邮件的优先级
NS	名字服务器	本域的名字服务器
CNAME	规范名	域名
PRT	指针	IP 地址的别名
HINFO	主机描述	以 ASCII 表示的 CPU 或 OS
TXT	文本	ASCII 文本

6.2.3　域名解析

域名服务器是一种网络设备，它是域名系统的核心。域名系统包含一组相互独立又相互协作的域名服务器，这些服务器之间有着与域名层次相对应的层次关系。域名服务器层次结构的顶层是根域名服务器，然后是与各个子域对应的子域域名服务器。一般情况下，每个域都有自己的域名服务器，在该服务器的数据库中存放本域的名字/地址对应关系的记录，这些称为"资源记录"。上一层的域名服务器中有关于它的子域的域名服务器的地址记录，每个子域域名服务器都有根域名服务器的地址记录，通过这些记录使整个域名系统中的各个域名服务器联系在一起，从而能互相协作完成域名解析。

域名的解析是由解析器和域名服务器（或称 DNS 服务器）协同完成的。DNS 服务器在 UDP 的 53 号端口等候到来的解析请求，解析器通常是一些编译到应用程序中的库函数。当应用程序需要将域名解析成 IP 地址时，调用本地的这些函数（解析器）。解析器作为客户向某个 DNS 服务器发出解析请求，不论该服务器是否有相关信息，域名服务器都应返回解析结果。如果本地域名服务器可以将一个域名解析成对应的 IP 地址，就可以在本地完成，并会将结果返回给客户端。如果不能解析地址，它就会将请求传送给上一层域名服务器继续进行解析。这个过程会一直继续进行，直到域名可以解析为止。若到达顶级域名服务器仍不能解析，则意味着出现了一个错误，于是返回一个相应的出错信息。任何只要使用域名表示 IP 地址的应用，都可以用域名服务器将域名解析为相应的 IP 地址，如图 6.3 所示。

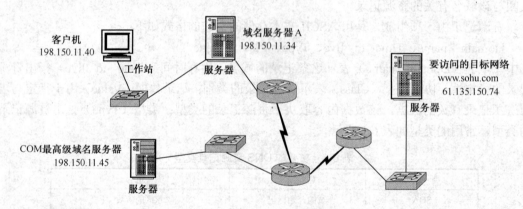

图 6.3　域名服务器的查找顺序

另一种请求称为反复（Iterative）解析请求。接收到这种请求，域名服务器若有该域名的相关信息，则返回 IP 地址给解析请求者，若无该域名的有关信息，该服务器不进一步向其他名字服务器请求解析，而是返回另一个可用的域名服务器的地址给解析请求者，让解析请求者自己去向该域名服务器做进一步的解析请求。解析器得到解析结果后，把它返回给应用程序。

域名系统也可进行从 IP 地址到域名的解析，通常称为指针查询，即给出一个 IP 地址，要求 DNS 服务器返回与该地址对应的域名。

为了减少网络的 DNS 通信量，所有的 DNS 服务器都运用高速缓存（Cache）。在其中存放着最近该服务器向其他名字服务器请求解析的结果，当一个客户对某个域名请求解析后，其他客户请求对同一个域名进行解析时，服务器可从高速缓存中获取解析的结果，不必重新向其他名字服务器请求解析，从而减少了网络 DNS 的通信量。

6.3　电子邮件

6.3.1　电子邮件的特点

E-mail（电子邮件）是 Internet 提供的一项最基本的服务，也是用户使用最为广泛的 Internet 工具之一。电子邮件是一种利用计算机网络进行信息传递的现代化通信手段，其快速、高效、方便、价廉等特点使得越来越多的人们喜好这项服务。通过 Internet 上的电子邮件，你可以向世界上任何一个角落的网上用户发送信息，并且随着电子邮件软件功能的不断增强，用户还可以发送经计算机处理的声音、图形、影像等多媒体信息。世界各地的人们通过这种通信方式来促进彼此间的交流。

电子邮件的最大特点是快速，通常用户发送一份电子邮件只需几分钟就能够被对方收到，并且费用低廉。Internet 的电子邮件系统模仿普通的邮政业务，通过在一些特定的网上结点（如 ISP 的主机）设定一个"邮局"，用户就可以在该"邮局"上租用一个"电子信箱"号，当需要进行邮件的收发处理时，用户可以在任何地点、任何时间连接上自己的"邮局"，打开自己的电子信箱，读取邮件、发送邮件或进行存档处理等。

电子邮件还有其他优点，例如，可以将一份电子邮件同时发送给多个收件人；可以把收到的电子邮件直接转发出去；可以即时答复，也可以分类归档。如果某份电子邮件在发送过程中有误，邮件系统会将原信退回，并给出不能寄达的原因。电子邮件还具有保密的特点。用户除了对自己的电子信箱号进行口令加密外，还可以利用电子邮件软件提供的加密功能，对重要的邮件进行加密，以保证其在传输过程中的安全性。此外，借助于电子邮件，用户还可以从 Internet 上的信息咨询服务中心查询所需要的信息，实现其他辅助功能。

电子邮件是目前应用最为广泛的一种 Internet 工具，它进一步促进了人们之间的交流，其优点是电话、传真所无法比拟的。人们可以通过电子邮件与远在海外的亲戚、朋友通信联络，各个领域的合作者坐在计算机前共同讨论工程方案、进行学术交流，签订商业合同、订单，向杂志、报刊投稿，大专院校的学生还可以通过一次发送多份邮件的方法求职或向国外学校申请奖学金等。随着电子邮件服务的日益普及，人们把自己的电子邮件地址印在名片上已成为一种时尚。可以说，Internet 的电子邮件服务推动着人类通信行为向着更高阶段发展。

6.3.2　电子邮件系统原理

发送电子邮件的过程包括 3 步：第一步是将电子邮件发送到发送者用户的邮局；第二步是把该邮件从邮局转发到接收者的邮局；第三步接收者从邮局取回邮件（接收端）。

下面的描述可以帮助读者理解发送电子邮件的过程。

（1）启动电子邮件软件。

（2）输入接收者的电子邮件地址。

（3）输入标题。

（4）输入邮件正文。

现在，我们来看一下电子邮件的地址。例如，xiaow@sohu.com，它包括两个部分：收信人的名字（@前面的部分）和收信人的邮局地址（@之后的部分）。收信人的名字只在邮件到达了邮局地址之后才起作用，邮局地址通常是一个代表邮件服务器 IP 地址的域名。

当邮件客户端发信时，它会请求与网络相连的域名服务器（DNS）将域名解析成对应的 IP 地址。如果域名服务器（DNS）能够解析，就把 IP 地址返回给客户端。

当邮件到达目标邮局服务器后，邮件地址中的接收者名称部分开始生效，服务器检查该邮件的接收者是否是这个邮局的成员。如果是，服务器将邮件存入该接收者的邮箱中；否则，邮局会报告一个错误，并将邮件返回给发送者。

接收邮件时，收信人必须使用电子邮件客户端软件向邮局发出请求。当收信人单击"收信"或者"接收信件"按钮时，通常会有一个输入密码的提示。输入密码，单击"OK"按钮后，邮件客户端软件会向邮件服务器发送一个请求。它从配置数据中取出邮局的地址，该配置数据是在对 E-mail 软件进行配置时输入的。在邮局一端，对用户名和密码进行验证。如果都正确，邮局会将全部的邮件传到客户端。

当邮件从邮局转发到用户计算机上的邮件客户端软件后，即可打开并阅读了。如果单击"回信"或者"转发"按钮，整个过程会再次启动。邮件本身以 ASCII 文本方式发送，但是附件可以是音频、视频、图像或者许多其他类型的数据。为了正确传输和接收附件，发送方和接收方的计算机必须使用相同的编码方案。两个最常用的编码方案是多功能 Internet 邮件扩展协议 MIME（Multipurpose Internet Mail Extension）和 Uuencode（UNIX 的一个工具软件）。

图 6.4 给出了 Internet 电子邮件系统的结构。从图中可以看到整个系统的组成元素，其中最主要的部件是用户代理和邮件传输代理。用户代理负责邮件的撰写、阅读和处理，提供用户使用电子邮件系统的人机界面，也就是说，通过用户代理用户可以方便地组织和收发邮件，不同的操作系统都提供了各种不同的用户代理，如 UNIX 操作系统下的 MH，BSD UNIX 的 Mailx，UNIX System V 的 mail 以及 Windows 的 Outlook 等。邮件传输代理负责邮件的传输和报告，电子邮件的实际传递是由邮件传输代理完成的。

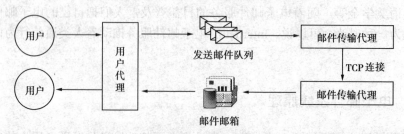

图 6.4　Internet 电子邮件系统的结构

电子邮件系统的一大特点是：即使接收邮件的主机暂时不可访问，发送者也同样能够使用用户代理进行邮件发送，这是因为邮件传输代理会在今后一段时间里自动地传送用户代理送出的邮件。

电子邮件系统采用存储转发机制，当系统收到邮件以后先保存到发送邮件队列中，当接收方准备好以后，再转发出去。这种机制保证了电子邮件即使在整个系统出现临时故障的情况下仍能在故障排除后正确送出，不需要人为干预。也许有时你会奇怪为什么两天内没有收到邮件，而在第三天却突然收到大量邮件，一种可能的原因就是负责接收邮件的主机出现了故障或网络不通，在恢复正常后，那些由于故障无法投递的邮件便一下子塞满了你的邮箱。

除上述一对一地传递邮件外，电子邮件系统还提供一对多的邮件服务，即邮件列表服务（Mailing list）。一个邮件发送邮件列表时，所有在邮件列表中的用户都会收到同一邮件的副本。

6.3.3 电子邮件的格式

电子邮件和传统的信件一样，要使电子邮件能正确地送到收信人信箱中，电子邮件中必须包含诸如收信人地址、发信日期等信息。图 6.5 比较了传统的信件与电子邮件的格式，不难发现两者之间存在很多相似的地方，由于电子邮件是由计算机处理的，因此它在格式上有严格的定义。

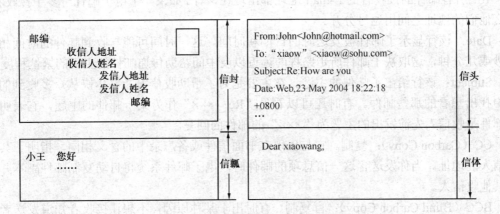

图 6.5 电子邮件的格式与传统邮件的类比

Internet 电子邮件格式定义在 RFC 822 中做了规定。每个电子邮件包含两个部分：信头（Header）和信体（Body），它们都由 ASCII 字符构成，这两部分之间由一个空行分隔。信头的每一行由一个关键字和冒号开始，然后是与该关键字相关的信息。信体是邮件的正文部分。下面列出是一个邮件的例子，对照它后面的解释，可以对 RFC822 邮件格式有一个了解：

```
Return-Path: <john@hotmail.com>
Received: from hostmail.com ( f128.hotmail.com ) by sohu.com
(4.1/SMI-4.1)
Id AA09584; Web, 23 May 2004 11:27:11 CDT
```

```
Received:  (qmail 16793 invoked by uid 0);  23 May 2004 08:47:33 -0000
Message-Id <20040423084733.16892.john@hotmail.com>
Received: from 202.127.0.72 by www.hotmail.com with HTTP
Web,  23 May 2004 02:55:20 PDT
X Originating Ip: [202.127.0.72]
From:" John "<John@hotmail.com>
To: xiaow@sohu.com
Subject: How are you
Content-Type: text/plain
Date: Web,  23 May 2004 01:48:07 PDT

Dear xiaowang:
How are you?
        John
```

从上面的例子可以看出，电子邮件由一个空行分成信头和信体两部分，信头部分类似于日常用的信封，包含收信人的地址、发信人的地址、邮件发送日期等信息。同时为了便于计算机处理，它还有一些其他信息。一个基本的信头通常具有以下内容。

From： 该行列出了原始发送者的全名和 E-mail 地址。

To： 所有邮件的接收者的 E-mail 地址都出现在该行。如果一个电子邮件有多个接收者，那么他们的地址之间用逗号分开。

Date： 该行显示了邮件被发送时的日期和时间。这一时间可能与收到邮件的时间相差几秒或几分钟，这取决于邮件所走路程的远近以及中间帮助传递邮件的主机的繁忙程度。

Subject： 该行给出了邮件的主题。它主要是为了帮助收信人能够尽快从众多收到的邮件中找出想看的那些邮件。有时还可以看见"Re：×××"作为某一邮件的主题，它表明了该邮件是收信人先前发出的主题为"×××"的邮件的回复。

CC（Carbon Copy）： 复制。它与出现在书面信件或备忘录中的含义相同，指明了其他收信人的地址。当你发送含这一信息项的邮件时，电子邮件系统将自动复制邮件副本并发给其他收信人。

BCC（Blind Carbon Copy）： 盲复制。有时出于某种原因，不想让接收者知道发送者同时也给其他人传送了拷贝，那么对于 BCC 后面的地址，电子邮件系统同样会将拷贝送出，但收信人收到的电子邮件中不会出现这些地址。

除此之外，信头还包含了返回路径信息（Return-Path）、类似邮戳功能的途径主机信息（Received）、邮件处理软件类型（X-Mailer）以及邮件标识（Message-Id）等，这些信息主要是为了方便计算机的处理，对于用户没有太大意义，这里我们就不详细描述了。

信头部分含有许多可利用的数据，但看起来很烦琐，不过作为用户不必担心要如何费力地写好一个信头，因为绝大多数的邮件客户端软件都会根据用户提供的诸如收信人地址等信息自动生成一个信头。

与信头相隔一行的是信体。对于信体部分，RFC 822 没有很多限制，可以在信体中随心所欲地写想让收信人知道的一切话，但注意只能用 ASCII 字符。

值得一提的是现在许多电子邮件软件都能自动为发信人在邮件结尾附加签名。签名部分通常写明了发信人的个人信息以及联络方式。

6.3.4　电子邮件的相关协议

1．简单邮件传输协议 SMTP

前面描述了邮件从一台主机发送到另一台主机的过程，事实上这一过程并非如此简单。由于在传输过程中会遇到各种情况，两台主机之间需要不断地进行交互，这就需要一个协议来规范它们之间的信息交互。TCP/IP 协议族中用于电子邮件传输的协议是简单邮件传输协议 SMTP（Simple Mail Transfer Protocol），它在 RFC 821 中进行了定义。

简单邮件传输协议 SMTP 的目标是可靠、高效地传送邮件，它要求一条可靠的传送有序数据流的通道，因此使用运输层的 TCP 协议提供的服务。SMTP 协议使得邮件可以通过不同网络上的主机接力式传送。用 SMTP 发送邮件可以从客户机传输到服务器，也可以从某一个服务器传输到另一个服务器。

RFC 821 定义了两台主机交换邮件的交互规则。对详细规则有兴趣的读者可以查阅 RFC 821，下面给出这一规则的简略描述。

（1）SMTP 服务器在 TCP 的 25 号端口等待 SMTP 客户的连接请求。当本地主机的 SMTP 客户与远端主机的 SMTP 服务器建立 TCP 连接后，本地 SMTP 客户向远端 SMTP 服务器发出"您好"（HELO 报文）的问候。

（2）远端 SMTP 服务器收到问候后，如果确认自己运行正常并能够接收邮件，就确认 SMTP 客户发来的"您好"问候。

（3）本地 SMTP 客户发送报文，告诉远端 SMTP 服务器"我这里有一个电子邮件，要交由你来处理"（MAIL FROM：报文和 RCPT TO：报文）。

（4）远端 SMTP 服务器返回一个"OK"消息，表示它可以处理该邮件。

（5）本地 SMTP 客户发送一报文给远端 SMTP 服务器，告诉"接下来我要发送邮件了"（DATA 报文）。

（6）远端 SMTP 服务器回答"OK 我准备好了"。

（7）本地 SMTP 客户开始发送邮件内容，并用只有"."的行表示邮件内容发送结束。

（8）远端 SMTP 服务器用"OK"消息来证实已收到该邮件。

（9）本地 SMTP 客户发送"我送完了"（QUIT 报文）。

（10）远端 SMTP 服务器返回"OK"，表示知道可以结束接收过程了，并撤除 TCP 连接。

于是，一个邮件便从一台机器传送到了另一台机器。

当然，远端 SMTP 服务器并不总是回答"OK"，这个时候邮件就不能正常传递了。SMTP 定义了几种表示发生错误的应答，以供邮件传输代理在将邮件退还给用户时告诉用户邮件退回原因。在通常情况下，可能发生的错误有以下几种。

（1）收信人的电子邮件地址不正确，或是用户名错误使接收邮件的主机拒绝接收邮件，或是主机域名错误使系统根本找不到接收邮件的主机。

（2）接收方发生了错误，例如，接收邮件的主机故障，或者由于接收邮件的用户没有及时处理掉收到的邮件，从而超出了分配给其使用的磁盘空间，造成邮件被退回。

（3）DNS 错误，主机域名与 IP 地址的映射发生了错误，使发送邮件的主机无法与接收邮件的主机建立连接。

尽管 SMTP 对邮件的处理做了详细规定，但仍有缺陷。例如，早期的 SMTP 实现不能处理长度大于 64KB 的邮件，客户机和服务器的定时器的超时值不相同时，连接会中断。为了解决这些问题，又定义了 ESMTP，即扩展的 SMTP。希望用 ESMTP 的客户最初发送一个 EHLO 报文而不是 HELO 报文，若此报文被拒绝，则服务器是标准的 SMTP 服务器，客户应以通常的方式进行邮件传递。若 EHLO 报文被接受，就可以使用新的命令和参数，按 ESMTP 进行邮件传递。RFC 1425 定义了 ESMTP 框架。

2. 邮局协议 POP

从前面对 SMTP 的讲述中可以看到，两台遵循 SMTP 协议的主机进行邮件传递的一个前提条件是接收邮件的主机必须每时每刻处于等待状态，因为它无法知道什么时候会有其他主机提出连接请求，而且这台主机还必须具备同时处理多条连接的能力。由于个人计算机在配置方面（速度、内存、硬盘空间等）以及使用条件的限制，使它无法担当这一工作，但是人们又希望能够通过自己的个人计算机完成邮件的接收和发送。为此，在电子邮件系统中，让邮箱设在功能强大的主机上，称其为邮件服务器，让它为用户接收邮件并存放在邮箱中。在需要时，再从邮箱把信件取到个人计算机中来，供用户阅读。为了使个人计算机能从邮件服务器读取邮件，人们设计了邮局协议 POP（Post Office Protocol）。

POP 的设计允许用户通过个人计算机访问负责接收邮件的邮件服务器并取走存在上面的邮件，我们通常把这个邮件服务器称为 POP 服务器。POP 服务器不间断地运行着一个邮件传输代理，并通过 SMTP 接收其他主机发来的邮件。

引入 POP 的好处是用户可以完全控制自己的邮件，因为这些邮件都存放在用户自己的个人计算机上，也就意味着用户可以长时间保存大量邮件，而不会使系统管理员抱怨用户在邮件服务器上占用了太多的磁盘空间。用户可以任意选择个人计算机的操作系统平台，唯一的要求是该平台上的电子邮件软件能够支持 POP 协议。

需要指出的是用户在接收邮件时使用的是 POP 协议，而在发送邮件时使用的仍是 SMTP 协议，个人计算机使用 SMTP 将邮件传送给 SMTP 服务器，再由它发送出去。

目前广泛使用的是第三版的 POP 协议，我们称它为 POP3，许多基于 Windows 的邮件软件都支持这一协议。类似于 SMTP，POP3 协议的报文也是由 ASCII 文本构成的，也是按请求/响应的方式工作。协议的详细过程在本书不再讨论，有兴趣的读者可以参阅 RFC 1225。

POP3 只提供了对邮件的下载和从服务器上删除邮件的功能。为提供更丰富的功能，IETF 又推出了 IMAP 协议，IMAP 提供了在服务器上创建、删除、更名邮箱等操作，并有各种各样控制邮件的操作，如查找、删除、设置特殊标志等，在这里不做进一步的介绍，有兴趣的读者可以查阅 RFC 2060。

3．多用途 Internet 邮件扩展 MIME

SMTP 之所以被称为"简单"邮件传输协议是因为它只支持计算机之间传送 7 位的 ASCII 字符，但随着电子邮件应用范围不断地扩大，人们更希望能够通过电子邮件来传送声音、图像等非 ASCII 数据，尤其是对于中国用户来说更希望能够用中文书写电子邮件。

为解决这一问题，采取的一个方法就是在发送时将 8 位的二进制信息通过编码转化为 7 位的 ASCII 字符，而接收端收到后再反编码还原成二进制信息。采用这种方法的代价是增加了费用开销，因为经过编码后数据量要比未编码前大。曾经出现过的编码方法有：UUEncode/UUDecode，BinHex。

与 UUEncode/UUDecode 和 BinHex 不同，多用途 Internet 电子邮件扩展（Multipurpose Internet Mail Extensions，MIME）是在 IETF 赞助下开发的一套标准，它被定义在 RFC 2045、RFC 2046、RFC 2047、RFC 2048、RFC 2049 中。MIME 的基本思想是继续使用 RFC 822 的形式，但增加了邮件主体的结构，并定义了传送非 ASCII 内容的编码规则。通过扩充原来的头部，让发送方和接收方选择方便的编码方法，帮助接收方理解信体的结构，使现有的电子邮件系统能够处理二进制、7 位的 ASCII 和 8 位的 ASCII 信息。信体内容仍然限于 ASCII 字符，但在头部用"内容传送编码"字段指明信体的内容是哪种编码。已定义的编码有 7 位、8 位、base64 编码、可打印编码等。base64 编码和可打印编码用来将二进制的内容变换成 7 位的 ASCII 字符串。在原来信头中 MIME 扩充的字段有：MIME 版本、邮件内容说明、内容标识、内容传送编码和内容类型。在双方之间交换 MIME 信息只要求两端的用户代理能够支持 MIME 协议，而与邮件传输代理无关，因此 MIME 的好处是不需要对邮件传输代理进行任何修改。现在很多电子邮件软件都支持 MIME 协议。

6.4　文件传输

文件传输是 Internet 使用最广泛的应用之一。文件传输与网络文件访问是不同的两种应用。文件传输是将一个完整的文件从一个主机复制到另一个主机，而网络文件访问是直接对远端的文件进行访问，没有把文件复制到本地。Internet 有两个文件传输协议：文件传输协议（FTP）和简单文件传输协议（TFTP）。

6.4.1　文件传输协议原理

文件传输协议（FTP）是为上传、下载文件而设计的。上传和下载文件是互联网所提供的一个非常有用的功能，尤其是对于那些为达到许多目的而经常使用计算机的人以及对那些需要软件驱动程序并且可以迅速进行更新的人而言，这个功能是很有用的。网络管理员不必等待太久就能得到必要的驱动程序，从而使他们的网络服务器可以重新正常运行。通过文件传输协议（FTP），互联网可以立即提供这些文件。与简单邮件传输协议（SMTP）类似，文件传输协议（FTP）也是一个客户/服务器模式的应用程序，它需要在主机上运行一个服务器软件，并且能够通过客户端软件来访问该主机。

FTP 客户进程与服务器进程之间用 TCP 连接进行数据传输。与其他多数应用不同，FTP 使用两个 TCP 连接，一个为控制连接，一个为数据连接。控制连接传输控制信息，在控制连接上，FTP 客户进程向 FTP 服务器进程发出命令。对客户的每一个命令，服务器再与客户建立一个数据连接，进行实际的数据传输。一旦数据传输结束，数据连接就被拆除，但控制连接仍然保留，等待接收客户进程下一步的命令，直到用户关闭 FTP。

控制连接按常规的客户/服务器方式建立。服务器被动地打开 TCP 众知端口 21 等待客户的连接请求。客户进程为自己选择一个 TCP（大于 1024）端口号，主动在这个端口号与服务器的 21 端口之间建立控制连接。

数据连接的建立过程与控制连接的建立有所不同。首先客户进程在客户的主机上选择一个临时的 TCP 端口，并被动地将它打开，等待服务器发起的连接请求。通常要求这个临时端口号不同于客户进程用于控制连接的端口号。然后在控制连接上，客户进程用 PORT 命令把这个端口号通知给服务器。服务器进程用服务器主机的 20 号 TCP 端口与这个端口建立数据连接。服务器总是执行数据连接的主动打开，通常也是服务器执行数据连接的主动关闭。

用 FTP 进行文件复制的两台主机可能运行不同的操作系统，有不同的文件结构，并可能使用不同的字符集。为适应这种差异，FTP 协议设计成支持一定数量的常用的文件类型和文件结构。所支持的文件类型有：ASCII 文件、二进制文件；所支持的文件结构有：字节流类型、记录类型。

6.4.2 FTP 的使用

FTP 协议定义了一套客户进程和服务器进程进行交互的命令，例如 PORT、LIST、RETR、STOR、USER、PASS、TYPE、QUIT、ABOR 等，命令由 3～4 个大写字母构成，有 30 多种从客户进程发向服务器进程的命令，常用的命令见表 6.2。注意，这是 FTP 客户进程和服务器进程之间的命令，不是用户使用文件传输时 FTP 用户界面上的命令。

表 6.2 常用的 FTP 协议命令

命　令	命令的意义
ABOR	放弃先前的 FTP 命令和数据传输
LIST filelist	请求列表显示文件或目录
USER username	用户名
PASS password	用户在服务器上的口令
PORT n1, n2, n3, n4, n5, n6	提供客户端 IP 地址（n1.n2.n3.n4）和端口（n5×256＋n6）
TYPE type	指定文件类型
SYST	询问服务器系统类型
RETR filename	索取一个文件
STOR filename	存储一个文件
QUIT	退出

通常对每个命令都产生一行的响应，响应是 ASCII 形式的 3 位数字，并伴有说明响应意义的文字信息（Text）。用数字形式表示响应的意义，便于软件处理。说明响应意义的文字信息便于人们理解。在 FTP 的用户界面上，用户接口模块将这些文字显示给用户，有助于用户对 FTP 的使用。FTP 协议通过这些命令及其响应的交互来完成文件传输。这些命令及其响应在控制连接上以 NVT ASCII 码传递。关于它们的详细解释和协议双方交互的细节请参考 RFC 959。

图 6.6 是 FTP 的工作模型。图中，客户协议解释器发起控制连接。用户接口提供用户与 FTP 客户进程交互所需要的界面（图形的菜单选择或键盘命令的输入等），它把用户命令变换成控制连接上发送的 FTP 命令，把服务器在控制连接上返回的响应转换成用户所需的格式。由用户命令引起的、在控制连接上的一系列 FTP 命令和响应，完全由客户协议解释器和服务器协议解释器按 FTP 协议自动完成。这两个解释器按协议分别激活客户数据传输进程和服务器数据传输进程，通过这两个进程之间的交互以及它们分别与自己主机上的文件系统的交互完成文件的传输。

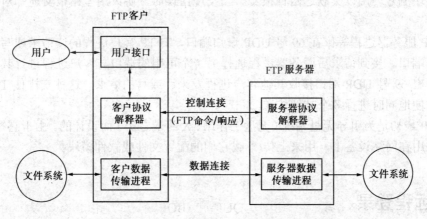

图 6.6　FTP 工作模型

文件传输协议（FTP）的会话连接会一直维持到客户端终止连接为止，或者在发生了一些通信错误时终止。如果与文件传输协议（FTP）的后台程序建立连接，则必须提供一个登录的 ID 和密码。通常可以使用"anonymous"作为登录 ID，并且使用电子邮件地址作为密码。这种连接称做匿名文件传输协议。建立标识后，就在客户端和服务器之间打开了一个命令连接。命令会发送到服务器端，在服务器端执行，并把结果返回给客户端。可以创建和改变文件夹、清除和重命名文件，或者执行一些其他与文件管理相关的功能。

FTP 中的存取授权机制使得系统更安全，并禁止没有授权用户存取任何 FTP 服务器上的文件。用户必须首先有一个登录到 FTP 服务器的用户名和口令，才能存取 FTP 服务器上的文件。为了提供对公共文件的存取，许多 FTP 服务器允许匿名服务，即使用 anonymous 为用户名，口令可以是任何字符串，使用这个公开的账号登录 FTP 服务器，存取 FTP 服务器上的文件。

6.4.3　简单文件传输协议

简单文件传输协议（Trivial File Transfer Protocol，TFTP）是一个非常简单的用于文件传输的协议。它使用运输层 UDP 协议提供的服务，其设计目标是短小、容易实现，只对远端服务器的文件进行读写，没有 FTP 提供的其他多种功能，也没有用户身份认证。

TFTP 协议定义了 5 种报文：读请求报文、写请求报文、数据报文、确认报文和差错报文。协议的工作过程如下：TFTP 客户进程用读请求报文或写请求报文，向 TFTP 服务器进程发起读或写的请求，若服务器接受，就开始文件传送。文件以 512 字节的块为单位发送，每发送一个数据报文后等待对方的确认，收到确认报文后，再发送下一个 512 字节的块。对数据报文和确认报文都设有定时器，若定时器超时，则对数据报文或确认报文进行重发。在网络传输有分组丢失时，用这种机制克服 UDP 的不可靠，保障数据传输不会因分组丢失而失败。协议用数据长度小于 512 字节的数据报文指示文件传输结束。数据报文和确认报文都带有块编号，用以关联这两种报文。当发现错误时，协议用差错报文通知对方并终止文件传输。

TFTP 服务器进程等候在 69 号 UDP 众知端口，TFTP 客户进程的读请求或写请求都应发向这个端口。接到请求后服务器进程选择另一个可用的端口与客户进程进行其余的报文交换，留出 69 号 UDP 端口接收其他客户进程发来读或写的请求。这种安排使 TFTP 服务器可以方便地同时进行多个文件传送。

TFTP 最初是为引导无盘系统（无盘工作站、X 终端之类）而设计的。由于它短小实用，现在也常用在网络设备上，用来上传/下载它们的配置文件或软件模块。

6.5　远程登录

远程登录是 Internet 最早出现的应用之一。远程登录使用 Telnet 协议，它是远程通信网络协议（Telecommunication Network Protocol）的简称。通常一个终端是用接口电缆（如 RS-232 电缆）与某个本地主机直接相连接，用户在这个终端上登录到主机，使用主机上为用户分配的资源。在网络环境中，一个用户可以从自己的主机上使用 Telnet 协议通过 TCP/IP 网络登录到网络上提供 Telnet 服务的其他主机上，在本地使用远程主机上的资源，就好像使用本地主机资源一样。

6.5.1　Telnet 的工作原理

在传统的面向终端的联机系统中，终端通过接口电缆与本地主机直接连接，面向终端的应用进程运行在终端所连接的主机上。用户在键盘上输入命令和数据，这些命令和数据经过接口电缆和主机操作系统的终端驱动模块送入面向终端的应用进程，应用进程的响应则送回终端的显示部件。在网络环境中，终端和面向终端的应用进程分别在不同的主机上，用户在终端键盘上输入的命令和数据需要经过网络送入远程主机上的面向终端的应用进程。同样，应用进程的响应也需要经过网络送回用户的终端。为了支持这种本地终端和远程应用进程的数据交换，TCP/IP 协议定义了 Telnet 协议，本地终端和远程应用进程按该协议实现远程登录。Telnet 协议定义在 RFC 854 中，Telnet 的各种选项定义在各个 RFC 文档中，例如 RFC 855、RFC 856、RFC 857、RFC 858、RFC 859、RFC 860、RFC 1073、RFC 1091以及 RFC 1184 等。

　　Telnet 协议采用客户/服务器模式。本地的 Telnet 客户进程和远程的 Telnet 服务器进程之间在 TCP 连接上进行会话。该 TCP 连接由 Telnet 客户进程发起，Telnet 服务器进程在 TCP 的 23 号端口等候 Telnet 客户进程的 TCP 连接请求。Telnet 协议的基本目标是在终端进程和面向终端的服务进程之间提供一个通过网络的、标准的接口，使各种不同的终端可以远程登录到各种不同的主机上。图 6.7 是 Telnet 的工作模型，本地终端进程和远程的面向终端的服务进程之间的交互是通过图中客户系统与服务器端系统间的TCP 连接进行的。在客户端系统，用户终端通过操作系统的终端驱动模块与 Telnet 客户进程进行数据交换，Telnet 客户进程通过 TCP 连接与远程主机的 Telnet 服务器进程连接，Telnet 服务器进程通过操作系统的伪终端驱动模块（及登录 shell）与面向终端的应用进程交换数据。

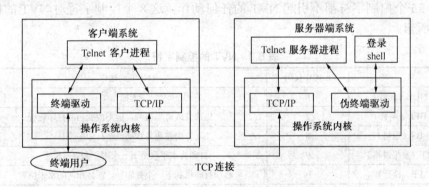

图 6.7　Telnet 的客户/服务器工作模型

6.5.2　网络虚拟终端

　　为了使远程登录可以工作在任何主机（任何操作系统）与任何终端类型之间，Telnet协议定义了一个网络虚拟终端 NVT（Network Virtual Terminal）。Telnet 协议的双方，即 Telnet客户进程和 Telnet 服务器进程都要在它们的物理终端和 NVT 之间进行转换和映射。在客户和服务器系统两端，输入及输出都采用各自的物理终端格式。Telnet 客户进程把本地用户物理终端格式的输入转换成 NVT 数据和命令，经 TCP 连接传送到远端的 Telnet 服务器进程。Telnet 服务器进程把 NVT 数据和命令转换成远端系统的物理终端的格式，作为远端系统的输入，交给远端系统处理。同样，Telnet 服务器进程把远端系统产生的远端的物理终端格式的输出转换成 NVT 数据和命令格式，经 TCP 连接传回 Telnet 客户进程。Telnet 客户进程将 NVT 数据和命令转换成本地物理终端的格式，在本地用户终端上显示出来。在远程登录中 NVT 的作用如图 6.8 所示。

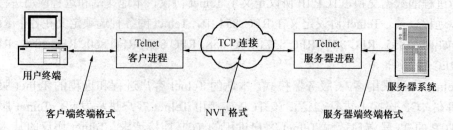

图 6.8　NVT 在远程登录中的作用

网络虚拟终端 NVT 是一个虚拟的字符型设备，由键盘和打印机两部分构成，键盘是 NVT 的输入装置，打印机是它的输出装置。它的字符集是 8 位格式的 7 位 ASCII 字符集，最高位为 0，称为 NVT ASCII。该字符集包括可打印字符和控制字符。可打印字符是标准 ASCII 字符集中定义的 95 个符号，包括字母、数字、标点符号和一些特殊符号。NVT 的这 95 个字符的意义与标准 ASCII 字符集相同。控制字符是标准 ASCII 字符集的 33 个控制字符（码值 0～31 和码值 127），Telnet 协议规定其中的 8 个控制字符对 NVT 有控制作用，其他 25 个控制字符都不引起 NVT 的任何动作。这 8 个控制字符对 NVT 的控制作用如表 6.3 所示。

表 6.3　NVT 的控制字符

名　　称	ASCII 代码	NVT 的动作
NUL（无效）	0	无操作
BEL（响铃）	7	产生声音或可见信号，但不改变当前打印位置
BS（退格）	8	向左边界移动一个打印字符
HT（水平跳格）	9	打印头水平移至下一个水平制表符位置
LF（换行）	10	移动打印机到下一个打印行，保持相同的水平位置
VT（垂直跳格）	11	移动打印位置到下一个垂直制表停止位置
FF（换页）	12	移动打印位置到下一页顶端，而不改变当前水平位置
CR（回车）	13	移动打印机到当前行的左边界

由于许多实际系统不是把"CR"和"LF"当成互相独立的控制字符进行处理，在控制功能上，协议规定"CR LF"应作为一个（不是两个）控制字符看待，"CR LF"表示的是一个"新行"控制字符，其控制作用是打印头移至下一行的行首。与此类似，"回车"控制功能用"CR NUL"，"CR"不单独使用。

许多实际系统都为终端提供一些控制命令，使终端用户可以通过这些控制命令控制用户应用进程的运行。例如，挂起、夭折或终止用户应用进程和对键盘输入进行编辑等。这些控制命令在不同的系统和不同的物理终端上的具体表示形式各不相同。在 Telnet 协议的 TCP 连接上，Telnet 协议用 8 位的扩展 ASCII 码（最高位为 1）序列来表示这些控制命令。此外，Telnet 客户进程与 Telnet 服务器进程之间 Telnet 协议也以 8 位的扩展 ASCII 码序列就选项进行协商。所有这些 8 位的扩展 ASCII 码序列称为 Telnet 命令集。

6.5.3 Telnet 选项协商

Telnet 协议定义了标准的网络虚拟终端来解决异种系统和终端之间的通信问题，Telnet 协议还定义了选项协商机制，从而使 Telnet 协议具有灵活的可扩展性，允许为网络虚拟终端创造更巧妙有效的特性。在 Telnet 连接时可以协商使用某项特性或停止某项特性。选项协商是对称的，任何一方都可以主动发起选项协商。不过远程登录 Telnet 不是对称的应用，某些选项只适合 Telnet 客户进程，有的只适合 Telnet 服务器进程。

对于任何给定的选项，选项协商的发起者可以发出下列 4 种请求中的任何一种。

（1）WILL 表示选项协商的发起者请求对方允许本方使用指定的选项。

（2）DO 表示选项协商的发起者请求对方使用指定的选项。

（3）WON'T 表示选项协商的发起者请求对方允许本方停止使用指定的选项。

（4）DON'T 表示选项协商的发起者请求对方停止使用指定的选项。

Telnet 协议规定，对激活选项的请求协商的响应方可以同意也可以不同意，对于停止选项的请求协商的被动方必须同意。因此，选项的协商有六种情况，如表 6.4 所示。

表 6.4 Telnet 选项协商的六种情况

	协商的发起方	协商的响应方	说　　明
1	WILL →	← DO	协商发起方请求对方允许本方使用指定的选项 协商响应方表示同意
2	WILL →	← DON'T	协商发起方请求对方允许本方使用指定的选项 协商响应方表示不同意
3	DO →	← WILL	协商发起方请求对方使用指定的选项 协商响应方表示同意
4	DO →	← WON'T	协商发起方请求对方使用指定的选项 协商响应方表示不同意
5	WON'T →	← DON'T	协商发起方请求对方允许本方不使用指定的选项 协商响应方表示允许请求方不使用指定的选项
6	DON'T →	← WON'T	协商发起方请求对方允许本方不使用指定的选项 协商响应方表示同意不使用指定的选项

6.6 万维网 WWW

万维网 WWW（World Wide Web）是 Internet 的一种应用，它是由遍布在世界各地的 WWW 服务器构成的一个分布式信息服务系统。它使用超文本和超媒体技术，为用户提供了一种交互式的、容易使用的、能在各 WWW 服务器之间跳跃漫游的信息浏览和查询机制。

6.6.1　WWW 概述

WWW（World Wide Web）译为万维网，简称 Web，由 Internet 上所有存储超文本信息的站点通过超文本传输协议 HTTP（Hyper Text Transport Protocol）连接形成。Web 被定义为在超级文本系统中一组相互连接起来的文件的集合，是使用 HTTP 组成的应用系统网络。这不是传统意义上的物理网络，而是在超文本基础上形成的信息网，即信息意义上的网络。

超文本（Hyper Text）是一种非线性的组织结构。制作超文本时可将写作素材按其内部的联系划分成不同的层次、不同关系的单元，然后通过创作工具或超文本语言将其组织成一个网络形结构的文件集合。在超文本文件中，某些字、符号或短语起着"热链接"（Hotlink）的作用。即显示时，字体或颜色变化或标出下画线，以区别于一般的正文，当鼠标器的光标移至其上时单击鼠标左键，显示便跳到该文件的另一处或另一个文件。超文本中可能包含图形、图像，这些图像也可以设立成"热"的。这里，"热链接"所起的作用很像我们熟悉的菜单项，但传统菜单的结构是树状的，这里的热链接是网状的。在阅读时，读者就可以有选择地阅读自己感兴趣的部分，这个阅读过程是"跳跃"的、非线性的。一个真正的超文本系统应能保证用户自由地搜索和浏览信息，这个浏览过程类似于人类的联想式思维模式，可以提高人们获取知识和信息的效率，同时各种信息也能得到最充分的利用。分布在世界各地的 WWW 服务器中的信息通过超链相互勾连，形成了一张"遍布世界的（信息）蜘蛛网"，即"World Wide Web"的原始词义。WWW 浏览器可以方便地顺着这种超链的指引从一个 WWW 服务器进入另一个 WWW 服务器，浏览相关的信息。

超文本是由一些相对独立的信息单元和表达这些信息单元间关系的链接所组成的，这些信息单元又叫做结点。结点、链接和信息网络构成超文本的三要素。结点的信息可以是文本、声音和图像，每个结点表达一个特定的主题，其大小根据实际情况而定。链接把相关的站点连接起来，是超文本的核心，其功能直接影响结点信息的表现力，也影响信息网络的结构。信息网络不同于通信网络与计算机网络，其中蕴涵着结点间信息的推理与演绎，表明信息间的联系，因而超文本具有丰富的表现力。

WWW 也是以客户/服务器方式工作的。客户端为 WWW 浏览器，服务器端为分布在 Internet 各处的 WWW 服务器。在 WWW 服务器上，信息由许多文件组成，这种文件有时被称为页面或网页，它们以超文本标记语言 HTML（Hyper Text Markup Language）编写而成，可以包含文本、图像、音频/视频等各种媒体信息。

WWW 浏览器和服务器之间的应用协议是超文本传输协议。WWW 的客户端（即 WWW 浏览器）与服务器端在运输层用 TCP 连接进行数据的传输，通常 WWW 服务器进程监听 TCP 的 80 端口，等待浏览器打开连接并请求某个页面，然后服务器给浏览器送出所请求的页面，关闭连接，等待下一个请求。

WWW 用统一资源定位器 URL（Uniform Resource Locator）标识网页。

随着 WWW 应用的发展，静态的页面已满足不了需要，希望页面是动态的并有交互功能，出现了 CGI、JavaScript 技术或 ASP 技术等创建交互式动态页面的技术。

6.6.2　统一资源定位器

Web 页面包含（通常隐藏于它的超文本标记语言的内部描述中）地址的所在地，它被称为统一资源定位器（URL）。WWW 用字符串组成的统一资源定位器来标识网页。它是 WWW 服务器资源的标准寻址定位编码，用于确定资源所在的主机域名、资源的文件名及路径和访问资源的协议。

URL 由三部分组成：第一部分是访问该资源所用的方式（如超文本传输协议 HTTP、文件传输协议 FTP、远程登录协议 Telnet 等）；第二部分是资源所在的主机的域名；第三部分是所在主机中的资源的路径及文件名。

例如：http://www.sohu.com/edu/index.html

其中，"http://"会告诉浏览器使用的是什么协议；第二部分"www. sohu.com"标识了 Web 服务器的主机域名；第三部分"edu/index.html"标识了包含 Web 页面的指定文件夹和文件的位置（位于服务器上）。

目前 WWW 还集成了其他的网络应用，因此 URL 的第一部分除 http://外还可以是：

ftp:// 用文件传输协议访问 FTP 服务器，可链接到一个匿名 FTP 服务器上；

gopher:// 访问基于菜单驱动的 GOPHER 服务器；

wais:// 访问广域信息服务器 WAIS；

telnet:// 启动 TELNET 会话，打开一个 TELNET 窗口，访问某台主机；

file:// 访问本地计算机中的文件；

news:// 访问新闻组；

mailto:// 发送电子邮件。

第二部分的域名也可以是点分十进制标记（Dotted Decimal Notation）表示的 IP 地址。第二部分与第三部分之间用斜杠"/"分隔。第三部分包含主机资源全路径，其中也采用斜杠"/"分隔，这与 UNIX 系统中使用的文件路径描述相同。

6.6.3　超文本传输协议

超文本传输协议（HTTP）是 WWW 浏览器和服务器之间的应用协议。它是一种简单的、无状态的协议，可以传输文件，如图形、图像、音频、视频和可执行的二进制文件。

HTTP 是无会话连接的协议，它的一对请求/响应与另一对请求/响应之间是相互独立的。即客户端与服务器端建立 TCP 连接后，客户端在该 TCP 连接上向服务器发出 HTTP 的请求，服务器对此请求进行处理得出 HTTP 响应，在上述的 TCP 连接上把 HTTP 响应送回客户端，然后撤除 TCP 连接。对下一个 HTTP 请求又重新按上述过程处理，对历史请求的情况，协议不做保留。

HTTP 协议定义有多种请求方式，常见的有三种：GET、HEAD 和 POST。请求的类型有简单请求和完全请求两种。简单请求只是一个简单的 GET 行，没有协议版本号参数。对简单请求的响应只是原始的页面，没有头部，没有 MIME 字段。完全请求由多行组成，第一行包含一个命令（例如 GET）、所需的页面、协议及版本号，接着的行包含 RFC 822 头部，最后一行为空行，标识请求结束。对完全请求的响应由头部和主体构成，头部结构类似于 RFC 822 和 MIME，主体是页面内容。

当打开一个 Web 浏览器时，通常首先看到一个起始页面。起始页面的统一资源定位器（URL）已经存在于 Web 浏览器的配置当中，不过可以随时修改它。在起始页面上，您可以单击一个超链接，或者在浏览器的地址栏中输入一个统一资源定位器（URL）。Web 浏览器检查协议从而决定是否需要打开另一个程序，然后检查 Web 服务器的 IP 地址。随后发起一个与 Web 服务器的会话过程。传送到超文本传输协议服务器的数据包含 Web 页面所在地的目录名称（注意：该数据还可以包含超文本传输协议页面的一个特定文件名）。如果没有给出文件名，则服务器使用一个默认的名字（在服务器的配置中进行规定）。

服务器响应请求，并按照超文本传输协议命令中的规定，把所有的文本、音频、视频和图片文件发送到客户端。客户端浏览器会重组所有的文件以建立一个 Web 页面，然后会终止该会话过程。如果单击了同一个（或不同）服务器的另一个页面，整个过程将重新开始。

6.6.4　WWW 浏览器

WWW 是互联网上增长最为迅速并被广泛应用的技术之一，它也采用客户/服务器模型，它的客户端软件通常被叫做 WWW 浏览器（Browser），简称浏览器。浏览器是用来定位和显示 Web 页的应用软件，是 WWW 服务器与用户的接口，它不断地与服务器交互，发送、接收信息并解释执行 HTML 语言，将结果显示在屏幕上。浏览器软件种类繁多，如 Netscape 公司的 Navigator，Microsoft 的 IE（Internet Explorer），IBM 等公司也有自己的浏览器产品。这些图形用户界面的浏览器软件的共同特点就是用户只要借助鼠标和菜单就能浏览多媒体信息。

一个好的浏览器应该具有如下特点。

（1）对文本和图形的显示速度快。

（2）支持超文本标记语言（HTML）的增强功能，同时支持 Java 等功能。

（3）应该集成 Internet 网络上的所有服务功能，包括远程登录（Telnet）、电子邮件（E-mail）、文件传输（FTP）、新闻组（Newsgroup）、超文本传输协议（HTTP）、查询和检索（Archie、Gopher、WAIS）等，为用户提供一系列解决方案。

（4）友好、易用的操作界面。

（5）具有广泛的搜索功能，让用户跟着软件的指引搜遍网络世界的所有资源。

网页上有许多专有文件类型是 Web 浏览器不支持的，为了能使浏览器能自动启用需要的程序来打开浏览这些文件，必须给浏览器安装相应的插件应用程序。常用的插件如下。

Shockwave：播放多媒体文件（集成了文本、图形、视频、动画、声音等形式）。

QuickTime：播放以 Apple 公司的 QuickTime 文件格式保存的影音文件。

RealAudio：播放以 RealAudio 格式保存的声音文件。

RealPlayer G2：以高清晰度播放 RealPlayer 格式保存的影音文件。

6.6.5　WWW 的语言 HTML

WWW 的页面是用 HTML 编写成的，有时也称为 HTML 文件。超文本标记语言 HTML（Hyper Text Markup Language）是一种专门用于 WWW 的编程语言，用于创建 WWW 超媒体文档，供浏览器浏览查询。HTML 文档包含文头（Head）和文体（Body）两部分，文头用来说明文档的总体信息，如标题等。文体是它的主要部分，包括文档的详细内容，有超媒体信息和超链接等。HTML 版本具有统一的格式和功能定义，目前不同公司的浏览器产品中包含了不同的内容。HTML4.0 已被批准为 Internet 标准。

文本内容直接放在 HTML 文件中。非文本的信息，例如图像、声音，不直接存入 HTML 文件，而是存放在另外的独立文件中。在 HTML 文件中通过对这些文件的引用来取得有关信息。

WWW 浏览器从服务器取得了 HTML 编写的页面后，按照标记指示的格式，把页面显示出来。虽然 HTML 是一个标准，但各个浏览器厂商都在自己的浏览器中加入它们独有的对 HTML 的扩充，导致页面上某个厂商的 HTML 扩充格式在另一个厂商的浏览器上无法正确地显示出来。

WWW 上的文件格式很多，标准的文件类型和相应的文件名后缀定义如下。

（1）HTML 文件：扩展名为.html 或.htm，是由 HTML 超文本标记语言写成的文本文件，是 WWW 浏览器的基本文件类型。

（2）GIF 文件：扩展名为.gif，GIF（Graphics Interchange Format）即图形交换格式，是位映式图像文件，经过了无损压缩，解压后的图像将和原图像完全一样。

（3）JPEG 文件：扩展名为.jpg，JPEG（Joint Picture Experts Group）即接续图像专家级，也是位映式图像文件，经过了有损压缩，解压后的图像将和原图像不完全一样。

（4）MPEG 文件：扩展名为.mpg，MPEG（Motion Picture Experts Group）即运动图像专家级，是经过压缩的数字化视频文件，且是有损压缩。

（5）SOUND 文件：扩展名为.sud 或.au，是经过压缩的数字化声音文件。

（6）ASCII 文件：扩展名为.txt，是 ASCII 标准的纯文本文件。

（7）Postscript 文件：扩展名为.ps，是发往 Postscript 打印机的图形和文本文件。

关于 HTML 的详细内容，请参考 HTML 的标准文档。

6.7　网络管理

网络管理是指对网络进行配置、对网络的运行性能进行监视、对网络的故障进行检测和维护等，以保证网络的正常运行。网络管理并不是一个新概念，网络管理随着网络的诞生就产生了。只是由于当初网络规模较小且复杂性不高，用手工操作即可实现管理网络，因而对其研究较少。随着网络系统规模的日益扩大和网络应用水平的不断提高，一方面排除网络故障越来越困难，网络维护成本大幅上升；另一方面，如何提高网络性能也成为网络管理的主要问题。作为一种很重要的技术，网络管理已成为信息网络技术中重要的研究领域。

6.7.1　网络管理的产生和发展

在网络管理系统产生之前，网络管理者要学习各种各样的方法，以便对各种网络设备进行状态监测、故障检测、故障修复等。这些方法包括需要记住每一个网络设备特有的命令，由于不同厂家标准不一，设备五花八门，网络管理者要记的内容很多，故工作效率很低。为此，工业界迫切需要有一套标准体系。

20 世纪 80 年代初期，Internet 的发展促进了网络管理的研究，提出了多种网络管理方案，包括高级实体管理系统 HEMS（High-Level Entity Management Systems）、简单网关监控协议 SGMP（Simple Gateway Monitoring Protocol）、公共管理信息服务/公共管理信息协议 CMIS/CMIP（Common Management Information Service/Protocol）等。国际标准化组织 ISO 也给出了开放系统互联 OSI 系统管理参考模型。1987 年年底，Internet 核心管理机构——互联网活动委员会 IAB（Internet Activities Board）决定在众多的网络管理方案中进行选择，确定适合 TCP/IP 网络的方案。IAB 制定了网络管理的发展策略，即采用 SGMP 作为短期网络管理解决方案，并逐步过渡到全面完整的 CMIS/CMIP 网络管理解决方案。后经过网络管理技术的研究与发展，在 SGMP 基础上提出了简单网络管理协议 SNMP（Simple Network Management Protocol）的网络管理解决方案。以后就基本形成两类网络管理体系：从 TCP/IP 网络特点出发的基于 SNMP 的网络管理体系和由国际标准化组织 ISO 开发的基于 CMIS/ CMIP 的网络管理体系。虽然两种体系采用了截然不同的技术，但都和 ISO 开放系统互联 OSI 系统管理参考模型相一致。

SNMP 于 1988 年 8 月首次发布，仅用于 IP 设备的管理，虽然它仅作为一个短期为解决网络管理的方案而提出的，但作为网络管理协议被使用后，就迅速地被广泛采纳，至今已成为当前事实上的工业标准。它的特点是结构、功能简洁，去繁取精，从而能够简便快速地实现网络管理的目的。但是，SNMP 存在明显的安全性隐患和网络监视功能不强的问题。1992 年 7 月，安全 SNMP 协议 S-SNMP（Safety-SNMP）发布，增强了 SNMP 安全性功能。同一个月，又吸收了远程网络监视的概念，提出了简单管理协议 SMP（Simple Management Protocol）。又在 S-SNMP 和 SMP 基础上，消除了 SNMP 的多种缺欠并扩大了它的适应性，开发了 SNMP 版本 2（SNMPv2），原先的标准 SNMP 现在称为 SNMP 版本 1（SNMP 引入 CMIS/CMIP 作为一个长期的网络管理方案提出，其目的是实现对非特定协议和所有设备的管理，提供了一个完整的网络管理方案所必有的全部功能）。尽管 CMIS/CMIP 依赖于整个 OSI 协议族的实现，复杂烦琐，实现困难，且当前还没被广泛采用，但由于其设计的完整性，必将在将来大型复杂的网络管理系统中得到应用。

6.7.2　网络管理的基本概念

一个网络一旦投入运行，网络运营者就要求能随时监视它的运行情况，如哪条链路的工作是否正常，哪个结点是否有故障，网络各部分的负荷是否平衡等。以便及时发现和处理网络中出现的异常，优化网络的性能。网络的使用一般是有偿的，网络要能记录用户对网络的使用情况，以便计算用户的费用。上述这些要求都是属于网络的管理。对网络管理所包含的内容存在不同的理解，一般认为网络管理的功能可归纳为以下 5 个方面。

1．配置管理

配置管理是定义、识别、初始化、控制和检测被管对象的功能集合。

（1）定义被管对象，给每个被管对象分配名字。

（2）定义用户组。

（3）删除不需要的被管对象。

（4）处理被管对象之间的关系。

（5）设置被管对象的初始值。

2．故障管理

故障管理是指实时监控网络中的故障，对故障原因做出论断，对故障进行排除，保障网络的正常运行。

（1）检测被管对象的差错，或接受差错报告。

（2）创建和维护差错日志库，并对其进行分析。

（3）进行诊断，以跟踪和识别差错。

（4）通过恢复措施，恢复正确的网络服务。

（5）网络实时备份。

3．计费管理

计费管理是指记录用户使用网络的情况并核收费用。以往系统收费按进程计算，现在网络收费按服务计算。

（1）易于更新且费率可变。

（2）允许使用信用记账收费。

（3）能根据用户组的不同进行不同的收费。

4．性能管理

性能管理是指以网络性能为准则，保障在最小的网络消耗和网络时延下，提供最大的可靠且连续的通信能力。

（1）从被管对象中收集与网络性能有关的数据。

（2）对收集到的数据进行统计分析，并对历史记录进行维护。

（3）分析当前数据，以检测性能故障，产生报告。

（4）预测网络的长期趋势。

（5）改进网络的操作模式。

5. 安全管理

安全管理是指保障网络不被非法使用。

（1）与安全措施有关的信息分发。

（2）与安全有关的事件的通知。

（3）与安全有关的设施的创建、控制和删除。

（4）涉及安全服务的网络操作事件的记录、维护和查阅等日志管理工作。

在 ARPANET（Internet 的前身）的早期，网络管理员通过原始的手工方法对网络进行一些简单的管理，例如，用 ping 程序检查网络的连通性。随着 ARPANET 向全球范围的 Internet 演变，这种原始的网络管理方法不能再胜任对 Internet 的管理，因此，逐步出现了 TCP/IP 网络管理协议和软件，它们通常被称为 SNMP 网络管理系统，用以对 Internet 管理。

SNMP 网络管理系统有 3 个组成部分：

（1）管理信息库（Management Information Base，MIB）。管理信息库包含所有代理进程的所有可被查询和修改的参数。

（2）管理信息结构（Structure of Management Information，SMI）。管理信息结构定义 MIB 变量的命名规则、创建变量类型的规则。

（3）简单网络管理协议（Simple Network Management Protocol，SNMP）。这是管理进程和代理进程之间的通信协议。

SNMP 网络管理系统的设计原则是简单性和可扩展性，重点放在配置管理和故障管理。运行在被管对象上的代理进程收集被管对象的各种统计数据，把它们记录到管理信息库 MIB。管理进程轮询每个管理代理，访问管理代理的 MIB，从而取得被管对象的统计数据和运行状态。SNMP 网络管理系统的体系结构示意图如图 6.9 所示。

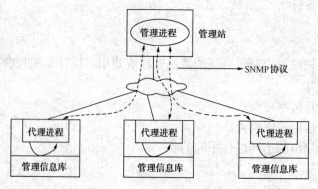

图 6.9　SNMP 网络管理系统结构

6.7.3　管理信息库

被管理的网络设备都具有若干个变量来描述它的状态，这些变量称为对象。例如，路由器有其每个端口发送和接收到的报文数量、丢弃的报文数量、IP 路由表等对象。网络中所有可供存取的对象存放在一个称为管理信息库（Management Information Base，MIB）的数据结构中。

Internet 的 MIB 标准（MIB-Ⅱ）把管理对象归为 9 组，每组对象由各种变量描述。这 9 个组是：system, interface, at, ip, icmp, tcp, udp, egp 和 snmp。现在地址转换组（at 已废弃多年，egp 组也不再使用。其余大部分组的定义都移到了各自的文档中，这样这些组可以在 SMIv2 下定义，且可以改变，从而不必去编制一个 MIB-Ⅲ）。MIB-Ⅱ还定义了一个传输组，其他 MIB 文档定义的 X.25、以太网、FDDI、令牌环网等的管理变量都放在传输组。

MIB 中对象的变量类型大体可分为两种：简单变量和表格。简单变量包括整型变量、字符串变量等，也包括一些类似于 C 语言的"结构"的数据集合。表格相当于一维数组。

值得注意的是，MIB 只给出每个变量的逻辑定义，每个被管的网络设备所使用的内部数据结构可能与 MIB 的定义不同。当代理进程收到查询请求时，先要把 SNMP 协议的 MIB 变量映射到自己的内部数据结构，然后再执行相应的操作。

MIB 的设计比较灵活，对象和网管通信协议相对独立，只要有需要，就可以定义新的 MIB 变量并标准化，而不需要改变协议。厂商设计了新的网络设备或新的网络协议时，可以自行定义相应的 MIB 变量，对这些新的网络设备或新的网络协议进行管理。事实上，目前已定义了许多新的 MIB 变量。例如，以太网接口的 MIB、网桥的 MIB、FDDI 的 MIB、PPP 的 IP 网络控制协议 MIB、PPP 的链路控制协议 MIB、AppleTalk 的 MIB、令牌环网 MIB、X.25 报文层 MIB、OSPF 第二版 MIB 等。对以太网交换机等新出现的网络设备也都有了相应的 MIB 变量。

MIB 只是定义了管理对象的组织结构，使得其他系统可以知道如何访问各个管理对象。对于代理如何收集 MIB 中管理对象的数据以及怎样使用这些数据，MIB 不做规定。

6.7.4　管理信息结构

管理信息结构（Structure of Management Information，SMI）是一套规则，规定如何给管理对象命名，如何定义管理对象。

所有的管理对象分层次地按树形结构进行组织。某个对象的名称反映它在这个树形结构中的位置，标明了在 MIB 中通过怎样的路径可以访问到这个对象。图 6.10 是这棵树的顶部的一部分。

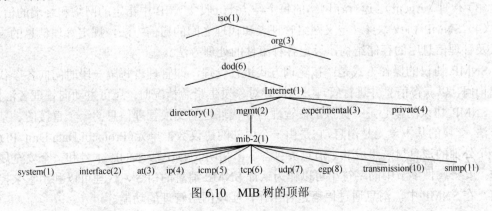

图 6.10　MIB 树的顶部

SMI 采用 OSI 的抽象语法表示（Abstract Syntax Notation One，ASN.1）的 OBJECT IDENTIFIER 类型对 MIB 的管理对象进行命名。例如，图 6.10 中的 ip 对象（即变量）命名为{iso（1）org（3）dod（6）internet（1）mgmt（2）mib-2（1）ip（4）}或 1.3.6.1.2.1.4。

对于管理对象，SMI 规定用 SMI 定义的 ASN.1 宏 OBJECT-TYPE 进行定义，在 OBJECT-TYPE 宏中有：

- 对象的名称，即对象的标识（object identifier）；
- SYNTAX：对象的抽象句法；
- ACCESS：对象的访问属性，例如 read-only，read-write 等；
- STATUS：对象的实现属性，例如 mandatory，optional 等；
- DESCRIPTION：对象的文字描述。

6.7.5 简单网络管理协议

简单网络管理协议（Simple Network Management Protocol，SNMP）是 TCP/IP 网络的网络管理协议，现在已经被广大厂商所接受，成了一种事实上的网络管理标准。随着 SNMP 的广泛使用，它已经历了从 SNMP（第一版 SNMP）、SNMPv2（第二版 SNMP）到 SNMPv3（第三版 SNMP）的发展。

简单网络管理协议 SNMP 的主要设计思想是协议应尽可能简单，它的基本功能是监视网络性能、检测分析网络差错和配置网络设备。由于 SNMP 的设计是基于互联网协议的用户数据报协议 UDP 之上的，所以 SNMP 提供的是一种无连接的服务，它不能确保其他实体一定收到管理信息流。

SNMP 采用管理者—代理—被管对象的管理模型。一个 SNMP 代理就是一个软件模块，它能够处理 SNMP 管理主机发出的各种指令，每个能够提供 MIB 信息给 SNMP 管理主机的网络设备都有一个 SNMP 代理。

SNMP 的网络管理包括以下几部分。

（1）管理信息库 MIB。存放管理信息的基本单位——对象的值。

（2）管理者（Manager）。位于网络的主机，通过对代理人进行轮询得到所需的网络信息。

（3）代理（Agent）。运行在网络的每个结点上，收集 MIB 中指定的网络和终端的信息。

（4）SNMP 协议本身。定义网络管理者和代理之间的通信方法，规定管理信息的表示形式及管理信息库的存储结构，设定各种事件的处理方法。

SNMP 协议的操作方式是：按轮询方式进行管理，即管理者每隔一段时间向各个代理发出询问，以获得信息并进行管理。当被管对象发生紧急情况时，还可主动向管理者汇报。

SNMP 协议的核心是：提供了在管理者和代理之间交换管理信息的一个直接的、基本的方法。交换的基本单元是消息，它是由一个内部的协议数据单元（Protocol Data Unit，PDU）和一个外部的消息封装组成的。消息头包含一个指明 SNMP 版本的版本号和一个安全属性字节，安全属性字节中的字符串可以作为认证 SNMP 消息的口令，代理可以利用它来控制访问。在 SNMP 中，消息通过原语进行工作，实现网络管理的功能。

　　根据 MIB 库中对象的不同用途，将其归入不同的组，各组之间既相对独立，又紧密联系。"相对独立"体现在每个组都包含网络管理某一方面的局部信息，"紧密联系"体现在不同 MIB 库组中对象之间的联系。

　　MIB 库中每个对象都由名字、语法和编码等属性来描述。每个对象都符合 ASN.1（Abstract Syntax Notation One）语法规则。ASN.1 是一种用于描述结构化客体的结构和内容的语言，提供描述抽象文法结构和内容的表示方法。ASN.1 中的基本编码规则 BER（Basic Encoding Rules）是 ASN.1 定义的一种传输方法。每个 BER 编码有三个字段：标识符字段、长度数值字段和内容字段。MIB 库中每个对象的编码属性按 BER 规则描述。

　　用 SNMP 进行网络管理也有一定的局限性，具体表现如下。

　　（1）由于 SNMP 管理者采用轮询的方式访问各个代理，代理的数量就不可能太多，从而限制了 SNMP 不适合于大型的网络管理。

　　（2）SNMP 的 MIB 所定义对象类型有限，不支持除此之外的更复杂的管理查询应用程序。

　　（3）SNMP 不适合获取大量的数据，如获取一个完整的路由表。

　　（4）SNMP 安全性较差。由于 SNMP 提供的是一种无连接的服务，它不确保其他实体一定能收到管理信息流。因此，SNMP 只适合用于监视，而不适合用于控制。

　　（5）SNMP 不直接支持强制的命令。在代理中，激发一个事件的唯一方法是间接地设置一个对象值，该方法缺少灵活性。

　　（6）SNMP 不支持管理者与管理者之间的通信，因此一个网络管理系统无法了解另一个网络管理系统所管理的设备和网络。

　　（7）SNMP 仅能用于 IP 网络，故局限性很大。

　　由于 SNMP 的局限性和不完善性，迫切需要对 SNMP 进行改造。1993 年推出了 SNMP 的修改版——SNMPv2 版本。SNMPv2 相对原来 SNMP 版本——SNMPv1 而言，减少了 SNMP 中一些可能出现的错误，并在网络安全性和 SNMP 管理者间通信两个方面进行了详细的定义。SNMPv2 沿用了 SNMP 中的绝大多数特征，因此在这个网络协议中，即在进行网络管理时，管理者与代理之间，管理者仍然采用轮询的方式访问各个代理。

　　SNMPv2 主要的增强性表现在以下方面。

　　（1）MIB 库的增强。SNMPv2 支持几种 SNMP 所不支持的新的数据类，如 Integer32、Counter32、Uinteger32 等。这些新增加的数据类型丰富了 MIB 库对网络设备的描述能力。在 SNMPv2 中还引入了信息模块（Information Module）概念，使 MIB 库中除了原先的对象（object）、变量（variable）两个层次外，又多了一个层次。

　　（2）轮询操作原语的增强。在 SNMPv2 中，定义了两种新的消息操作原语：InformRequest 原语和 GetBulkRequest 原语。新的消息操作原语的引入，使管理者与管理者之间可以实现通信。GetBulkRequest 原语允许管理者检索大块数据，从而可将一个对象的所有变量一次性全部读出，也可进行一些表格操作，减少了网络信道的占用。另外，基于处理效率的考虑，在 SNMPv2 中将 Trap 的格式做了修改，使之与其他几种原语的协议报文格式相同，称之为 SNMPv2-Trap。在 SNMPv2 中，除 GetBulkRequest 原语的协议格式略有不同外，其余 6 种协议数据单元的格式均相同。

（3）管理系统结构。SNMPv2 支持 SNMP 中的集中式网络管理机制，用一个管理者进行对全网的管理。SNMPv2 还支持分布式管理策略（Distributed Management Strategy，DMS），允许多个管理者对网络进行管理。分布式管理的主要特点是，网络中可以有多个管理程序，它可以将管理分级化。各个代理分别由低层级的管理者进行管理，当某个代理发出 Trap 信息时，低层级的管理者将相应信息传递给高层级的管理者进行处理。此外，高层管理者也可以要求低层管理者转发管理原语。使用这种策略，可以有效地进行较大规模的网络管理。

（4）安全体系。SNMPv2 使用 DES 技术或其他加密和鉴别技术，保证了其他非法网络用户不能读取数据，提供了较强的安全能力。

6.7.6　网络常见故障诊断和排除

作为网络管理员，必须学习如何维护网络并且使它能够运行在一个可接受的水平上，知道在网络故障发生时该如何排除它，还必须知道在何时改变或扩展网络配置以满足客户日益变化的需求。

在一个网络被成功实施并处于运行状态时，要在网络上执行 5 种类型的审查：资产审查、设备审查、运行审查、效率审查和安全审查。

（1）资产审查是对网络的硬件和软件进行记录。理想情况下，应在购买了硬件和软件以后、安装之前来获取这些信息。网络硬件的资产审查包括设备的串口号、设备类型以及该设备的使用者等，还应列出工作站和网络设备上的设置。网络软件资产审查应包括使用的软件类型、用户数量及运行需求。应该确保每个软件应用的用户数量不应超过站点所拥有的许可证的数量。

（2）设备审查是记录所有设备的位置。它包括电缆、工作站、打印机以及互联设备（像集线器、网桥及路由器）等。理想情况下，这些信息应该在网络安装完成时记录在安装简图中。当完成该审查时，就应该把安装简图上所记录的信息转移到建筑物的一套蓝图上。在完成资产审查和设备审查后，应该生成一张网络图，标明连接到网络上所有设备的物理方位、布局及运行在上面的应用程序；标明每台设备的 MAC 地址及 IP 地址；还应标明各结点之间的电缆距离。

（3）运行审查是监测网络的每日运行状况。它需要使用专门的软件和硬件，除了一个网络监视器以外，还包括网络分析仪、时域反射仪、电源测量仪及示波器等设备。所有这些软件和硬件都允许网络管理员通过对计算机发送的数据包的数量、数据包必须重发的次数、数据包的大小以及网络被使用的方式等信息的连接来判断网络的业务情况。通过监测网络的每日运行情况，明确网络的哪些是"正常"的。例如，通过对信息一段时间的跟踪，明确一般情况下网络的繁忙程度；发现在每天的业务高峰期、一周的业务高峰期；知道哪些是网络最经常使用和最不经常使用的业务，以及它们被使用的方式等。

（4）效率审查是决定网络运行是否能够充分发挥其潜力。与运行审查相似，在网络向它的客户开始提供服务时，该审查最好能够被执行。对于网络的布线系统，安装人员应该能提供一组满足电气和电子工程师协会或电气工业协会/电子工业协会（EIA/TIA）标准的基本测量标准。为确保网络的布线系统能够持续高效地运行，应该对它的性能进行衡量，从而与该测量标准进行比较。效率审查中的因素包括对网络开销的分析、网络检索信息难易程度的分析、对网络保证数据完整性的分析，还应包括对网络工作人员的评估和对网络客户的评估，以及给他们关于使用网络硬件和软件能力的评估。

（5）安全审查对网络安全性的需求进行回顾。例如，哪些设备、文件和目录要加密保护；应该给哪些文件提供档案备份；网络的病毒防范类型；网络在紧急情况下和灾难性过程中应该采取什么措施等。

当网络出现故障时，可以从 OSI 参考模型的角度来进行网络故障的诊断和排除，网络故障的诊断排除过程从开放系统互联参考模型的第一层物理层开始，然后依次向上到数据链路层、网络层及更高层。

第一层的故障包括：

- 电缆断路；
- 电缆未连接；
- 电缆连接到错误的端口；
- 电缆的连接时断时续；
- 电缆的连接错误；
- 使用了错误的电缆；
- 收发器故障；
- 数据通信设备（DCE）电缆故障；
- 数据终端设备（DTE）电缆故障；
- 设备断电。

第二层的故障包括：

- 串行接口配置不正确；
- 以太网接口配置不正确；
- 串行接口上的时钟频率设置错误；
- 串行接口上的数据封装不正确（HDLC 是默认的）；
- 网络接口卡故障。

第三层故障包括：

- 路由选择协议不能用；
- 使用了错误的路由选择协议；
- 网络 IP 地址错误；
- 子网掩码错误；
- 域名服务器与 IP 地址捆绑错误（主机表的登记）；
- 内部网关路由选择协议（IGRP）的自治系统编号错误。

掌握上面所列三层的故障诊断是很重要的。但是只这些还不够，因为在网络不能正常工作且又无法立刻判定故障原因时，还需要了解到哪里寻求帮助。图 6.11 列出了一些可以获得帮助的方法。

图 6.11　一些可获得帮助的方法

在解决网络中出现的故障时，一套完整的工作方法是非常有效的，下面给出一种被众多网络专业人士所采用的方法。故障诊断和排除的通用方法如图 6.12 所示。

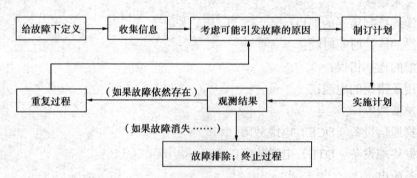

图 6.12　故障诊断和排除的通用方法

具体步骤如下。

第 1 步：给故障下定义。故障的现象和潜在的故障原因是什么？

第 2 步：收集信息。分离出可能引发故障的原因。

第 3 步：考虑可能引发故障的原因。根据收集的信息，尽可能缩小与确定的故障相关的范围，通过这一步设定故障的边界。

第 4 步：制订计划。计划中每次只改动一处可能引起故障的原因。

第 5 步：实施计划。认真执行每一步操作，同时通过测试查看故障现象是否消失。

第 6 步：观测结果。确定故障是否解决，如果故障的确被解决了，那么整个处理过程到此结束。

第 7 步：重复过程。若故障依然存在，就从列表余下的故障原因中挑出最可能的一个，然后回到第 4 步，重复此过程直到故障被解决。

6.8　Internet 信息检索技术

信息检索就是根据特定的需求，运用某种检索工具，按照一定的方法查找所需信息的过程，其对应的过程是信息存储。

Internet 信息检索技术的分类：根据信息源的特点，信息检索技术可以分为开放信息检索（也就是搜索引擎检索）和非开放信息检索（专有数据库检索）。

6.8.1 搜索引擎检索技术

搜索引擎是指互联网上专门提供检索服务的一类网站，这些站点的服务器通过网络搜索软件或网络登录等方式，将 Internet 上大量网站的页面信息收集到本地，经过加工处理建立信息数据库和索引数据库，从而对用户提出的各种检索做出响应，提供用户所需的信息或相关指针。

搜索引擎一般由搜索器、索引器、检索器和用户接口四个部分组成。①搜索器：其功能是在互联网中漫游，发现和搜集信息。②索引器：其功能是理解搜索器所搜索到的信息，从中抽取出索引项，用于表示文档以及生成文档库的索引表。③检索器：其功能是根据用户的查询在索引库中快速检索文档，进行相关度评价，对将要输出的结果排序，并能按用户的查询需求合理反馈信息。④用户接口：其作用是接纳用户查询、显示查询结果、提供个性化查询项。

搜索引擎的检索途径：用户的检索途径主要包括自由词全文检索、关键词检索、分类检索及其他特殊信息的检索。

索引技术是搜索引擎的核心技术之一。搜索引擎要对所收集到的信息进行整理、分类、索引以产生索引库，而中文搜索引擎的核心是分词技术。分词技术是利用一定的规则和词库，切分出一个句子中的词，为自动索引做好准备。索引多采用 Non-clustered 方法，该技术和语言文字的理解有很大的关系，具体有如下几点。

①存储语法库，和词汇库配合分出句子中的词汇。

②存储词汇库，要同时存储词汇和常见搭配方式。

③词汇宽，应可划分为不同的专业库，以便于处理专业文献。

④对无法分词的句子，把每个字当作词来处理。索引器生成从关键词到 URL 的关系索引表。索引表一般使用某种形式的倒排表（inverted list），即由索引项查找相应的 URL。索引表也要记录索引项在文档中出现的位置，以便检索器计算索引项之间的相邻关系或接近关系，并以特定的数据结构存储在硬盘上。不同的搜索引擎系统可能采用不尽相同的标引方法。例如，Webcrawler 利用全文检索技术，对网页中每一个单词进行索引；Lycos 只对页名、标题及最重要的 100 个注释词等选择性词语进行索引；Infoseek 则提供概念检索和词组检索，支持 and、or、near、not 等布尔运算。

检索引擎的索引方法大致可分为自动索引、手工索引和用户登录 3 类。

常见的搜索引擎网站有百度、搜狗、搜搜、一淘网、谷歌中国、有道、爱问、搜库、360 搜索、必应。

百度搜索引擎的工作原理：百度搜索引擎是通过蜘蛛抓取网站信息的。蜘蛛的抓取方式一般可以分为积累式抓取和增量式抓取两种。积累式抓取是指从某个时间开始，通过遍历的方式抓取系统所能允许存储和处理的所有页面，而增量式抓取是指在具有一定规模的网页集合的基础上，采用更新数据的方式选取已经在集合中的过时网页进行抓取，以保证所抓取到的数据与真实网络数据足够接近。

抓取优先级的算法：在信息抓取阶段搜索引擎掌握的信息往往是局部的，因而为搜索引擎设计一个好的抓取优先级策略并不是一件容易的事情，这里说的是一个深度抓取的优先策略。深度优先抓取是以抓取到连接结构关系中的所有内容为主要目的，具体实现方式是沿着树形的深度遍历树的节点，尽可能深地搜索树的分支，如果发现目标，则算法中止。

深度优先抓取过程中，抓取程序从起始页开始，一个链接一个链接跟踪下去，处理完这条线路的最低端之后再转入下一个起始页，继续跟踪链接。由于深度优先策略在面临数据量爆炸性增长的万维网环境时具有容易陷入抓取"黑洞"等缺陷，因此很少被现代搜索引擎的抓取子系统所采用。

搜索算法一般有深度优先和广度优先两种基本的搜索策略。机器人以 URL 列表存取的方式决定搜索策略：先进先出，则形成广度优先搜索，当起始列表包含有大量的 WWW 服务器地址时，广度优先搜索将产生一个很好的初始结果，但很难深入到服务器中去；先进后出，则形成深度优先搜索，这样能产生较好的文档分布，更容易发现文档的结构，即找到最大数目的交叉引用。也可以采用遍历搜索的方法，就是直接将 32 位的 IP 地址变化，逐个搜索整个 Internet。

6.8.2 数据库检索技术

本小节所指的数据库检索技术主要是文献数据库的检索技术。现在所理解的文献主要是指图书、期刊等各种出版物的总和。广义的文献信息检索包括文献信息的检索和文献信息的存储两个过程。存储过程是将信息中具有检索意义的特征表示出来，编制检索工具、建立检索系统的过程。检索过程则是根据系统信息特征，利用检索工具和检索系统查找所需要信息的过程。存储是检索的前提或基础，检索则是存储的目的的实现。

根据检索对象的不同，文献信息检索可分为书目检索、文献检索和事实与数据检索。书目检索是以整本图书、期刊、会议录等出版物作为检索对象的一种检索。文献检索是以文献原文为检索对象的一种检索。如果信息以浓缩成重组的形式存在于三次文献中，即以事实和数据形式出现，这样的文献信息检索即为事实与数据检索。

文献信息的检索工具：国内常用的文献信息数据包括 CNKI 中国期刊数据库、万方数据知识服务平台、超星数字图书馆、维普期刊资源整合服务平台等。国际上常用的数据库有 Elsevier Science 全文期刊数据库、IEEE 电子期刊、SpringerLink 数据库等。这里主要简单介绍几个国内的数据库的信息检索方法。

1．CNKI 清华同方系列数据库

CNKI 是由清华大学、清华同方发起，是以实现全社会知识资源传播共享与增值利用为目标的信息建设项目，面向海内外读者提供中国学术文献、外文文献、学位论文、报纸、会议、年鉴、工具书等各类资源统一检索、统一导航、在线阅读和下载服务的系列数据库。目前可以通过 http://www.cnki.net/ 免费访问其中的题录或文摘。

CNKI 的检索方法主要有初级检索、高级检索和专业检索。

初级检索的使用方法和步骤为：①选取检索范围；②选取检索项；③输入检索词；④选择检索设置；⑤进行检索。

高级检索的使用方法和步骤为：①选取检索范围；②选取检索项；③输入检索词；④选择检索设置；⑤确定各检索词之间的关系；⑥进行检索。

专业检索的使用方法和步骤为：①选取检索范围，②确定检索条件，③选择检索设置，④进行检索。

2．万方数据库资源系统

万方数据库资源系统是建立在因特网上的大型科技、商务信息平台，内容涉及自然科学和社会科学各个专业领域，会聚了 9 大类 100 多个数据库上千万条数据，是和中国知网齐名的学术数据库。网址为 http://www.wanfangdata.com.cn。目前基本内容被整合为期刊、学位、会议、外文文献、科技报告、专利、标准、地方志、成果、法规、机构、图书、专家、学者多个数据库。

3．超星数字图书馆

超星电子图书数据库由北京世纪超星信息技术发展有限公司投资兴建，2001 年正式开通试行，其所收录的电子图书包括《中图法》全部 22 个大类，设有文学、历史、法律、军事、经济、科学、医药、工程、建筑、交通、计算机和环保等 50 个分馆。

超星数字图书馆的使用方法如下。

（1）进入系统，打开进入本地局域网超星电子图书检索系统。

（2）分类导航阅读图书。

①单击超星图书馆的分类逐步，打开图书馆各个分类，直到出现图书书目。

②单击该书书名进入阅读状态。

（3）单条件检索。利用单条件检索能够实现图书的书名、作者、出版社和出版日期的单项模糊查询。对于一些目的范围较大的查询，建议使用该检索方案。

（4）高级检索。利用高级检索可以实现图书的多条件查询。对于目的性较强的读者建议使用该查询。

（5）使用书签。对于一些阅读频率较高的图书，在超星数字图书镜像站点中可以添加"个人书签"，这样就免去了每次检索的麻烦。添加书签的方法如下：在每一本图书书目的下方有一个"添加个人书签"的按钮，单击一下就可以把此本书添加为自己的个人书签。前提是必须首先注册为登录用户。

回到主页刷新一次页面就可以看到此书签，并且在下次阅读图书的时候，用自己的用

户名和密码登录页面时就可以看到以前添加的个人书签。单击该书签就可以直接进入此书的阅读状态。如果想删除该书签，直接单击书签左侧的删除标记即可。

6.8.3　综合网站信息检索技术

综合网站是指主要提供新闻、搜索引擎、聊天室、免费邮箱、影音资讯、电子商务、网络社区、网络游戏等服务的网站。典型的综合门户网站有新浪、网易、腾讯、搜狐、百度、新华网、人民网和凤凰网等。

新浪网（http://www.sina.com.cn/）为全球用户 24 小时提供全面及时的中文资讯，内容覆盖国内外突发新闻事件、体坛赛事、娱乐时尚、产业资讯、实用信息等，设有新闻、体育、娱乐、财经、科技、房产、汽车等 30 多个内容频道，同时开设博客、视频、论坛等自由互动交流空间。新浪网的信息检索可以通过分类导航，也可以通过快速查找框输入要查找的信息来查找相关信息。

网易（http://www.163.com/）为用户提供免费邮箱、游戏、搜索引擎服务，开设新闻、娱乐、体育等 30 多个内容频道，以及博客、视频、论坛等互动交流。网易公开课也是其非常特色的一部分。网易的信息查询主要是通过分类导航来实现。

腾讯网（http://www.qq.com/）是腾讯公司推出的集新闻信息、互动社区、娱乐产品和基础服务为一体的大型综合门户网站。腾讯网的信息检索主要通过分类导航来实现。

凤凰网（http://www.ifeng.com/）是中国领先的综合门户网站，提供含文图音视频的全方位综合新闻资讯、深度访谈、观点评论、财经产品、互动应用、分享社区等服务，同时与凤凰无线、凤凰宽频形成三屏联动，为全球华人提供互联网、无线通信、电视网三网融合无缝衔接的新媒体优质体验。凤凰网的信息可以通过分类导航来查找，也可以通过搜索框来实现快速查找。

总之，综合网站的信息一般都是信息分类的，首先可以从分类链接中去寻找需要的资源，其次可以从分类搜索框中搜索相关的信息。

练 习 题

一、选择题

1. www.nankai.edu.cn 是 Internet 中主机的（　　）。
   A. 域名　　　　　　B. 密码　　　　　　C. 用户名　　　　　　D. IP 地址
2. 域名 www.njupt.edu.cn 由 4 个子域组成，其中哪个表示主机名？（　　）
   A. www　　　　　　B. njupt　　　　　　C. edu　　　　　　D. dn
3. 在 Internet 上浏览时，浏览器和 WWW 服务器之间传输网页使用的协议是（　　）。
   A. IP　　　　　　　B. HTTP　　　　　　C. FTP　　　　　　D. Telnet
4. OSI 模型的哪一层提供文件传输服务？（　　）
   A. 应用层　　　　　B. 数据链路层　　　C. 传输层　　　　　D. 网络层

5. DNS 的重要功能是（　　　）。

　　A．将 IP 地址转换为域名　　　　　　　B．将域名转换为 IP

　　C．自动获取 IP 地址　　　　　　　　　D．自动获取域名

6. 下面（　　　）是合法的 URL。

　　A．　http:www.ncie.gov.cn

　　B．ftp:/ www.ncie.gov.cnabc.rar

　　C．<I>file:</I>///C:/Downloads/abc.rar

　　D．http://www.ncie.gov.cnabc.html

7. 在 Internet 主机域名的格式中，（　　　）位于主机域名的最后位置。

　　A．顶级域名　　　B．3 级域名　　　C．4 级域名　　　D．2 级域名

8. 客户端使用下面哪个协议向服务器发送邮件？（　　　）

　　A．POP3　　　B．SMTP　　　C．TELNET　　　D．FTP

二、填空题

1．在电子邮件系统中，向邮件服务器发送邮件时，最常用的协议是 _____协议，而从邮件服务器读取邮件时，可以使用_____协议，或_____协议。

2．WWW 浏览器与 WWW 服务器之间通信使用的协议是_____，制作 WWW 网页的标准语言是_____。

3．应用层的具体内容就是规定_____时所遵循的协议。

4．客户和服务器是指一个通信中所涉及的两个应用进程，主动发动通信的应用称为_____，而被动等待并接受通信要求的应用称为_____。

三、问答题

1．应用层常用的协议有哪些？

2．什么是 DNS？简要说明域名是怎样转化为 IP 地址的。

3．说明 Telnet 协议的选项协商机制的工作过程。

4．简要说明 Internet 上电子邮件的传送过程。

5．打开一封电子邮件的信头，观察、解释和理解信头各部分的意义。

6．什么是网络管理？网络管理的 5 种功能是什么？

7．请分析简单网络管理协议 SNMP 的优点与不足。

8．简述网络故障排除的一般步骤。

第 7 章

广域网技术

本章将介绍目前已在使用的各种广域网技术，其中有些是我们天天要使用的，有些是电信数据骨干网的构成技术，有些则具有很好的发展前景。通过了解这些技术的产生和应用过程，可以加深对所学知识的理解，同时也可以开阔眼界。本章将从我们身边的公共电话交换网（PSTN）开始，进而介绍近几年兴起的 ISDN 和 ADSL，最后讨论帧中继和 ATM 技术。

7.1　电话交换网

电话交换网 PSTN 是人们最熟悉的公共电信网，用户可以通过 PSTN 打电话，也可以利用 MODEM 进行数据通信。严格地说，它不属于数据通信网的范畴。

PSTN 是面向连接的，就是说通信之前必须通过指令在通信双方之间寻找一条路由，建立一条连接。用户通过电话线接入 PSTN，用户线上是模拟传输；用户可以使用 MODEM 通过 PSTN 实现数据通信，但这种数据通信速率非常有限，它取决于 MODEM 的性能和电话线质量。我国大部分电话线能支持的最高速率为 56kb/s，如图 7.1 所示。

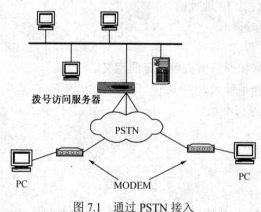

图 7.1　通过 PSTN 接入

PSTN 采用时隙复用的电路交换方式。目前我国 PSTN 已全部实现了数字交换，交换机内一个时隙对应 64kb/s 的速率，因此只能实现 64kb/s 的数据通信，更高速率的业务只有通过多条 64kb/s 连接进行数据通信。如 PSTN 向用户提供的租用专线服务，可通过基带 MODEM 达到 64kb/s 的通信速率。

PSTN 虽然不太适合数据通信，但由于用户网络非常普及以及用户对它的熟悉程度非常高，目前国内个人上网相当一部分采用 PSTN 拨号上网方式。

7.2　非对称的数字用户环线

7.2.1　xDSL 概述

xDSL 是 DSL（Digital Subscriber Line）的通称，即数字用户线路，是以电话线为传输介质的传输技术组合。DSL 技术在传统电话网络（PSTN）的用户环路上支持对称和非对称传输模式，解决了接入最终用户间的"最后 1 千米"传输瓶颈问题。在 xDSL 中，"x"代表不同种类的数字用户线路技术，其区别主要表现在信号的速率和传输距离上，xDSL 技术主要分为对称和非对称两大类。

1. 对称 DSL 技术

（1）HDSL（高速率 DSL）。HDSL 是 xDSL 技术中最成熟的一种，已经得到了较为广泛的应用。其特点是：利用两对双绞线传输；可支持 $N×64$kb/s 传输速率，最高可达 E1 传输速率 $32×64$kb/s。HDSL 主要用于数字交换机的连接、高带宽视频会议、远程教学、蜂窝电话基站连接、专用网络建立等。与传统的 T1/E1 技术相比，HDSL 具有以下优点：价格便宜，容易安装，T1/E1 要求每隔 0.9～1.8km 就安装一个放大器，而 HDSL 可在 3.6km 的距离上传输而不用放大器。T1 传输速度为 $24×64$kb/s，每帧增加 1 位定位位，即 1.544Mb/s。

（2）SDSL（Symmetric DSL，对称 DSL）。其特点是：利用一对双绞线，支持多种速率到 T1/E1；用户可根据数据流量，选择最经济合适的传输速率，最高可达 E1 传输速率，比HDSL 节省一对铜线；在 0.4mm 双绞线上的最大传输距离为 3km 以上。

（3）MVL（Multiple Virtual Line，多虚拟数字用户线）。MVL 是 Paradyne 公司开发的低成本 DSL 传输技术。其特点是，利用一对双绞线；安装简便，价格低廉；功耗低，可以进行高密度安装；利用与 ISDN 技术相同的频段，对同一电缆中的其他信号干扰非常小；支持语音传输，在用户端无须语音分离器；支持同一条线路上同时连接多至 8 个 MVL 用户设备，动态分配带宽；上/下行共享传输速率可达 768kb/s；传输距离可达 7km。

对称 DSL 技术主要用于替代传统的 T1/E1 接入技术。与传统的 T1/E1 接入相比，DSL技术具有对线路质量要求低、安装调试简单等特点。广泛应用于通信、校园网互联等领域，通过复用技术，可以同时传送多路语音、视频和数据。

2. 非对称 DSL 技术

（1）RADSL（Rate Adaptive DSL，速率自适应 DSL）。其特点是：利用一对双绞线传输；支持同步和非同步传输方式；传输速率自适应，下行传输速率为 640kb/s～12Mb/s，上行传输速率为 128kb/s～1Mb/s；支持同时传输数据和语音。

（2）ADSL（Asymmetric DSL，非对称 DSL）。其特点是：利用一对双绞线传输，传输速率上行为 640kb/s～1Mb/s，下行为 1～8Mb/s，有效传输距离为 3～5km，可同时传输数据和语音。

ADSL 技术非常适用于对双向带宽要求不一样的应用，如 Web 浏览、多媒体点播、信息发布等，因此适用于 Internet 接入、VOD 系统等。下面主要介绍 ADSL。

7.2.2　ADSL 的功能特点

不对称数字用户线 ADSL 方式是数字用户线系统（xDSL）中的一种，是一种基于双绞线的有效宽带接入技术，也是目前主要的宽带接入技术之一。它误码率低，非常适合于用户密度低的居民区和地理上分散的小企业或部门，使用 ADSL 除能提供高速 IP 外（如 Internet、远程教育、远程购物、网上购物等业务），还可提供视频点播（VOD）业务，使用户能够坐在家中观看相当于 VCD 质量的影片。ADSL 通过非对称传输，利用频分复用技术（或回波抵消技术）使上、下行信道分开来减小串扰的影响，从而实现信号的高速传送。衰减和串扰是决定 ADSL 性能的两项指标。传输速率越高，它们对信号的影响也越大，因此 ADSL 的有效传输距离随着传输速率的提高而缩短。ADSL 中使用的主要关键技术有复用技术和调制技术。

（1）复用技术。它用来建立多个信道。ADSL 可通过两种方式对电话线进行频带划分，一种方式是频分复用（FDM），另一种是回波抵消（EC）。这两种方式都将电话线 0～4kHz 的频带用做电话信号传送。对剩余频带的处理，两种方法则各有不同，FDM 方式将电话线剩余频带划分为两个互不相交的区域：一端用于上行信道，一端用于下行信道。下行信道由一个或多个高速信道加入一个或多个低速信道且以时分多址复用方式组成。上行信道由相应的低速信道以时分方式组成。EC 方式将电话线剩余频带划分为两个相互重叠的区域，它们也相应地对应于上行和下行信道。两个信道的组成与 FDM 方式相似，但信号有重叠，而重叠的信号靠本地回波消除器将其分开。频率越低，滤波器越难设计，因此上行信道的开始频率一般都选在 25kHz，带宽约为 135kHz。在 FDM 方式中，下行信道一般起始于 240kHz，带宽则由线路特性、调制方式和数据传输速率决定。EC 方式由于上、下行信道是重叠的，使下行信道可利用频带增宽，从而增加了系统的复杂性，一般在使用 DMT 调制技术的系统中才运用 EC 方式。

（2）调制技术。目前国际上广泛采用的 ADSL 调制技术有 3 种：正交幅度调制 QAM（Quadature Amplitude Modulation）、无载波幅度/相位调制 CAP（Carrierless Amplitude-phase Modulation）、离散多音调制 DMT（Discrete Multitone）。其中 DMT 调制技术被 ANSI 标准化小组 TIE1.4 制定的国家标准所采用，但由于此项标准推出时间不长，目前仍有相当数量的 ADSL 产品采用 QAM 或 CAP 调制技术。

① QAM 调制技术：原先是利用幅移键控和相移键控相结合的高效调制技术，以 16QAM 为例，这是在载波信号的一个周期内，从 15° 开始，相位每改变 30° 就输出一个电平，从而得到 12 个相位电平状态，再在 55°、145°、235°、325° 相互垂直的 4 个相位处使电平发生两次变化，于是在一个载波周期内得到 16 个相位幅值，用来表示 0000～1111 的 16 个二进制数，即一个载波码元可携带 4 位二进制数。现在更高效的调制器能实现 128QAM 和 256QAM（即获得 128/256 个相位幅值），目前实用的 QAM MODEM 只能做

到 8 位每波特，相当于可在 680 千波特、信噪比为 33dB 的信道上传输 5.44Mb/s 的数据。QAM 编码的特点是能充分利用带宽，抗操声能力强等。但当用于 ADSL 时的主要问题是如何适应不同电话线路之间性能的较大差异性，要得到较为理想的工作特性，QAM 接收器需要一个用于解码的与发送端具有相同的频谱和相位特性的输入信号，QAM 接收器利用自适应均衡器来补偿传输过程中信号产生的失真，这就是采用 QAM 的 ADSL 系统的复杂性主要原因。

② CAP 调制技术：是以 QAM 调制技术为基础发展而来的，可以说它是 QAM 技术的一个变种。CAP 技术用于 ADSL 的主要技术难点是要克服近端串音对信号的干扰。一般可通过使用近端串音抵消器或近端串音均衡器来解决这一问题。

③ DMT 调制技术：是一种多载波调制技术。其核心的思想是将整个传输频带（0～1 104kHz），除 0～4kHz 作为话音频道外，其余部分划为 255 个子信道，每个子信道之间频率间隔为 4.312 5kHz。对应不同频率载波，其中 4～138kHz 为上行道，138～1 104kHz 为下行道，在不同的载波上分别进行 QAM 调制不同信道上传输的信息容量（即每个载波调制的数据信号）根据当前子信道的传输性能决定。

DMT 调制系统根据情况使用这 255 个子信道，可以根据各个子信道的瞬时衰减特性、时延特性和噪声特性，在每个子信道上分配 1～15 比特的数据，并关闭不能传输数据的信道，从而使通信容量达到可用的最高传输能力。

电话双绞线的 0～1.1MHz 的频带是非线性的，不同频率衰减不同，噪声干扰情况不同，时延也不同；若将全频带作为一个通道，一个单频噪声干扰就会影响整个传输性能。而 DMT 调制方式将整个频带分成很多信道，每个信道频带窄，可认为是线性的，各个信道根据干扰和衰减情况可以自动调整传输比特率，获得较好的传输性能。

由于美国的 ADSL 国家标准（T1.413）推荐使用 DMT 技术，所以在今后几年中，将会有越来越多 ADSL 调制解调器采用 DMT 技术。ADSL 接入网投资小、易实现，可同时实现打电话和数据传输，ADSL 定将成为主要的宽带接入技术。

7.2.3 ADSL 的应用

由于 ADSL 在开发初期是专为视频节目点播而设计的，具有不对称性和高速的下行通道。随着 Internet 的急速发展，ADSL 作为一种高速接入 Internet 的技术更具生命力，它使得在现有 Internet 上提供多媒体服务成为可能。

目前 ADSL 主要提供 Internet 高速宽带接入的服务，用户只要通过 ADSL 接入，访问相应的站点便可免费享受多种宽带多媒体服务。

ADSL 个人用户还可申请拥有一个固定的静态 IP 地址，可以用来建立个人主页。ADSL 局域网用户可以申请拥有 4 个固定的静态 IP 地址，申请了 ADSL 局域网形式入网的公司可以在中国公众多媒体网（视聆通）上架设公司的网站，提供 WWW、FTP、E-mail 等服务；ADSL 服务有足够的带宽供局域网用户共享，用户可以通过代理服务器的形式为整个公司的局域网用户提供上网服务。随着 ADSL 技术的进一步推广应用，ADSL 接入还将可以提供点对点的远程医疗、远程教学、远程可视会议等服务。

7.3　Cable MODEM

7.3.1　Cable MODEM 概述

电缆调制解调器又名线缆调制解调器，英文名称为 Cable MODEM，它是近几年随着网络应用的扩大而发展起来的，主要用于有线电视网进行数据传输。

目前，Cable MODEM 接入技术在全球尤其是北美的发展势头很猛，每年用户数以超过 100%的速度增长，在中国，已有广东、深圳、南京等省市开通了 Cable MODEM 接入。它是电信公司 xDSL 技术最大的竞争对手。在未来，电信公司阵营鼎力发展的基于传统电话网络的 xDSL 接入技术与广电系统有线电视厂商极力推广的 Cable MODEM 技术将在接入网市场（特别是高速 Internet 接入市场）展开激烈的竞争。在中国，广电部门在有线电视（CATV）网上开发的宽带接入技术已经成熟并进入市场。CATV 网的覆盖范围广，入网户数多（据统计，1999 年 1 月全国范围的有线电视用户已超过 1 亿）；网络频谱范围宽，起点高，大多数新建的 CATV 网都采用光纤同轴混合网络（HFC 网），使用 550MHz 以上频宽的邻频传输系统，极适合提供宽带功能业务。电缆调制解调器（Cable MODEM）技术就基于 CATV（HFC）网的网络接入技术。

Cable MODEM 与以往的 MODEM 在原理上都是将数据进行调制后在 Cable（电缆）的一个频率范围内传输，接收时进行解调，传输机理与普通 MODEM 相同，不同之处在于它是通过有线电视 CATV 的某个传输频带进行调制解调的。而普通 MODEM 的传输介质在用户与交换机之间是独立的，即用户独享通信介质。Cable MODEM 属于共享介质系统，其他空闲频段仍然可用于有线电视信号的传输。

Cable MODEM 彻底解决了由于声音图像的传输而引起的阻塞，其速率已达 10Mb/s 以上，下行速率则更高。而传统的 MODEM 虽然已经开发出了速率为 56kb/s 的产品，但其理论传输极限为 64kb/s，再想提高已不大可能。

Cable MODEM 也是组建城域网的关键设备，混合光纤同轴网（HFC）主干线用光纤，光结点小区内用树枝形总线同轴电缆网连接用户，其传输频率可高达 550/750MHz。在 HFC 网中传输数据就需要使用 Cable MODEM。

我们可以看出 Cable MODEM 是未来网络发展的必备之物，但是，目前尚无 Cable MODEM 的国际标准，各厂家产品的传输速率均不相同。因此，高速城域网宽带接入网的组建还有待于 Cable MODEM 标准的出台。

7.3.2　Cable MODEM 技术原理

这是目前有线电视进入 Internet 接入市场的唯一法宝。自从 1993 年 12 月，美国时代华纳公司在佛罗里达州奥兰多市的有线电视网上进行模拟和数字电视、数据的双向传输试验获得成功后，Cable 技术就已经成为最被看好的接入技术。一方面其理论上可以提供极快的接入速度和相对低的接入费用，另一方面有线电视拥有庞大的用户群。

有线电视公司一般从 42～750MHz 之间电视频道中分离出一条 6MHz 的信道用于下行传送数据。通常下行数据采用 64QAM（正交调幅）调制方式，最高速率可达 27Mb/s，如果采用 256QAM，最高速率可达 36Mb/s。上行数据一般通过 5～42MHz 之间的一段频谱进行传送，为了有效抑制上行噪声积累，一般选用 QPSK 调制，QPSK 比 64QAM 更适合噪声环境，但速率较低。上行速率最高可达 10Mb/s。

Cable MODEM 本身不单纯是调制解调器，它集 MODEM、调谐器、加/解密设备、桥接器、网络接口卡、SNMP 代理和以太网集线器的功能于一身。它无须拨号上网，不占用电话线，可永久连接。服务商的设备同用户的 MODEM 之间建立了一个 VLAN（虚拟专网）连接，大多数 MODEM 提供一个标准的 10BASET 以太网接口同用户的 PC 设备或局域网集线器相连。

除了双向 Cable MODEM 接入方案之外，有线电视厂商亦推出单向 Cable MODEM 接入方案。它的上行通道采用电话 MODEM 回传，从而节省了现行 CATV 网进行双向改造所需的庞大费用，节约了运营成本，可以即刻推出高速 Internet 接入服务；但也丧失了 Cable MODEM 技术的最大优点：不占用电话线、不需要拨号及永久连接。

7.4　移动互联技术

移动互联网（Mobile Internet，MI），就是将移动通信和互联网二者结合起来，成为一体，它是一种通过智能移动终端，采用移动无线通信方式获取业务和服务的新兴业务，它包含终端、软件和应用三个层面。终端层包括智能手机、平板电脑、电子书、MID 等；软件包括操作系统、中间件、数据库和安全软件等；应用层包括休闲娱乐类、工具媒体类、商务财经类等不同应用与服务。

7.4.1　移动互联网的产生和发展

从互联网络技术与意义上讲，早期的移动互联网络理论与技术的工作主要有两个：一个是 1991 年由美国哥伦比亚大学的 John loannidis 等人提出的，采用了虚拟移动子网和 IP in IP 隧道封包的方法，被称为 Columbia Mobile IP，此后，John loannidis 又进一步完善了 Columbia Mobile IP 的设计思想和方法；另一个是 Sony 公司的 Fumio Terqoka 等人设计的移动结点协议，即虚拟 IP（Virtual IP，VIP），使用特殊的路由器来记忆移动结点的问题，并定义了新的 IP 头选项来传递数据。后来，IBM 的 C.Perkins 和 Y.Rekhter 利用现有 IP 协议的松散源选路（Loose Source Routing）也设计了一种移动结点协议。

1994 年，A.Myles 和 C.Perkins 综合了上述 3 种移动结点协议，设计出一种新的协议 MIP，并由 IETF 组织发展为现在的 Mobile IP 协议。

1996 年，IETF 相继公布了 IPv4 的主机移动支持协议规范，包括 RFC2002（IP 移动性支持），RFC2003（IP 分组到 IP 分组的封装），RFC2004（最小封装协议），RFC2005（移动 IP 的应用）和 RFC2006（IP 移动性支持管理对象的定义）等，初步总结了移动 IP 的一些前期研究成果，奠定了相关研究的基础。

2003 年，IETF 颁布了移动 IPv4 的新规范 RFC3344，取代了 RFC2002。

7.4.2　移动互联网的基本工作原理及关键技术

1．移动互联网的基本工作原理

传统 IP 技术的主机不论是有线接入还是无线接入，基本上都是固定不动的，或者只能在一个子网范围内小规模移动。在通信期间，它们的 IP 地址和端口号保持不变。而移动 IP 主机在通信期间可能需要在不同子网间移动，当移动到新的子网时，如果不改变其 IP 地址，就不能接入这个新的子网。如果为了接入新的子网而改变其 IP 地址，那么先前的通信将会中断。

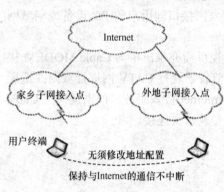

图 7.2　移动互联网的基本工作原理

移动互联网技术是在 Internet 上提供移动功能的网络层方案，它可以使移动结点用一个永久的地址与互联网中的任何主机通信，并且在切换子网时不中断正在进行的通信，达到的效果如图 7.2 所示。

2．移动互联网的接入技术

移动互联网的网络接入技术主要包括以下内容。

（1）移动通信网络。移动通信网络经历了 1G、2G、3G 时代，现在正在大力部署 4G 网络，并在加快研发 5G 技术。4G 能够以 100Mbit/s 的速度下载数据，20Mbit/s 的速度上传数据。5G 的目标是到 2020 年，相对于当前而言，数据流量增长 1000 倍，用户数据速率提升 100 倍，速率提升至 10Gb/s 以上，入网设备数量增加 100 倍，电池续航时间增加 10 倍，端到端时延缩短 5 倍。

（2）无线局域网。目前正在发展 AC-AP 架构的 WLAN 解决技术，即 AC（无线控制器）负责管理无线网络的接入和 AP（接入点）的配置与监测、漫游管理及安全控制等，AP（接入点）只负责 802.11 报文的加解密。

（3）无线 MESH 网络。WMN 是一种自组织、自配置的多跳无线网络技术，MESH 路由器通过无线方式构成无线骨干网，少数作为网关的 MESH 路由器以有线方式连接到互联网。

（4）其他接入网络。小范围的无线个域网（WPAN）有 NFC、Bluetooth、UWB、Zigbee、IrDA 等技术。

3. 移动互联网的管理技术

移动网络管理技术主要有 IP 移动性管理和媒体独立切换协议两类。IP 移动性管理技术能够使移动终端在异构无线网络中漫游，是一种网络层的移动性管理技术，移动 IP 有两种：一种是基于 IPv4 的移动 IPv4，一种是基于 IPv6 的移动 IPv6。目前正在大力发展的是移动 IPv6 技术，移动 IPv6 协议有着足够大的地址空间和较高的安全性，能够实现自动的地址配置并有效解决了三角路由问题。媒体独立切换协议也就是 IEEE802.21 协议，能解决异构网络之间的切换与互操作的问题。

4. 移动互联网的应用服务平台技术

应用服务平台技术是指通过各种协议把应用提供给移动互联网终端的技术统称，主要包括云计算、HTML5.0、Widget、Mashup、RSS、P2P 等。

7.4.3　移动互联网的应用

1. 手机 APP

APP 是 application 的缩写，通常专指手机上的应用软件，或称手机客户端。2008 年 3 月 6 日，苹果公司对外发布了针对 iPhone 的应用开发包（SDK），供免费下载，以便第三方应用开发人员开发针对 iPhone 及 iTouch 的应用软件。这使得 APP 开发者们从此有了直接面对用户的机会，同时也催生了众多 APP 开发商的出现。2010 年以后，Android 平台在手机上呈井喷态势发展，使得许多人相信 Android 平台的应用 APP 开发市场将拥有非常广阔的前景。

2. 移动支付

移动支付是指消费者通过移动终端（通常是手机、Pad 等）对所消费的商品或服务进行账务支付的一种支付方式。客户通过移动设备、互联网或者近距离传感直接或间接向银行金融企业发送支付指令产生货币支付和资金转移，实现资金的移动支付，实现了终端设备、互联网、应用提供商以及金融机构的融合，完成货币支付、缴费等金融业务。

移动支付可以分为两大类。

（1）微支付：根据移动支付论坛的定义，微支付是指交易额少于 10 美元，通常是指购买移动内容业务，例如游戏、视频下载等。

（2）宏支付：宏支付是指交易金额较大的支付行为，例如在线购物或者近距离支付（微支付方式同样也包括近距离支付，例如交停车费等）。

从移动通信体系结构来看，支撑移动支付的技术分为四个层面。

（1）传输层：GSM、CDMA、TDMA、GPRS、蓝牙、红外、非接触芯片、RFID。

（2）交互层：语音、WAP、短信、USSD、i-mode。

（3）支撑层：WPKI/WIM、SIM、操作系统。

（4）平台层：STK、J2ME、BREW、浏览器。

3．WAP

WAP 是"Wireless Application Protocol"（无线应用协议）的英文缩写。1997 年夏天，爱立信、诺基亚、摩托罗拉和 Phone.com 等通信业巨头发起了 WAP 论坛，目标是制定一套全球化的无线应用协议，使互联网的内容和各种增值服务适用于手机用户和各种无线设备用户，并促使业界采用这一标准。目前 WAP 论坛的成员超过 100 个，其中包括全球 90％的手机制造商、总用户数加在一起超过 1 亿的移动网络运营商（包括重组前的中国电信、中国联通）及软件开发商。

WAP 是一种技术标准，融合了计算机、网络和电信领域的诸多新技术，旨在使电信运营商、Internet 内容提供商和各种专业在线服务供应商能够为移动通信用户提供一种全新的交互式服务。说得通俗一点，就是使手机用户可以享受到 Internet 服务，如新闻、电子邮件及订票、电子商务等专业服务。

WAP 采用客户机/服务器模式，在移动终端中嵌入一个与 PC 上运行的浏览器（比如 IE，NETSCAPE）类似的微型浏览器，更多的事务和智能化处理交给 WAP 网关。服务和应用临时性地驻留在服务器中，而不是永久性地存储在移动终端中。

WAP 代理服务器的功能如下：

（1）实现 WAP 协议栈和 Internet 协议栈的转换。

（2）编解码器（Content Encoders and Dencoders）。

（3）高速缓存代理。

4．二维码

二维码（Two-Dimensional Code），又称为二维条码，它是用特定的几何图形按一定规律在平面（二维方向）上分布的黑白相间的图形，是所有信息数据的一把钥匙。在现代商业活动中，可实现的应用十分广泛，如产品防伪/溯源、广告推送、网站链接、数据下载、商品交易、定位/导航、电子凭证、车辆管理、信息传递、名片交流、WiFi 共享等。如今智能手机扫一扫功能的应用使得二维码更加普遍。

二维码可分为矩阵式二维码和行列式二维码。矩阵式二维码（又称棋盘式二维码）是在一个矩形空间通过黑、白像素在矩阵中的不同分布进行编码。行排式二维码（又称堆积式二维码或层排式二维码），其编码原理是建立在一维码基础之上，按需要堆积成二行或多行。

7.5 新一代网络技术

7.5.1 云计算

1．云计算的概念

云计算（Cloud Computing）是分布式计算、并行计算、效用计算、网络存储、虚拟化、负载均衡、热备份冗余等传统计算机和网络技术发展融合的产物。对云计算的定义有多种说法，现阶段广为接受的是美国国家标准与技术研究院（NIST）的定义：云计算是一种按使用量付费的模式，这种模式提供可用的、便捷的、按需的网络访问，进入可配置的计算资源共享池（资源包括网络，服务器，存储，应用软件，服务），这些资源能够被快速提供，只需投入很少的管理工作，或与服务供应商进行很少的交互。

2. 云计算的特点

云计算主要特点如下。

（1）超大规模。"云"具有相当的规模，Google 云计算已经拥有 100 多万台服务器，Amazon、IBM、微软、Yahoo 等的"云"均拥有几十万台服务器。企业私有云一般拥有数百上千台服务器。"云"能赋予用户前所未有的计算能力。

（2）虚拟化。云计算支持用户在任意位置、使用各种终端获取应用服务。所请求的资源来自"云"，而不是固定的有形的实体。应用在"云"中某处运行，但实际上用户无须了解、也不用担心应用运行的具体位置。只需要一台笔记本或者一个手机，就可以通过网络服务来实现我们需要的一切，甚至包括超级计算这样的任务。

（3）高可靠性。"云"使用了数据多副本容错、计算节点同构可互换等措施来保障服务的高可靠性，使用云计算比使用本地计算机可靠。

（4）通用性。云计算不针对特定的应用，在"云"的支撑下可以构造出千变万化的应用，同一个"云"可以同时支撑不同的应用运行。

（5）高可扩展性。"云"的规模可以动态伸缩，满足应用和用户规模增长的需要。

（6）按需服务。"云"是一个庞大的资源池，可按需购买；云可以像自来水、电、煤气那样计费。

（7）极其廉价。由于"云"的特殊容错措施可以采用极其廉价的节点来构成云，"云"的自动化集中式管理使大量企业无须负担日益高昂的数据中心管理成本，"云"的通用性使资源的利用率较之传统系统大幅提升，因此用户可以充分享受"云"的低成本优势，经常只要花费几百美元、几天时间就能完成以前需要数万美元、数月时间才能完成的任务。

3. 云计算的主要服务形式

云计算可以认为包括以下几个层次的服务：基础设施即服务（IaaS），平台即服务（PaaS）和软件即服务（SaaS）。

（1）基础设施即服务（Infrastructure-as-a-Service，IaaS）：消费者通过 Internet 可以从完善的计算机基础设施获得服务，如硬件服务器租用。

（2）平台即服务（Platform-as-a-Service，PaaS）：PaaS 实际上是指将软件研发的平台作为一种服务，以 SaaS 的模式提交给用户。因此，PaaS 也是 SaaS 模式的一种应用。但是，PaaS 的出现可以加快 SaaS 的发展，尤其是加快 SaaS 应用的开发速度，如软件的个性化定制开发。

（3）软件即服务（Software-as-a-Service，SaaS）。它是一种通过 Internet 提供软件的模式，用户无须购买软件，而是向提供商租用基于 Web 的软件，来管理企业经营活动，如阳光云服务器。

4. 云计算的主要应用

（1）云安全。云安全（Cloud Security）是一个从"云计算"演变而来的新名词。云安全的策略构想是：使用者越多，每个使用者就越安全，因为如此庞大的用户群，足以覆盖互联网的每个角落，只要某个网站被挂马或某个新木马病毒出现，就会立刻被截获。"云安全"通过网状的大量客户端对网络中软件行为的异常监测，获取互联网中木马、恶意程序的最新信息，推送到 Server 端进行自动分析和处理，再把病毒和木马的解决方案分发到每一个客户端。

（2）云存储。云存储是在云计算（Cloud Computing）概念上延伸和发展出来的一个新的概念，是指通过集群应用、网格技术或分布式文件系统等功能，将网络中大量各种不同类型的存储设备通过应用软件集合起来协同工作，共同对外提供数据存储和业务访问功能的一个系统。当云计算系统运算和处理的核心是大量数据的存储和管理时，云计算系统中就需要配置大量的存储设备，那么云计算系统就转变成为一个云存储系统，所以云存储是一个以数据存储和管理为核心的云计算系统。

（3）私有云。私有云（Private Cloud）是将云基础设施与软硬件资源创建在防火墙内，以供机构或企业内各部门共享数据中心内的资源。创建私有云，除了硬件资源外，一般还有云设备（IaaS）软件；现时商业软件有 VMware 的 vSphere 和 Platform Computing 的 ISF，开放源代码的云设备软件主要有 Eucalyptus 和 OpenStack。

（4）云物联。随着物联网业务量的增加，对数据存储和计算量的需求将带来对"云计算"能力的要求。从计算中心到数据中心在物联网的初级阶段，PoP 即可满足需求；在物联网高级阶段，可能出现 MVNO/MMO 营运商（国外已存在多年），需要虚拟化云计算技术，SOA 等技术的结合实现互联网的泛在服务：TaaS（everyThing as a Service）。

7.5.2　物联网

1. 物联网的概念

物联网是指通过射频识别（RFID）、红外感应器、全球定位系统、激光扫描器等信息传感设备，按约定的协议，把任何物品与互联网连接起来，进行信息交换和通信，以实现智能化识别、定位、跟踪、监控和管理的一种网络。

物联网的英文名称为"The Internet of Things"，简称 IOT，由该名称可见，物联网就是"物物相连的互联网"，这有两层意思：第一，物联网的核心和基础仍然是互联网，是在互联网基础之上的延伸和扩展的一种网络；第二，其用户端延伸和扩展到了任何物品与物品之间，进行信息交换和通信。

2．物联网的工作原理

物联网是在计算机互联网的基础上，利用 RFID、无线数据通信等技术，构造一个覆盖世界上万事万物的"Internet of Things"。在这个网络中，物品（商品）能够彼此进行"交流"，而无须人的干预。其实质是利用射频自动识别（RFID）技术，通过计算机互联网实现物品（商品）的自动识别和信息的互联与共享。

物联网的整个结构可分为射频识别系统和信息网络系统两部分。射频识别系统主要由标签和读写器组成，两者通过 RFID 空中接口通信。读写器获取产品标识后，通过 Internet 或其他通信方式将产品标识上传至信息网络系统的中间件，然后通过 ONS 解析获取产品的对象名称，继而通过 EPC 信息服务的各种接口获得产品信息的各种相关服务。整个信息系统的运行都会借助 Internet 的网络系统，利用在 Internet 基础上发展出的通信协议和描述语言。因此我们可以说物联网是架构在 Internet 基础上的关于各种物理产品信息服务的总和。

3．物联网的关键技术 RFID

射频识别（RFID），即射频识别技术是一种通信技术，可通过无线电信号识别特定目标并读写相关数据，而无须识别系统与特定目标之间建立机械或光学接触，即是一种非接触式的自动识别技术，它由以下三部分组成。

（1）标签。由耦合元件及芯片组成，具有存储与计算的功能，可附着或植入手机、护照、身份证、人体、动物、物品、票据中，每个标签具有唯一的电子编码，附着在物体上，用于唯一标识目标对象。根据标签的能量来源，可以将其分为：被动式标签、半被动式标签和主动式标签。根据标签的工作频率，又可将其分为：低频（Low Frequency, LF）（30～300kHz）、高频（High Frequency, HF）（3～30MHz）、超高频（Ultra High Frequency, UHF）（300～968MHz）和微波（Micro Wave, MW）（2.45～5.8GHz）。

（2）阅读器。读取（有时还可以写入）标签信息的设备，可设计为手持式或固定式，阅读器根据使用的结构和技术不同可以是读或读/写装置，是 RFID 系统信息控制和处理中心。阅读器通常由耦合模块、收发模块、控制模块和接口单元组成。阅读器和应答器之间一般采用半双工通信方式进行信息交换，同时阅读器通过耦合给无源应答器提供能量和时序。在实际应用中，可进一步通过 Ethernet 或 WLAN 等实现对物体识别信息的采集、处理及远程传送等管理功能。

（3）天线。在标签和读取器间传递射频信号。

标签进入磁场后，接收解读器发出的射频信号，凭借感应电流所获得的能量发送出存储在芯片中的产品信息，或者由标签主动发送某一频率的信号，解读器读取信息并解码后，送至中央信息系统进行有关数据处理。

RFID 技术的基本工作原理如图 7.3 所示。

4．传感器技术和嵌入式系统技术

传感器技术和嵌入式系统技术和 RFID 一起并称物联网的三大关键技术。

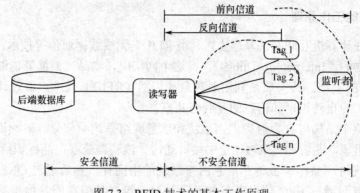

图 7.3　RFID 技术的基本工作原理

（1）传感器技术，这也是计算机应用中的关键技术。大家都知道，到目前为止绝大部分计算机处理的都是数字信号。自从有计算机以来就需要传感器把模拟信号转换成数字信号计算机才能处理。微型无线传感技术以及以此组件的传感网是物联网感知层的重要技术手段。

（2）嵌入式系统技术，是综合了计算机软硬件、传感器技术、集成电路技术、电子应用技术为一体的复杂技术。经过几十年的演变，以嵌入式系统为特征的智能终端产品随处可见，小到人们身边的 MP3，大到卫星系统。嵌入式系统正在改变着人们的生活，推动着工业生产及国防工业的发展。如果把物联网用人体做一个简单比喻，传感器相当于人的眼睛、鼻子、皮肤等感官，网络就是神经系统，用来传递信息，嵌入式系统则是人的大脑，在接收到信息后要进行分类处理。

5．物联网的应用模式

物联网根据其用途可以归结为两种基本应用模式。

（1）对象的智能标签。通过 NFC、二维码、RFID 等技术标识特定的对象，用于区分对象个体，例如在生活中我们使用的各种智能卡，条码标签的基本用途就是用来获得对象的识别信息；此外智能标签还可用于获得对象物品所包含的扩展信息，如智能卡上的金额余额，二维码中所包含的网址和名称等。

（2）对象的智能控制。物联网基于云计算平台和智能网络，可以依据传感器网络用获取的数据进行决策，改变对象的行为，如根据光线的强弱调整路灯的亮度，根据车辆的流量自动调整红绿灯间隔等。

练　习　题

1．试述 ADSL 接入的特点。

2．ATM 体系结构分哪些层面？

3．说明 ATM 的特点及 ATM 信元的结构。

4．简述 ATM 中虚通路与虚通道的概念。

5．帧中继有什么优点？

6．试述帧中继的组成要素及其接入的特点。

7．简述未来网络的发展方向。

8．简述移动互联网的工作原理。

9．云计算的特点有哪些？

10．简述物联网的基本应用模式。

第 *8* 章
网络操作系统

操作系统是在人们使用计算机的过程中，为了满足两大需求（即提高资源利用率、增强计算机系统性能），伴随着计算机技术本身及其应用的日益发展，而逐步地形成和完善起来的。网络操作系统是操作系统的一种，它是网络的灵魂，负责管理整个网络结构。网络操作系统除了具有常规操作系统所具有的功能之外，还应具有以下的网络管理功能，即网络通信功能、网络内的资源管理功能和网络服务功能。总之，网络中的资源在网络操作系统的管理下使用，不同的网络操作系统建立在不同的网络体系基础之上。网络操作系统的选择是网络设计中非常重要的一环，它在很大程度上决定着网络的整体功能。

8.1　网络操作系统概述

众所周知，在计算机（包括微机）及计算机网络（包括局域网）中，都通过 CPU 完成各种运算、控制、操作，即执行程序；通过存储器保存数据和程序；通过外存储器保存大量的永久性和长期性文件和信息；通过各种外围设备实现机内外的信息交换，实现输入/输出（I/O）；通过通信子网及协议完成信息和数据的远距离传送，实现通信和资源的共享；通过通信处理机实现对各种文字信息、程序的远距离存取和调动等。与这些硬件工作过程相联系，计算机及计算机网络内还存在着各种软件资源，如应用程序、服务程序、调试程序、解释程序、编辑程序、编译程序、汇编程序、装配程序、I/O 管理程序、中断处理程序等。组织调度这些软件资源并协调计算机或计算机网络的硬件资源高速、高效率地完成用户所提出的各种任务（数值计算、资源共享、用户通信等）的组织者和管理者就是操作系统。

计算机网络是通过介质和通信处理机把地理上分散且能独立工作的计算机和计算机系统连接起来的一种网络结构。能够把网络中的各种资源有机地连接起来，提供网络资源共享功能、网络通信功能和网络服务功能的操作系统称为网络操作系统（Network Operating System，NOS）。网络操作系统支持标准化的通信协议，支持与多种客户端操作系统平台的连接，具有可靠性、容错性和可扩展性等特性。

网络操作系统的主要功能包括下面几个方面。

1．网络通信

网络通信是网络最基本的功能，其任务是在源主机与目的主机之间实现无差错数据传输。网络操作系统作为服务器的灵魂，在网络通信方面支持更多的协议，提供更高的安全性和可用性。

2．资源管理

网络操作系统对网络中的共享资源，如磁盘阵列、打印机等硬件及目录、文件、数据库等软件实施有效的管理，协调用户对共享资源的访问和使用，保证数据的安全性和一致性。

3．网络服务

网络操作系统内置了常用的网络服务，还可以应用第三方软件扩展服务。典型的网络服务有电子邮件、文件传输、远程访问、共享硬盘、共享打印等。

4．网络管理

支持网络管理协议，如简单网络管理协议 SNMP 等，提供安全管理、故障管理和性能管理等多种管理功能，其中安全管理是网络管理最主要的任务。

5．互操作能力

互操作能力是指在不同的网络操作系统之间进行连接和相互操作的能力。网络操作系统具有实现在不同网络之间相互访问和相互操作的能力。

目前主流的网络操作系统包括 UNIX、Linux、Novell NetWare 系列和 Windows NT 系列。

6．提供网络接口

向用户提供一组方便有效的、统一的、获取网络服务的接口以改善用户界面，如命令接口、菜单、窗口等。

网络操作系统也要处理资源的最大共享及资源共享的受限性之间的矛盾。即一方面要能够提供用户所需要的资源及其对资源的操作、使用，为用户提供一个透明的网络；另一方面要对网络资源有一个完善的管理，对各个等级的用户授予不同的操作使用权限，保证在一个开放的、无序的网络里，数据能够有效、可靠、安全地被用户使用。

8.2 Windows Server 2008 网络操作系统

Microsoft Windows Server 2008 是微软公司新一代 Windows Server 操作系统，是在 Windows Server 2003 操作系统以及 Service Pack 1 和 Windows Server 2003 R2 的基础上开发的，Windows Server 2008 继承了先前版本 Windows Server 2003 的优点，同时针对基本操作系统进行改进，是专为强化下一代网络、应用程序和 Web 服务的功能而设计的服务器操作系统。

8.2.1　Windows Server 2008 简介

Windows Server 2008 新的 Web 工具、虚拟化技术、安全性的强化及管理公用程序，不仅可以节省时间，降低成本，还可为 IT 基础架构提供稳健的基础。Windows Server 2008 发行了多种版本，以支持各种规模的企业对服务器不断变化的需求。

1．Windows Server 2008 的新特性

（1）更强的控制能力。

全新设计的 Server Manager 提供了一个可使服务器的安装、设定及后续管理工作简化和效率化的整合管理控制台；Windows Power Shell 是全新的命令行接口，可让系统管理员将跨多部服务器的例行系统管理工作自动化；Windows Deployment Services 则可提供简化且高度安全的方法，通过网络安装快速部署操作系统。此外，Windows Server 2008 的故障转移群集（Failover Clustering）向导，以及对 Internet 协议第 6 版（IPv6）的完整支持，加上网络负载均衡（Network Load Balancing）的整合管理，更可使一般 IT 人员也能够轻松地实现高可用性。Windows Server 2008 全新的服务器核心（Server Core）安装选项，可在安装服务器角色时选择必要的组件和子系统，而不包含图形化用户界面。安装较少的角色和功能表示磁盘和服务的占用空间可以减到最小，还可降低攻击表面（Attack Surface）的影响，并让 IT 人员能够轻松地实现高可用性。IT 人员可以仅安装需要的角色和功能，向导会自动完成许多费时的系统部署任务。服务器的配置和系统信息是从新的服务器管理器控制台这一集中位置来管理的。

（2）内建虚拟化技术。

Windows Server Hyper-V 为下一代 Hypervisor Based 服务器虚拟化技术，可将多部服务器角色整合成可在单一实体机器上执行的不同虚拟机器，进而让服务器硬件投资的运用达到极致。即使在单一服务器上执行多个操作系统（例如 Windows、Linux 及其他操作系统），仍可拥有同样的效率。现在，只要有了 Hyper-V 技术及简单的授权原则，即可轻易地通过虚拟化节省成本了。

利用 Windows Server 2008 的集中化应用程序访问技术，也可有效地将应用程序虚拟化。因为 Terminal Services Gateway 和 Terminal Services RemoteApp 不需要使用复杂的虚拟私人网络（VPN），即可在终端机服务器上执行标准 Windows 程序，而非直接在用户端计算机上执行，然后更轻松地从任何地方进行远程访问 Windows 程序。

（3）专为 Web 而打造。

Windows Server 2008 整合了 Internet Information Services 7.0（IIS 7.0）。IIS 7.0 是一种 Web 服务器，也是一个安全性强且易于管理的平台，可用以开发并可靠地存放 Web 应用程序和服务。IIS 7.0 是一种增强型的 Windows Web 平台，具有模块化的架构，可提供更佳的灵活性和控制，并可提供简化的管理。具有可节省时间的强大诊断和故障排除能力，以及

完整的可扩展性。

Windows Server 2008 IIS 7.0 和 . NET Framework 3.0 所提供的全方位平台，可构建使用户彼此连接，以及连接其资源的应用程序，以便用户能够虚拟化、分享和处理信息。

此外，IIS 7.0 也是整合 Microsoft Web 平台技术、ASP. NET、Windows Communication Foundation Web 服务，以及 Windows SharePoint Services 的主要角色。

（4）高安全性。

Windows Server 2008 环境具有更完善、更深层次的安全管理，包括文件夹权限管理、用户、域的组织等。运用诸多新技术协助防范未经授权即连接至任何的网络、服务器、资料和用户账户的情形，Active Directory 服务是强而有效的统一整合式身份识别与访问（IDA）解决方案，只读网域控制站（RODC）和 BitLocker 驱动器加密，可安全地在分支机构部署 AD 数据库。

（5）高性能运算。

Windows HPC Server 2008 延续了 Windows Server 2008 的优势和节省成本的特性，适用于高性能运算（HPC）的环境。Windows HPC Server 2008 是建立在 Windows Server 2008 与 x64 位技术上，可有效地扩充至数以千计的处理核心，并具备立即可用的功能，以改善生产力及降低 HPC 环境的复杂度，而且还提供了丰富且整合的用户体验。由于运用范围涵盖桌面应用程序至群集，而使采用范围更为广泛。此外，还包含一组全方位的部署、管理和监控工具，能轻松地部署、管理及整合既有的基础架构。

2．Windows Server 2008 各版本简介

Windows Server 2008 有 5 种不同版本，另外还有 3 种不支持 Windows Server Hyper-V 技术的版本，因此总共有 8 种版本。

Windows Server 2008 Standard 面向中小企业，在环境中支持 Windows Server 2008 功能，是最常部署的版本，与其他版本不同之处在于：①32 位版本最多支持 4GB 内存，在 SMP 配置下最多支持 4 个 CPU，64 位版本最多支持 32GB 内存，在 SMP 配置下最多支持 4 个 CPU；②支持网络负载平衡集群，但不支持故障转移集群。

Windows Server 2008 Enterprise 针对大型企业，部署企业关键应用。其所具备的群集和热添加（Hot-Add）处理器功能，可协助改善可用性，而整合的身份管理功能，可协助改善安全性，利用虚拟化授权权限整合应用程序，则可减少基础架构的成本，因此 Windows Server 2008 Enterprise 能为高度动态、可扩充的 IT 基础架构提供良好的基础。

Windows Server 2008 Datacenter 针对超大规模的企业，可在小型或大型服务器上部署企业的关键应用及大规模的虚拟化方案。其所具备的群集和动态硬件分割功能可改善可用性，而通过无限制的虚拟化许可授权来巩固应用，可减少基础架构的成本。此外，此版本亦可支持 2～64 个处理器，因此 Windows Server 2008 Datacenter 能够提供良好的基础，用以建立企业级虚拟化和扩充解决方案。

Windows Web Server 2008 是专门为 Web 应用程序服务器设计的，32 位版本最多支持

4GB 内存，在 SMP 配置下最多支持 4 个 CPU，64 位版本最多支持 4GB 内存，在 SMP 配置下最多支持 4 个 CPU，支持网络负载平衡集群。

Windows Server 2008 for Itanium-Based Systems 用于安腾处理器的系统，已针对大型数据库、各种企业和自订应用程序进行优化，可提供高可用性和多达 64 个处理器的可扩充性，能符合高要求且具关键性的解决方案的需求。

3 个不支持 Windows Server Hyper-V 技术的版本分别是 Windows Server 2008 Standard without Hyper-V、Windows Server 2008 Enterprise without Hyper-V 以及 Windows Server 2008 Datacenter without Hyper-V。

8.2.2 域控制器与活动目录

Active Directory 又称活动目录。借助于活动目录，管理员可以实现服务器的日常事务处理并向用户提供网络管理和维护服务。本节的重点内容是对用户、计算机的管理，因为是由活动目录服务提供的，所以首先需要了解一下活动目录的基本概念、活动目录的安装、删除和简单的配置。

1. 活动目录的基本概念

活动目录就是用于 Windows 网络中的目录服务，它包括两方面内容：目录和目录相关的服务。

（1）目录。

目录就是一个目录数据库，存储着 Windows 网络上的各种对象信息，包括服务器、文件、打印机以及网络用户与计算机账号等共享资源。目录数据库使整个 Windows 网络的配置信息集中存储，使管理员在管理网络时可以集中管理而不是分散管理。

（2）目录服务。

目录服务是使目录中所有信息和资源发挥作用的服务。提供了按层次结构方式进行信息的组织，然后按名称关联检索信息的一种服务方式。这种服务提供了一个存储在目录中的各种资源的统一管理视图，如对用户和资源的管理、基于目录的网络服务管理、基于网络的应用管理等。

活动目录是一个分布式的目录服务，信息可以分散在多台计算机上，保证快速访问和容错。同时不管用户从哪里访问或信息在何处，对用户都提供统一的视图。

（3）活动目录的组成。

活动目录采用域、域树、域林的多重层次结构。这种层次使得网络具有很强的扩展性，便于组织、管理及目录定位。

① 域：域是活动目录的核心单元，是账户和网络资源的集合，具有统一的域名和安全性。其中域名是该域的完整的 DNS 名称，而域中的对象，如计算机、用户等有相同的安全要求、复制过程和管理请求。

② 域树：一个域可以是其他域的子域或父域，这些子域、父域构成了一棵树，称为域树。域树的第一个域称为根（Root），域树中的每一个域共享共同的配置、模式对象、全局

目录（Global Catalog），具有相同的 DNS 域名后缀。域树实现了连续的域名空间。

③ 域林：多棵域树就构成了域林。域林中的域树不共享连续的命名空间，它的每一域树拥有自己的唯一的 DNS 命名空间。默认情况下，在域林中创建的第一棵域树被创建为根树（Root Tree）。

域树和域林的组合为用户提供了灵活的域命名选项，连续的和非连续的 DNS 名称空间都可以加入到用户的目录中。

④ 组策略：组策略设置影响计算机或用户账户并且可应用于域和组织单位等。它可用于配置安全选项、管理应用程序、管理桌面外观、指派脚本并将文件夹从本地计算机重新定向到网络位置。

⑤ 用户账户和计算机：在活动目录中，每个用户账户都有一个用户登录名和一个用户名称后缀。在创建用户账户时，管理员输入其登录名并选择用户主要名称（由用户账户名称和表示用户账户所在的域的域名组成）。默认的用户名称后缀是域树中根域的 DNS 名。

计算机账户是每个加入到域中的 Windows Server 2008 计算机所具有的账户。与用户账户的功能类似，计算机账户能够在计算机登录到网络并访问域资源时提供验证和审核的方法。

⑥ 组和组织单位：组是活动目录对象，它可以包含计算机账户、用户账户及组对象。在网络上经常需要对大量用户账户和计算机账户进行管理和维护，这时完全可以通过组来完成各种网络权限的分配任务。先在域中创建不同访问权限的组，然后根据用户的要求，将用户账户和计算机账户添加到具有相应访问权限的组中。

组织单位可用于组织、管理一个域内的对象，它能包含用户账号、用户组、计算机、打印机和其他的组织单位，但与组不同，它不能包括来自其他域的对象。组织单位是可以指派组策略设置或委派管理权限的最小作用域。组织单位的这种逻辑层次结构使用户可以在域中创建组织单位，根据自己的组织模型管理账户和资源的配置使用。

（4）域控制器。

域控制器是一台运行 Windows Server 2008 的服务器。域控制器为网络用户和计算机提供活动目录服务、存储目录数据，并管理用户和域之间的交互，包括用户登录过程、验证和目录搜索。

一个域可以有一个或多个域控制器。通常单个域网络的用户只需要一个域就能满足要求，所以整个域也只要一个域控制器。而在具有多个网络位置的大型网络或组织中，为了获得高可用性和较强的容错能力，可能在每个部分都需要增加一个或多个域控制器。

系统管理员可以更新域中任何域控制器上的活动目录数据，若在一个域控制器上对域中的信息进行修改，这些数据都会自动传递到网络中其他的域控制器中。

（5）成员服务器。

一个成员服务器就是一台安装了 Windows Server 2008 系统，在域环境中实现一定功能或提供某项服务的计算机，如通常使用的文件服务器、FTP 应用服务器、数据库服务器及 Web 服务器等。由于这些不是域控制器，因此成员服务器不执行用户身份验证并且不存储安全策略信息，以便让成员服务器拥有更高的处理能力来处理网络中的其他服务。将身份认证和服务分开可以获得较高的处理效率。

（6）站点。

活动目录中的站点就是一个或多个 IP 子网地址的计算机集合，通常用来描述域环境中网络的物理结构或拓扑。为了确保域中目录信息的有效交换，域中的计算机需要很好地连接，尤其是不同子网中的计算机。站点不同于域，站点代表物理的物理结构，而域代表组织逻辑结构。一个站点可以跨越多个域，一个域也可以跨越多个站点。站点不属于域名称空间的一部分。站点的最大特点是在控制域信息的复制方面，它可以帮助确定资源位置，选定有利于网络流量的最佳方式来进行活动目录数据库的复制。

2．域的信任关系

域与域之间的通信是通过信任关系进行的。信任可以使一个域中的用户由另一个域中的域控制器来进行验证。在一个用户可以访问另一个域资源之前，Windows Server 2008 安全机制必须确定信任域（用户准备访问的目的域）和受信任域（用户登录所在的域）之间是否有信任关系，并指定信任域中的域控制器和受信任域的域控制器之间的信任路径。域的信任关系有：单向、双向、可传递和不可传递。

（1）单向信任。是指两个域之间创建的单向身份验证路径。假设域 A 到域 B 是单向信任关系，就是说域 A 中用户可以访问域 B 中的资源，但域 B 中的用户不能访问域 A 中的资源。

（2）双向信任。是指两个域之间相互信任，即两个域中的用户可以互相访问对方域中的资源。

（3）可传递信任。多指三个以上的一组域之间产生的信任关系。如域 A 和域 B 之间是可传递信任关系，域 B 和域 C 是可传递信任关系，那么域 A 和域 C 之间具有可传递信任关系，域 C 中的用户就可以访问域 A 中的资源。

Windows Server 2008 域林中的所有信任都是可传递的、双向的信任，信任关系中的两个域都是相互信任的。

（4）不可传递信任。不可传递信任关系默认为单向信任关系。单用户可以通过建立两个单向信任来构建一个双向信任关系。在不同域林中的域之间手动创建的信任都是不可传递的。

3．活动目录的安装与删除

（1）活动目录的安装。

准备安装 Active Directory 服务。Windows Server 2008 对于 Active Directory 服务的安装与早期版本略有不同，可以通过"服务器管理"的角色添加来完成初始化的准备工作（如图 8.1 所示），打开"服务器管理"工具，展开"角色"结点，在右边窗口中单击"添加角色"。

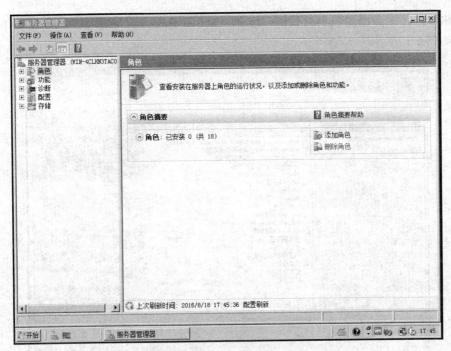

图 8.1 添加角色

弹出的界面如图 8.2 所示，该页面简介 Active Directory 服务，并提出三点提示，其中最重要的是第二点，需要配置静态网络。对于第一、三点来讲，可以不按提示配置，也不影响安装，单击"下一步"按钮。

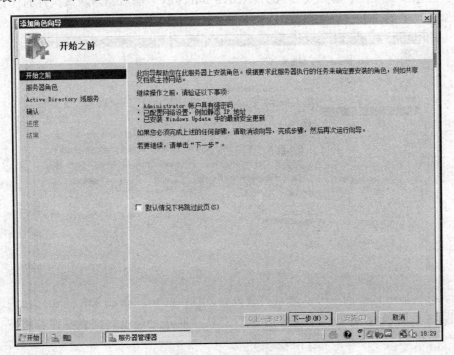

图 8.2 添加角色向导

弹出"选择服务器角色"对话框，选择"Active Directory 域服务"后单击"下一步"按钮，如图 8.3 所示。

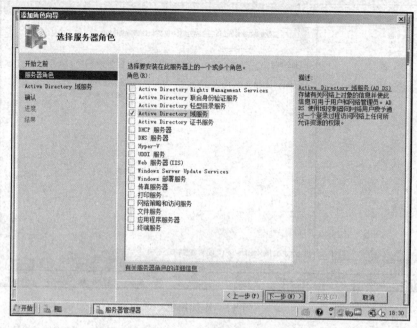

图 8.3　选择服务器角色

在"Active Directory 域服务"对话框中，向导会给出四点注意事项（如图 8.4 所示），根据这些注意事项可以了解到安装 AD（Active Directory）前后操作应该执行的任务和 AD 需要的服务。单击"下一步"按钮。

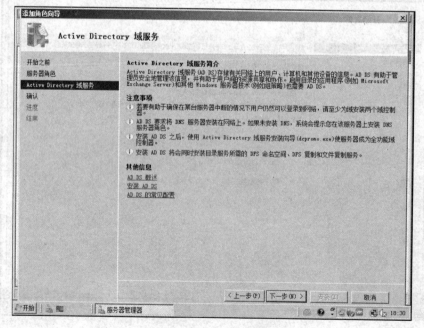

图 8.4　域服务注意事项

弹出"确认安装选择"对话框，如图 8.5 所示，单击"安装"按钮。

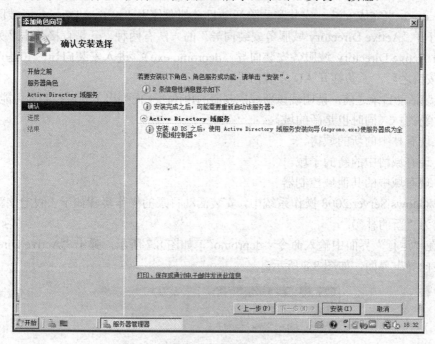

图 8.5　确认安装

进入安装界面，当出现"安装结果"对话框时，如果没有错误，证明 AD 的安装准备已经完成，如图 8.6 所示。

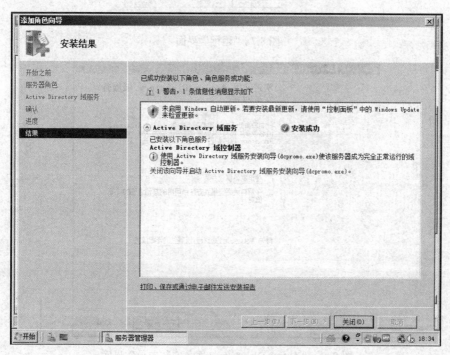

图 8.6　添加角色结果

　　但是由于该台计算机还不能完全正常运行域控制器，所以提示需要启用 AD 安装向导（dcpromo.exe）来完成安装。安装和删除活动目录都要使用"Active Directory 域服务安装向导"。打开"Active Directory 域服务安装向导"的方法有两种，一是直接单击"关闭该向导并启动 Active Directory 域服务安装向导（dcpromo.exe）"进入安装向导，二是直接单击"关闭"按钮之后，手动打开 AD 安装向导。

　　在安装活动目录之前，请明确该新域控制器的角色。下面列出了新域控制器可能的角色。

- 新的林（同时也是新的域）。
- 现有林中的新的域树。
- 现有域树中的新的子域。
- 现有域中的其他域控制器。

　　在 Windows Server 2008 操作系统中，安装活动目录的操作步骤如下（假定该新域控制器的角色为"新的林"）：

　　① 在"运行"界面中输入命令"dcpromo"，如图 8.7 所示，弹出"Active Directory 域服务安装向导"界面，如图 8.8 所示。

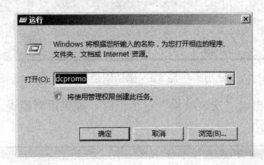

图 8.7 "运行"界面

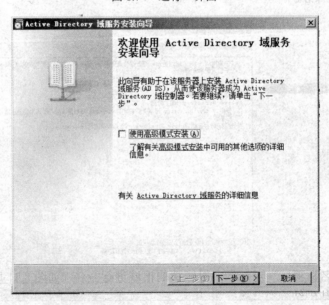

图 8.8 "Active Directory 域服务安装向导"界面

② 单击"下一步"按钮，弹出如图 8.9 所示的"操作系统兼容性"界面。单击"下一步"按钮。

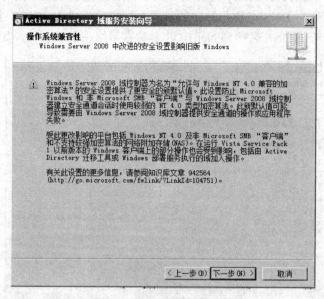

图 8.9　"操作系统兼容性"界面

③ 弹出部署配置界面，如图 8.10 所示。由于是部署第一个 AD，所以在此选择"在新林中新建域"。因为，创建新林需要管理员权限，所以必须是正在其上安装 AD 的服务器本地管理员组的成员，单击"下一步"按钮。

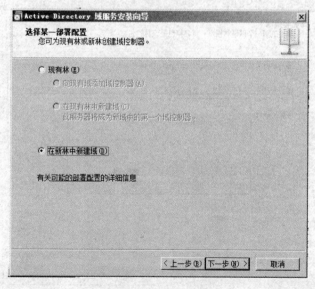

图 8.10　部署配置界面

④ 弹出"命名林根域"对话框，对域林的根域进行命名（如图 8.11 所示）。这需要在之前我们对 DNS 基础结构有一个完整的计划，必须了解该林的完整 DNS 名称。我们可以在安装 AD 之前先安装 DNS 服务器服务,或者如本实例一样选择让 AD 安装向导安装 DNS

服务器服务。域控制器特别是域中的第一台域控制器最好同时为 DNS 服务器。Windows Server 2008 在安装 Active Directory 时安装 DNS 服务器。选择让 AD 向导来安装 DNS 服务器服务，将使用此处的 DNS 名称为林中的第一个域自动生成 NetBIOS 名称。单击"下一步"按钮，向导会验证 DNS 名称和 NetBIOS 名称在网络中的唯一性，如图 8.12 所示。

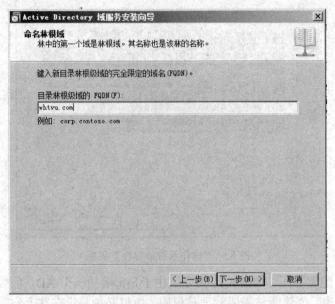

图 8.11 "命名林根域"对话框

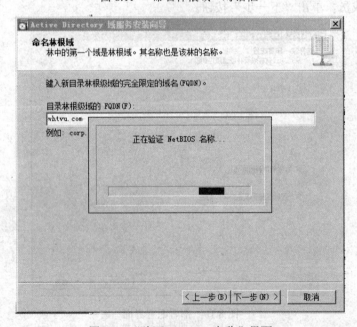

图 8.12 "验证 NetBIOS 名称"界面

单击"下一步"按钮，弹出"设置林功能级别"对话框（如图 8.13 所示），功能级别确定了在域或林中启用 AD 的功能，还将限制可以在域或域林的域控制器上运行的 Windows

服务器版本。但是，功能级别不会影响连接到域或域林的工作站和成员服务器上运行的操作系统。单击"下一步"按钮，配置"其他域控制器选项"。在 AD 安装期间，可以为域控制器选择安装 DNS 服务，或将其设置成为全局编录服务器（GC）或只读域控制器（RODC）。我们这里选择将 DNS 服务器安装在第一个域控制器上（如图 8.14 所示）。

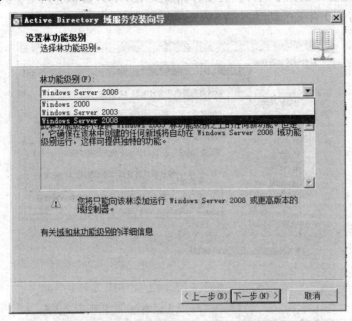

图 8.13　"设置林功能级别"对话框

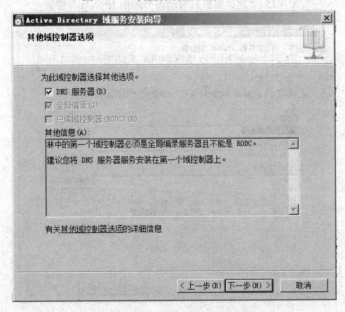

图 8.14　添加其他控制域选项

⑤ 单击"下一步"按钮，出现"此计算机具有动态分配的 IP 地址"警告，如图 8.15 所示。这是概率性的事件，首先排查是否真的配置了动态 IP，若配置了动态 IP 需要修改为

静态 IP。这里我们选择"否，将静态 IP 地址分配给所有物理网络适配器"，则会顺利进入"数据库、日志文件和 SYSVOL 的位置"界面，如图 8.16 所示，指定存储"数据库"和"日志"的文件夹的位置，确定 AD 数据库、日志文件和 SYSVOL。

⑥ 放置的位置。数据库文件夹主要存储有关用户、计算机和网络中其他对象的信息；日志文件记录与 AD 有关的活动；SYSVOL 存储组策略对象和脚本。

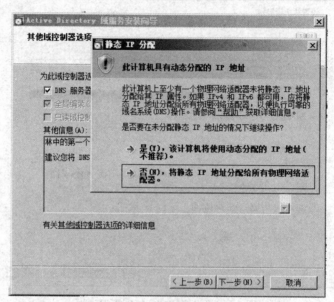

图 8.15 "此计算机具有动态分配的 IP 地址"警告

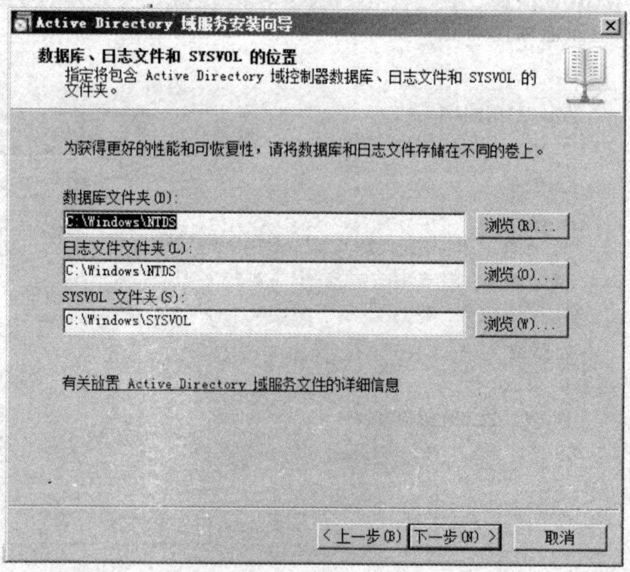

图 8.16 "数据库、日志文件和 SYSVOL 的位置"界面

单击"下一步"按钮，弹出"目录服务还原模式的 Administrator 密码"对话框（如图 8.17 所示）。在 AD 未运行时，目录服务还原模式（DSRM）密码是登录域控制器所必需的。

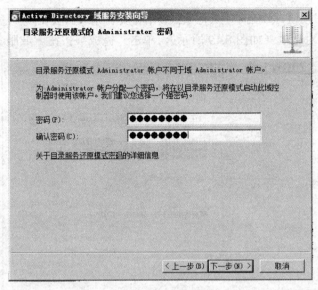

图 8.17　"目录服务还原模式的 Administrator 密码"对话框

特别注意目录服务还原模式的 Administrator 密码与域管理员账户的密码不同。 当创建林中第一台 DC（域控制器）时，AD 安装向导会将本地服务器上生效的密码策略强制作用于此。对于所有的其他 DC 的安装，AD 安装向导将现有 DC 上生效的密码策略强制作用于此。这意味着，指定的 DSRM 密码必须符合包含现有 DC 所在域的最小密码长度、历史记录和复杂性要求。默认情况下，必须包含大写和小写字母组合、数字和符号的强密码。

单击"下一步"按钮，显示安装摘要（如图 8.18 所示），并且可以单击"导出设置"按钮将在此向导中指定的设置保存到一个应答文件中。然后，可以使用应答文件自动执行 AD 的后续安装。

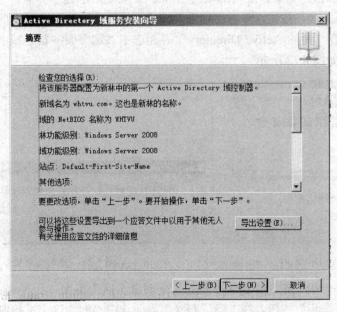

图 8.18　安装摘要显示界面

单击"下一步"按钮，安装向导执行安装操作。安装完成后会出现"完成 Active Directory 域服务安装向导"对话框（如图 8.19 所示），单击"完成"按钮。域服务器安装完成。

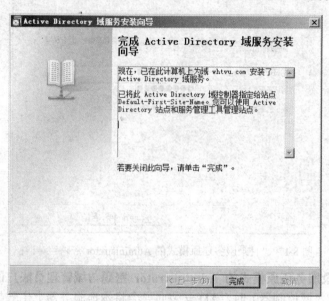

图 8.19 "完成 Active Directory 域服务安装向导"对话框

（2）删除活动目录（Active Directory）。

删除 Active Directory 的操作和安装 Active Directory 的操作一样，需要用 Active Directory 安装向导，操作步骤如下：

① 在"运行"界面输入"dcpromo"，启动 Active Directory 安装向导，如图 8.20 所示。单击"下一步"按钮，如果是全局编录会出现如图 8.21 所示提示界面。

② 单击"下一步"按钮，单击"确定"按钮，如果该服务器是域中的最后一个或唯一的域控制器，则在"删除 Active Directory"界面选中"这个服务器是域中的最后一个域控制器"复选框，如图 8.22 所示。

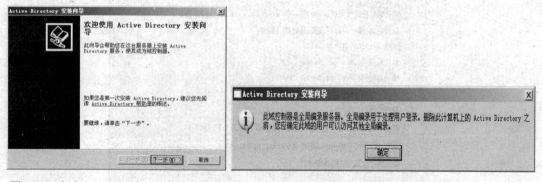

图 8.20 启动 Active Directory 安装向导界面　　　　图 8.21 全局编录提示界面

③ 单击"下一步"按钮，出现"应用程序目录分区"界面。

④ 单击"下一步"按钮，在"确认删除"界面选中"删除这个域控制器上的所有应用

程序目录分区"选项。

⑤ 单击"下一步"按钮，在"管理员密码"界面，输入卸载"Active Directory"后登录系统时所用的系统管理员（Administrator）密码，如图 8.23 所示。输入后务必记住密码。

⑥ 单击"下一步"按钮，出现"摘要"界面，确认后单击"下一步"按钮执行删除操作。大约几分钟之后，删除操作就会完成，系统提示重新启动计算机。如果该服务是该域中的最后一个或唯一的域控制器，则当删除 Active Directory 之后该服务器就会变成独立服务器，域也会消失而且隶属于该域的计算机将无法登录域。如果该服务器不是域中的最后一个或唯一的域控制器，则删除 Active Directory 之后该服务器将降级为域成员服务器。

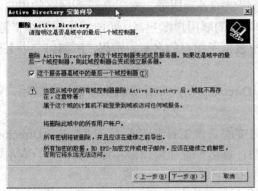

图 8.22　"删除 Active Directory"界面　　　　图 8.23　"管理员密码"界面

8.2.3　用户账户管理

1．域用户账户和计算机账户

域用户账户和计算机账户代表物理实体，例如计算机或人。用户账户和计算机账户（以及组）称为安全主体。安全主体是自动分配安全标识符的目录对象。带安全标识符的对象可登录到网络并访问域资源。用户或计算机账户主要用于以下几方面：

① 验证用户或计算机的身份；

② 授权或拒绝访问域资源；

③ 管理其他安全主体；

④ 审计使用用户或计算机账户执行的操作。

（1）域用户账户。

域用户账户允许用户登录到具有可验证并授权访问域资源的身份的计算机和域。登录到网络的每个用户应有自己的唯一的账户和密码。Windows Server 2008 提供了两个主要的内置用户账户，分别为 Administrator 管理员账户和 Guest 来宾账户。

内置账户就是允许用户登录到本地计算机并访问本地计算机上资源的默认用户账户。设计这些账户的主要目的是本地计算机的初始登录和配置。每个内置账户均有不同的权利和权限组合。管理员账户有最广泛的权利和权限，同时来宾账户有受限制的权利和权限。

（2）计算机账户。

加入到域中且运行 Windows Server 2008 的每一台计算机均具有计算机账户。与用户账户类似，计算机账户提供了一种验证和审核计算机访问网络以及域资源的方法。连接到网络上的每一台计算机都应有自己的唯一的计算机账户。可以使用"Active Directory 用户和计算机"创建计算机账户。

2. 创建用户账户

在使用网络之前，每个用户必须有一个用户名。这样，网络使用者才能用指定的用户名登录上网，成为网络的合法用户，享受系统提供的各项服务。对于登录到网络的用户，都必须被授予用户账户，同时也可以创建用户自己的域用户账户，从而能够访问网络资源。

在 Windows Server 2008 中，一个用户账户包含了用户的名称、密码、所属组、个人信息、通信方式等信息。

要创建新的用户账户，可以使用"Active Directory 用户和计算机"工具。创建用户账户的操作步骤如下：

（1）单击"开始"按钮，鼠标指向"程序"中的"管理工具"，然后单击"Active Directory 用户和计算机"，打开"Active Directory 用户和计算机"管理窗口，在控制台树中，双击要创建用户的域（如 whtvu.com）。

（2）右键单击"Users"选择"新建"→"用户"命令，如图 8.24 所示。

（3）在如图 8.25 所示的"新建对象-用户"对话框中输入用户的姓名、登录名，其中的用户登录名指用户登录域时所用的用户名，单击"下一步"按钮。

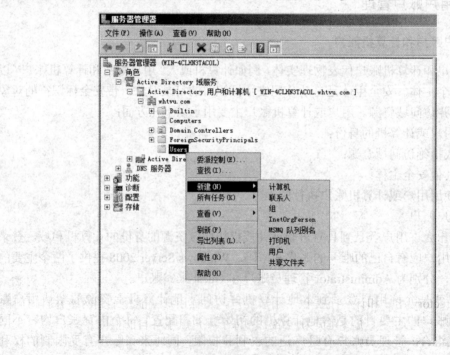

图 8.24 新建用户命令

图 8.25　"新建对象-用户"对话框

（4）在如图 8.26 所示的密码设置对话框中，在"密码"文本框中输入密码，选择"用户下次登录时须更改密码"选项，以便让用户在第一次登录时修改管理员为其设置的密码。用户初始密码应当采用英文大小写、数字和其他符号的组合。

（5）单击"下一步"按钮，显示所创建的新用户的相关信息，如图 8.27 所示。检查无错误后，单击"完成"按钮。

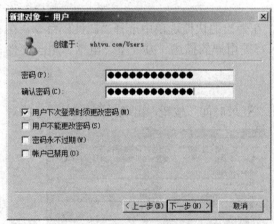

图 8.26　输入密码对话框

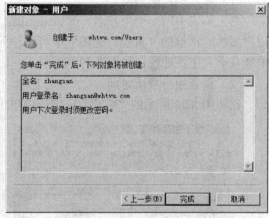

图 8.27　创建的新用户的相关信息

这时用户会在"Active Directory 用户和计算机"管理器窗口的 Users 中看到新添加的用户，如图 8.28 所示。

3. 管理用户账户

Active Directory 用户和计算机提供了用户账户，这样用户就能登录到网络并且访问网络信息。用户账户也允许系统管理员为网络上的每个用户赋予各自的权限。

利用"Active Directory 用户和计算机"可以为 Active Directory 用户和计算机以及网络上的其他服务器和客户端创建用户账户，也可以用来管理用户账户。

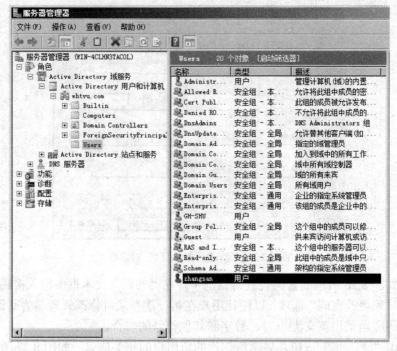

图 8.28 新创建的用户账户

（1）输入用户的信息。

右击列表中的一个用户名，如 zhangshan，在弹出的快捷选单中选择"属性"命令，在用户属性对话框的"常规"选项卡中可以输入有关用户的描述、办公室、电话、电子邮件地址及个人主页地址，如图 8.29 所示。

（2）设置用户登录时间。

在如图 8.30 所示的"账户"选项卡中单击"登录时间"按钮，出现如图 8.31 所示的对

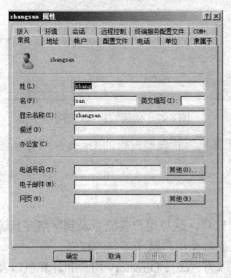

图 8.29 用户属性对话框

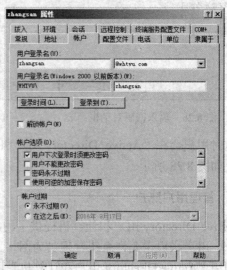

图 8.30 "账户"选项卡

话框。图中横向每个方块代表一小时，纵向每个方块代表一天，蓝色方块表示允许用户使用的时间，空白方块表示该时间不允许用户使用，默认在所有时间均允许用户使用。在这个例子中设置允许用户在每星期的周一至周五的 7：00～20：00 之间使用。

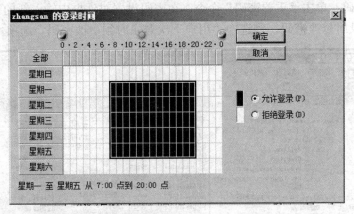

图 8.31　登录时段对话框

（3）限制用户从某台客户机登录。

在"账户"选项卡中单击"登录到"按钮，出现如图 8.32 所示的对话框。在默认情况下用户可以从所有的客户机登录，也可以设置让用户从某些工作站登录，设置时输入计算机名称，然后单击"添加"按钮。

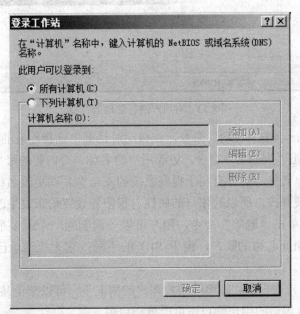

图 8.32　"登录工作站"对话框

（4）设置账户的有效时间。

在"账户"选项卡中，可以设置账户的使用期限，在默认情况下账户是永久有效的，但对于临时用户来说，设置账户的有效期限则非常有用，在有效期限到期后，该账户被标记为失效，默认为一个月。

（5）在创建用户账户后，右击用户名，就可以根据需要，对账户进行密码的重新设置、重命名、禁用等操作，如图 8.33 所示。

① 重置密码：单击"重置密码"命令，在密码设置对话框中输入新的密码，如果要求用户在下次登录时修改密码，则选中"用户下次登录时须更改密码"选项。

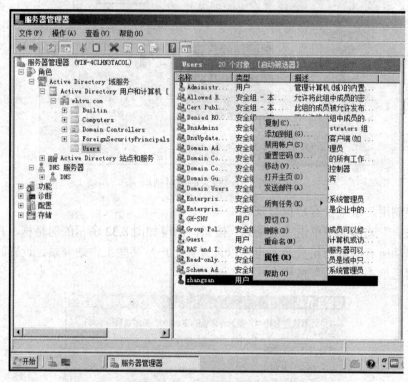

图 8.33　对用户进行管理的命令

② 账户的移动：单击"移动"命令，在移动对话框中选择相应的容器或组织单位。

③ 重命名：单击"重命名"命令，更改用户的名称，对内置的账户也可以更改，如更改系统管理员的账户名称，这样有利于提高系统的安全性。在更改名称后，由于该账户的安全标识 SID 并未被修改，所以其账户的属性、权限等设置均未发生改变。

④ 删除账户：单击"删除"命令，用户可以一次删除一个或多个账户，在删除账户后如果再添加一个相同名称的账户，由于 SID 的不同，它无法继承已被删除账户的属性和权限。

⑤ 禁用/启用用户账户：在不删除用户账户的情况下，可以禁止某个用户账户的使用，即停用用户账户。停用后的用户账户还可以重新启用。

⑥ 添加到组：单击"添加到组"命令，在"选择组"对话框中单击"高级"按钮，然后单击"立即查找"按钮，在如图 8.34 所示的对话框中找到要加入的组，单击"确定"按钮即把该用户添加到该组，此时用户就拥有了该组所具有的权限。

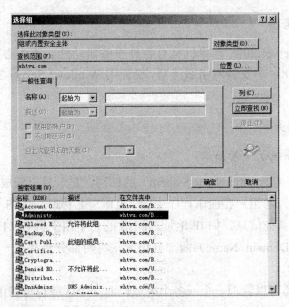

图 8.34 "选择组"对话框

8.2.4 Windows Server 2008 服务器管理功能

Windows Server 2008 可以配置为不同的服务器角色,如 Web 服务器、DNS 服务器、DHCP 服务器、WINS、FTP 服务器等。系统管理员通过配置服务器角色以实现相应的功能,并且每日对服务器进行管理。系统管理员可以通过如图 8.35 所示的"服务器管理器"窗口完成所有的任务。

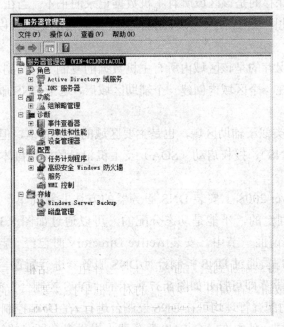

图 8.35 "服务器管理器"窗口

1. 安装网络服务器

要使 Windows Server 2008 计算机具有各种服务器功能，首先必须安装各种服务器。在 Windows Server 2008 中安装网络服务器，要使用 Windows Server 2008 的服务器管理器添加。

2. 管理 DNS 服务

1）DNS（域名系统）背景知识

DNS 是域名系统（Domain Name System）的缩写，是一种组织成域层次结构的计算机和网络服务命名系统。当用户在应用程序中输入 DNS 名称时，DNS 服务可以将此名称解析为与此名称相关的其他信息，如 IP 地址。DNS 的名字由主机名（Host Name，计算机本身的名字）和域名（Domain Name）两部分组成。将两部分合并在一起后，便形成了完全合格的域名（FQDN）。

一台 DNS 服务器可以管理一个或多个区域，而一个区域也可以由多台 DNS 服务器来管理。在 DNS 服务器中必须先建立区域，然后再根据需要在区域中建立子域以及资源记录，才能完成其解析工作。

将 DNS 名称解析成 IP 地址的过程称为正向解析。将 IP 地址解析成 DNS 名称的过程称为反向解析，它依据 DNS 客户端提供的 IP 地址来查询它的主机名。DNS 服务器分别通过正向查找区域和反向查找区域来管理正向解析和反向解析。

Windows Server 2008 的 DNS 服务支持 3 种区域类型，分别是主要区域、辅助区域、根存区域。

（1）主要区域：保存的是该区域所有主机数据记录的正本。当在 DNS 服务器内建立主要区域后，可直接在此区域内新建、修改、删除记录，区域内的记录可以存储在文件或 Active Directory 数据库中。

（2）辅助区域：保存的是该区域内所有主机数据的复制文件（副本），该副本是从主要区域复制过来的。当在一个区域内创建一个辅助区域后，这个 DNS 服务器就是这个区域的辅助服务器。

（3）根存区域：类似于辅助区域，也是主要区域的只读副本，但根存区域只从主要区域复制名称服务器（NS）、授权启动（SOA）及主机记录的区域副本，含有根存区域的服务器无权管理该区域。

在 Windows Server 2008 上安装 DNS 服务器的方法非常简单，只是要注意该服务器本身的 IP 地址应是固定的，不能是动态分配的。可以通过如图 8.36 所示的"添加角色向导"进行安装。在前面一节中，安装 Active Directory 时已经一起安装 DNS 了。

安装完成后，管理员通过 DNS 控制台对 DNS 服务器进行配置。在"服务器管理器"窗口单击"DNS 服务器"即可打开如图 8.37 所示的"DNS 控制台"窗口。Windows Server 2008 对 DNS 服务器的配置管理均可在 DNS 控制台进行。在 DNS 控制台可以创建一个 DNS 区域，还可以新建区域，使得在一台 DNS 服务器上提供多个域名的解析。

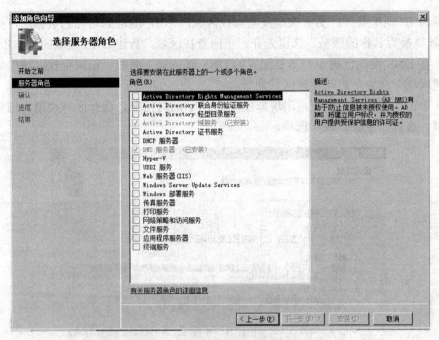

图 8.36　"选择服务器角色"对话框

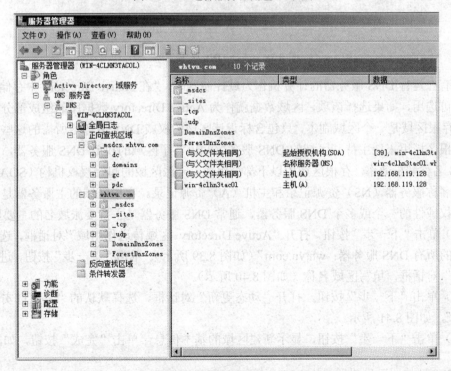

图 8.37　"DNS 控制台"窗口

2）建立和管理 DNS 区域

DNS 区域分为两类：一类是正向查找区域，即名称到 IP 地址的数据库，用于提供将名称转换为 IP 地址服务；另一类是反向查找区域，即 IP 地址到名称的数据库，用于提供将 IP 地址转换为名称的服务。这里先介绍正向查找区域，新建 DNS 区域的操作步骤如下。

（1）在 DNS 控制台树中右击要配置的 DNS 服务器下面的"正向查找区域"结点，选择"新建区域"命令，启动新建区域向导。

（2）单击"下一步"按钮，出现如图 8.38 所示的对话框，选择区域类型。这里有 3 种区域类型，选择"主要区域"选项。

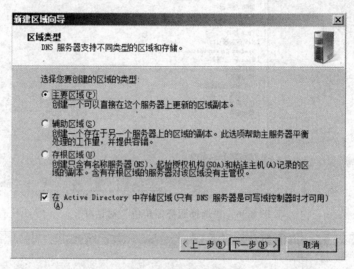

图 8.38　选择 DNS 区域类型

只有在运行 DNS 服务器的计算机作为域控制器时，"在 Active Directory 中存储区域"选项才可选用，如果选择该项，区域数据就作为 Active Directory 数据库的组成部分存储并复制。存根区域是一个区域副本，只包含标识该区域的权威 DNS 服务器所需的这些资源记录。存根区域用来让主持父区域的 DNS 服务器知道其子区域的权威 DNS 服务器，从而保持 DNS 名称解析效率。存根区域由以下部分组成：委派区域的起始授权机构（SOA）资源记录、名称服务器（NS）资源记录和主机（A）资源记录。存根区域的主服务器是对于子区域有权威性的一个或多个 DNS 服务器，通常 DNS 服务器是主持委派域名的主要区域。

（3）单击"下一步"按钮，打开"Active Directory 区域传送作用域"对话框，选择"至此域中的所有 DNS 服务器：whtvu.com"（如图 8.39 所示）。单击"下一步"按钮，进入"区域名称"对话框，填写区域名称（如图 8.40 所示）。

（4）单击"下一步"按钮，打开"动态更新"对话框，选择默认的"只允许安全的动态更新"，如图 8.41 所示。

（5）单击"下一步"按钮，显示新建区域的基本信息，单击"完成"按钮，如图 8.42 所示。

建立区域后，还有一个管理和配置的问题。区域在 DNS 服务的管理具有重要地位，它是 DNS 服务主要的管理单位。用户可通过区域属性选项卡来配置 DNS 服务。从 DNS 控制台的目录树中选择要配置的区域，打开区域属性选项卡，不仅可设置区域的基本属性，还可设置高级属性。

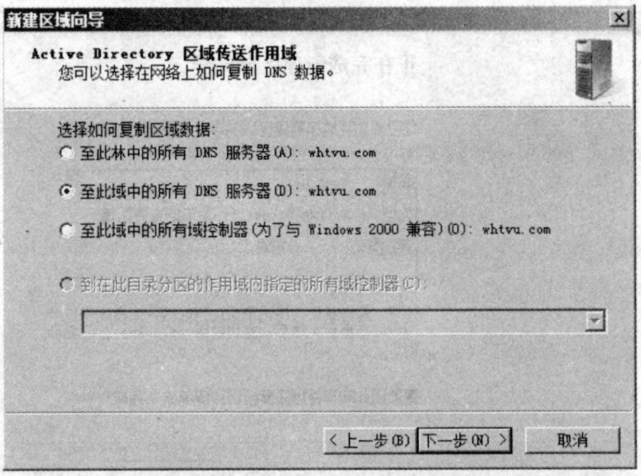

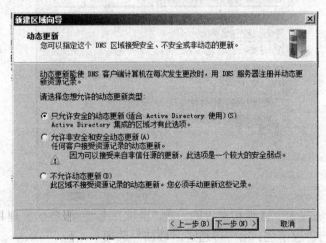

图 8.39　"Active Directory 区域传送作用域"对话框

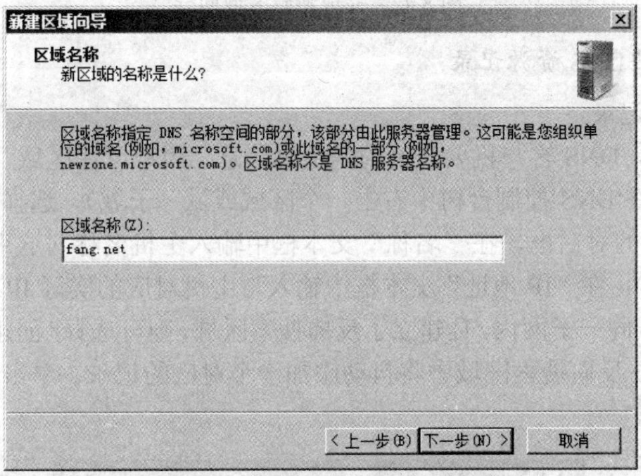

图 8.40　"区域名称"对话框

图 8.41　"动态更新"对话框

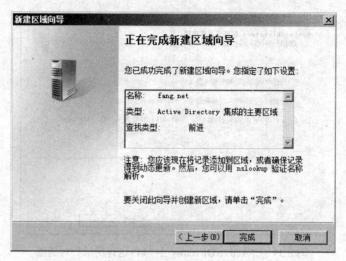

图 8.42　完成新建区域向导

3）建立和管理 DNS 资源记录

（1）建立主机记录。

在多数情况下，DNS 客户机要查询的是主机信息。用户可在区域、域或子域中建立主机，操作很简单。在 DNS 控制台树中右击一个区域或域（子域），选择"新建主机"命令，打开如图 8.43 所示的对话框，在"名称"文本框中输入主机名称（这里应输入相对名称，而不能是全称域名）；在"IP 地址"文本框中输入与主机对应的实际 IP 地址；如果 IP 地址与 DNS 服务器位于同一子网内，且建立了反向搜索区域，则可选择"创建相关的指针（PTR）记录"选项，这样，反向搜索区域中将自动添加一个对应的记录。单击"添加主机"按钮，完成该主机的创建。

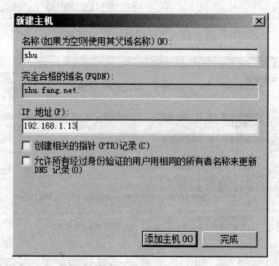

图 8.43　新建主机记录

区域内需要的大多数主机记录可以包含提供共享资源的工作站或服务器、邮件服务器和 Web 服务器以及其他 DNS 服务器等。这些资源记录由区域数据库中的大部分资源记录构成。

　　并非所有计算机都需要主机资源记录，但是在网络上以域名来提供共享资源的计算机需要该记录。一般为具有静态 IP 地址的服务器创建主机记录，也可为分配静态 IP 地址的客户机创建主机记录。

　　当 IP 配置更改时，运行 Windows 2003 及以上版本的计算机使用 DHCP 客户服务在 DNS 服务器上动态注册和更新自己的主机资源记录。

　　（2）建立别名记录。

　　别名记录往往用来标识同一主机的不同用途。例如，某主机要充当 Web 服务器，可给它起个别名，便于 Web 用户使用。在 DNS 控制台树中右击一个区域或域（子域），选择"新建别名"命令，打开如图 8.44 所示的对话框。

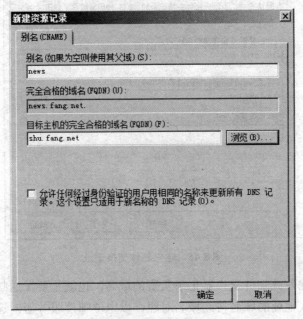

图 8.44　新建别名记录

　　在"别名"文本框中输入别名名称，这里是相对于父域的名称，别名多用服务名称，如 WWW 表示充当 WWW 服务器，FTP 表示充当 FTP 服务器，news 表示充当新闻服务器，当然也可以是绰号或昵称。在"目标主机的完全合格的域名"文本框中输入该别名对应的主机的全称域名，也可单击"浏览"按钮从 DNS 记录中选择。

　　（3）建立邮件交换器记录。

　　邮件交换器（MX）资源记录为电子邮件服务专用，用于电子邮件应用程序发送邮件时根据收信人的地址后缀来定位邮件服务器。具体地讲，电子邮件应用程序利用 DNS 客户，根据收信人邮件地址中的 DNS 域名，向 DNS 服务器查询邮件交换器资源记录，定位要接收邮件的邮件服务器。例如，在邮件交换器资源记录中，将邮件交换器记录所负责的域名设为 mail. abc. com，负责转发和交换的邮件服务器的域名为 nts. abc. com，则发送到"用户名@mail. abc. com"，系统将对 mail. abc. com 进行 DNS 中的 MX 记录解析。

如果 MX 记录存在，系统就根据 MX 记录的优先级，将邮件转发到与该 MX 相应的邮件服务器上。

本例为 nts. mycompany. com，如果定义了多条邮件交换器记录，则按照从最低值（最高优先级）到最高值（最低优先级）的优先级顺序尝试与邮件服务器联系。

在 DNS 控制台树中右击一个区域或域（子域），选择"新建邮件交换器"命令，打开如图 8.45 所示的对话框，设置以下选项。

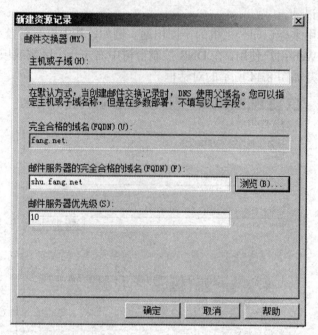

图 8.45　建立邮件交换记录

主机或子域：输入此邮件交换器记录负责的域名，也就是要发送邮件的域名。电子邮件应用程序将收件人地址的域名与此域名对照，以定位邮件服务器。这里的名称是相对于父域的名称，例中的名称为"mail"，父域为"abc. com"，则邮件交换器的全称域名为"mail. abc. corn"。如果为空，则设置父域为此邮件交换器所负责的域名，即"abc. com"。

邮件服务器的完全合格的域名：输入负责处理上述域（域名由"主机或子域"指定）邮件的邮件服务器的全称域名。发送或交换到邮件交换器记录所负责域中的邮件将由该邮件服务器处理。用户可单击"浏览"按钮从 DNS 记录中选择。

邮件服务器优先级：输入一个表示优先级的数值，范围为 0～65535。

当一个区域或域中有多个邮件交换器记录时，这个数值决定邮件服务的优先级，邮件优先送到值小的邮件服务器。如果多个邮件交换器记录的优先级的值相同，则尝试随机地选择邮件服务器。

最后单击"确定"按钮，向该区域添加新记录。

（4）建立其他资源记录。

Windows Server 2008 DNS 服务器还支持其他资源记录，用户可以根据需要使用 DNS

控制台添加。有关所支持的资源记录的详细信息，请参阅资源记录参考。右击一个区域或域（子域），选择"其他新记录"命令，打开如图 8.46 所示的对话框，从中选择所要建立的资源记录类型，然后单击"创建记录"按钮，即可打开相应的定义对话框。

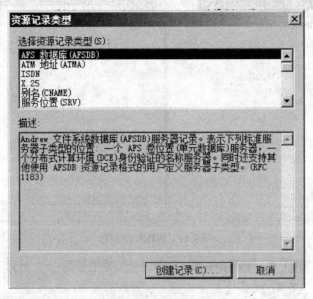

图 8.46　选择资源记录类型

在建立资源记录后，还有一个管理和修改的问题。右击资源记录，从快捷菜单中选择"删除"命令即可删除该记录。而选择"属性"命令，打开相应的属性选项卡，即可编辑修改该记录。

3. 管理 WINS 服务器

在 Windows Server 2008 上安装 WINS 服务器要注意该服务器本身的 IP 地址应是固定的，不能是动态分配的。可以单击"开始"→"所有程序"→"管理工具"→"服务器管理器"→"功能"，右击"添加功能"，调出"添加功能向导"，通过"添加功能向导"一步一步完成安装。安装完毕后，不必重新启动系统。管理员通过 WINS 控制台对 WINS 服务器进行配置。

选择"开始"→"所有程序"→"管理工具"→"WINS"，打开如图 8.47 所示的 WINS 控制台，对 WINS 服务器进行配置和管理。WINS 控制台可管理多个 WINS 服务器，每个 WINS 服务器可管理自己的记录。

1）在 DHCP 服务器上配置 WINS 选项

在大多数情况下，对于启用 DHCP 的 WINS 客户机，至少需要在 DHCP 服务器端设置两个基本的 DHCP 作用域选项：044（WINS/NBNS 服务器）和 046（WINS/NBT 结点类型），如图 8.48 所示。

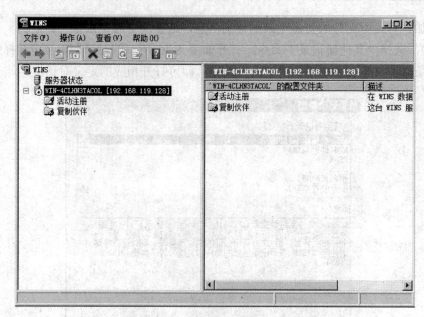

图 8.47 WINS 控制台

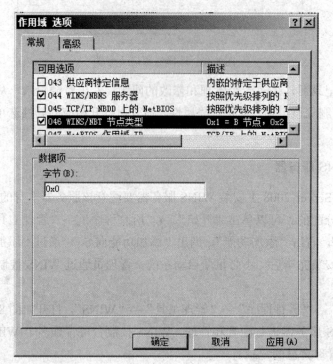

图 8.48 为 WINS 客户配置 DHCP 作用域选项

044 选项定义供 DHCP 客户端使用的主要和辅助 WINS 服务器的 IP 地址。046 选项用于定义供 DHCP 客户端使用的首选 NetBIOS 名称解析方法，由结点类型决定，值 0x1 表示 B 结点、0x2 表示 P 结点、0x4 表示 M 结点、0x8 表示 H 结点。一般选择用于点对点和广播混合模式的 H 结点。

　　同时部署 DHCP 与 WINS 两种服务时，可对比 WINS 的更新间隔来指派 DHCP 的租用期限。默认情况下，DHCP 租期为 8 天，WINS 更新间隔为 6 天。如果 DHCP 的租期和 WINS 更新间隔差别很大，对网络的影响是租期管理通信增大，并可能导致 WINS 注册两种服务。如果缩短或延长客户的 DHCP 租期，也应修改 WINS 更新间隔。

　　2）手动配置 WINS 客户

　　对于没有启用 DHCP 的网络客户，必须在网络连接的 TCP/IP 设置中手动添加 WINS 服务器。这里以 Windows Server 2008 平台为例，介绍手动配置 WINS 客户的操作步骤。

　　（1）打开要配置的网络连接的"Internet 协议 TCP/IP）属性"对话框，单击"高级"按钮，切换到"WINS"选项卡（如图 8.49 所示），单击"添加"按钮。

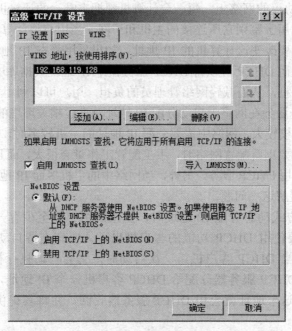

图 8.49　手动配置 WINS 客户

　　（2）在"TCP/IP WINS 服务器"对话框中输入 WINS 服务器的 IP 地址，然后单击"添加"按钮。根据需要添加多个备份 WINS 服务器 IP 地址。

　　（3）要启用 Lmhosts 文件来解析远程 NetBIOS 名称，选中"启用 LMHOSTS 查询"复选框。默认情况下该选项处于启用状态。单击"导入 LMHOSTS"按钮可指定要导入的 Lmhosts 文件。

　　（4）要启用或禁用 TCP/IP 上的 NetBIOS，应在"NetBIOS 设置"区域选择相应的选项。默认选中"默认"选项，由 DHCP 服务器决定是启用还是禁用 TCP/IP 上的 NetBIOS，如果使用静态 IP 地址或者 DHCP 服务器不提供 NetBIOS 设置，则启用 TCP/IP 上的 NetBIOS。

　　3）验证客户端 NetBIOS 名称的 WINS 注册

　　WINS 客户端计算机在启动或加入网络时，将尝试使用 WINS 服务器注册其名称。此后，客户端将查询 WINS 服务器来根据需要解析远程名称。在 WINS 客户端计算机上执行命令 nbtstat-n，系统将列出 WINS 客户端计算机的本地 NetBIOS 名称列表，检验每个在"Status"列标记为"Registered"的名称。

对于"Status"列标记为"Registered"或"Registering"的名称，可执行命令 nbtstat -RR 来释放并刷新本地 NetBIOS 名称注册信息。

4）管理 DHCP 服务

动态主机分配协议（DHCP）是一个简化主机 IP 地址分配管理的 TCP/IP 标准协议。用户可以利用 DHCP 服务器管理动态的 IP 地址分配及其他相关的环境配置工作，如 DNS、WINS、Gateway 的设置。

在使用 TCP/IP 协议的网络上，每一台计算机都拥有唯一的计算机名和 IP 地址。IP 地址（及其子网掩码）用于鉴别它所连接的主机和子网，当用户将计算机从一个子网移动到另一个子网时，一定要改变该计算机的 IP 地址。如果采用静态 IP 地址的分配方法将增加网络管理员的负担，而 DHCP 可以将 DHCP 服务器中 IP 地址数据库中的 IP 地址动态地分配给局域网中的客户机，从而减轻网络管理员的负担。用户可以利用 Windows Server 2008 服务器提供的 DHCP 服务在网络上自动分配 IP 地址及进行相关环境的配置工作。

此外，当网络规模较大，网络中需要分配 IP 地址的主机较多时，特别是要在网络中增加和删除网络主机或要重新配置网络时，手工配置工作量会很大，而且有可能导致 IP 地址冲突等，这时可以采用 DHCP 服务。另外，当网络中的主机多而 IP 地址不够用时，也可以使用 DHCP 服务来缓解这一问题。

要使用 DHCP 方式动态分配 IP 地址时，整个网络必须至少有一台安装了 DHCP 服务的服务器，其他要使用 DHCP 功能的客户机也必须要有支持自动向 DHCP 服务器索取 IP 地址的功能。当 DHCP 客户机第一次启动时，它会自动执行初始化过程与 DHCP 服务器通信，并由 DHCP 服务器分配给 DHCP 客户机一个 IP 地址，直到租约到期（并非每次关机释放），这个地址就会由 DHCP 服务器收回，并将其提供给其他的 DHCP 客户机使用。

DHCP 租用过程的步骤随客户机是初始化还是已经拥有 IP 租用后要更新而有所不同。

（1）DHCP 客户机第一次登录网络。

主要通过 4 个阶段获得 IP 租约。

① DHCP 客户机发送 IP 租约请求。DHCP 客户机发送一个 DHCP Discover 请求租约广播报文，此时由于客户机没有 IP 地址，也不知道服务器的地址，所以客户机以 0.0.0.0 作为源地址，255.255.255.255 作为目标地址向 DHCP 服务器发送广播报文申请 IP 地址。DHCP Discover 报文中还包括客户机的 MAC 地址和主机名。

② DHCP 服务器提供 IP 地址。DHCP 服务器收到 DHCP Discover 报文后，将从地址池中选取一个未出租的 IP 地址并利用广播将 DHCP Offer 报文送回给客户机。DHCP Offer 报文中包含了客户机的硬件地址、提供的 IP 地址、子网掩码和租用期限，所提供的 IP 地址在正式租用给客户机之前会暂时被标为不可用，以免分配给其他客户机。如果网络中有多台 DHCP 服务器，则客户机可能收到好几个 DHCP Offer 报文，客户机通常只认第一个 DHCP Offer。

③ DHCP 客户机进行 IP 租用选择。一旦收到第一个 DHCP Offer 报文后，客户机将以广播方式发送 DHCP Request 报文给网络中的所有 DHCP 服务器。这样既通知了所选择的服务器，也通知了其他没有被选中的服务器，以便这些 DHCP 服务器释放其原来标为不可用的 IP 地址供其他客户机使用。此时 DHCP Request 广播报文源地址仍为 0.0.0.0，目标地址为 255.255.255.255，报文中包含所选择的 DHCP 服务器的地址。

④ DHCP 服务器 IP 租用认可。一旦被选择的 DHCP 服务器收到 DHCP Request 报文后，就将已标为不可用的 IP 地址标识为已租用，并以广播方式发送一个 DHCP ACK 确认信息给客户机。客户机收到 DHCP ACK 信息后，就使用此信息中提供的相关参数来配置自己的 IP 地址及 TCP/IP 属性并加入网络。

（2）DHCP 租约的更新。

DHCP 服务器将 IP 地址租给客户机是有租用时间限制的，客户机必须在此次租用过期前进行更新。客户机在 50%租期时间过后，每隔一段时间就发送 DHCP Request 报文，开始请求 DHCP 服务器更新当前租期，如果 DHCP 服务器应答则租用延期，如果 DHCP 服务器始终没有应答，在有效期的 87.5%时，客户机应该与任何一个其他的 DHCP 服务器通信，并请求更新它的配置信息。如果客户机不能和所有的 DHCP 服务器取得联系，租借时间到期后，它必须放弃当前的 IP 地址，并重新发送一个 DHCP Discover 报文开始上述的 IP 地址获取过程。

DHCP 控制台在 Windows Server 2008 上安装 DHCP 服务器并不复杂，只是要注意 DHCP 服务器本身的 IP 地址应是固定的，不能是动态分配的。可通过服务器管理器的"角色"→"添加角色"调出的"添加角色向导"工具进行安装，安装完毕后，不必重新启动系统。管理员可通过如图 8.50 所示的 DHCP 控制台对 DHCP 服务器进行配置。

图 8.50 DHCP 控制台

对 DHCP 服务器进行配置管理主要体现在以下几方面。

① 配置作用域：指一个合法的 IP 地址范围，用于向特定子网上的客户机出租 IP 地址。

作用域的维护主要是修改、停用、协调与删除 IP 作用域，这些操作都可以在 DHCP 控制台窗口中进行。

② 超级作用域：这是为了便于管理对作用域所做的一种分组，用于在同一个物理子网中支持多个 IP 子网。超级作用域将多个作用域组织到一起，构成单一的管理实体。

③ 排除范围：作用域中有限的几个从 DHCP 服务中排除的 IP 地址，排除范围内的任何地址不提供给 DHCP 客户机。

④ 地址池：一旦 DHCP 作用域和排除范围都定义好后，剩下的地址就构成了该作用域的可用地址池。

⑤ 租约：DHCP 客户租用 IP 地址的使用期限。

⑥ 保留：用于创建永久的地址租约。使用保留后，可将特定的 IP 地址给特定的客户端使用，以便该客户端每次申请 IP 地址时都拥有相同的 IP 地址。

选择"开始"→"所有程序"→"管理工具"→"DHCP"，打开 DHCP 控制台，对 DHCP 服务器进行配置和管理。凡是由控制台界面来管理的服务都具有典型的树状层次结构，DHCP 也不例外。DHCP 控制台可管理多个 DHCP 服务器，每个 DHCP 服务器可管理多个作用域（又称领域），具体的配置信息都是以作用域为单位来管理的，每个作用域拥有特定的 IP 地址范围。DHCP 服务器的管理层次为：DHCP→DHCP 服务器→超级作用域→作用域→IP 地址范围。

（3）创建 DHCP 作用域。

下面示范 DHCP 作用域的创建。

① 打开 DHCP 控制台，展开目录树，右击相应的 DHCP 服务器，选择"新建作用域"命令，启动"新建作用域向导"。

② 在"作用域名称"对话框中设置作用域的名称和说明信息，如图 8.51 所示，单击"下一步"按钮。

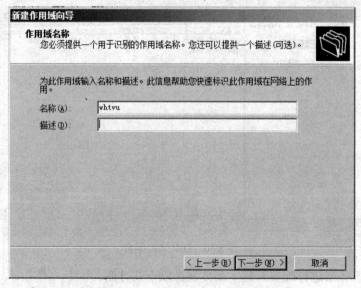

图 8.51 "作用域名称"对话框

③ 出现如图 8.52 所示的"IP 地址范围"对话框。在"起始 IP 地址"和"结束 IP 地址"文本框中输入要分配的 IP 地址，以确定地址范围。在"长度"和"子网掩码"文本框中设置相应的值，以解析 IP 地址的网络和主机部分。

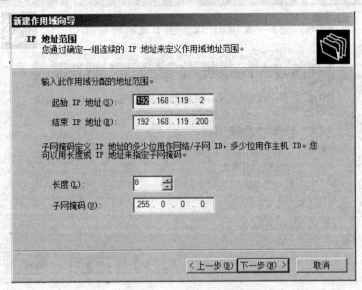

图 8.52　设置 IP 地址范围

这里的长度指 IP 地址中网络部分的位数，建议使用对大多数网络有用的默认子网掩码。如果知道网络需要不同的子网掩码，则可根据需要来修改这个值。

④ 单击"下一步"按钮，打开如图 8.53 所示的对话框。可根据需要从 IP 地址范围中选择一段或多段要排除的 IP 地址，排除的地址不能对外出租。如果要排除单个 IP 地址，只需在"起始 IP 地址"中输入地址。

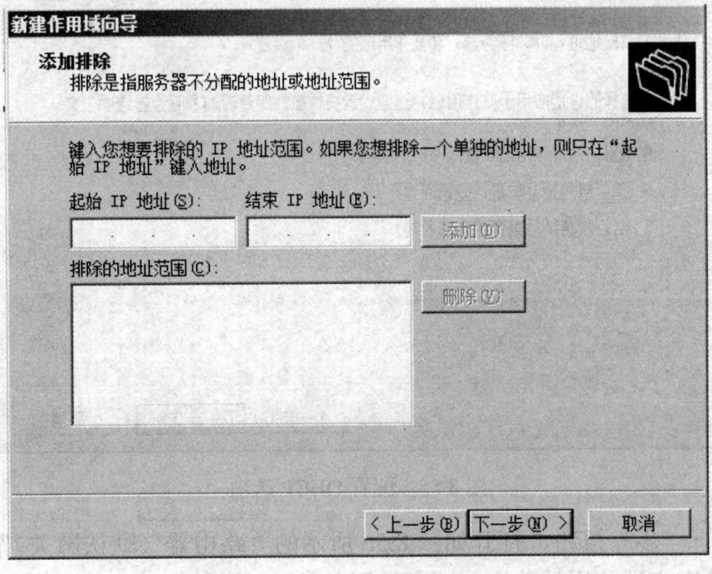

图 8.53　设置要排除的 IP 地址范围

⑤ 单击"下一步"按钮，打开"租用期限"对话框，如图 8.54 所示，定义客户机从作用域租用 IP 地址的时间长短。对于经常变动的网络，租期应短一些。

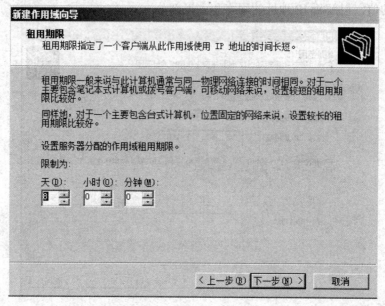

图 8.54 "租用期限"对话框

⑥ 单击"下一步"按钮，打开"配置 DHCP 选项"对话框，选择是否为此作用域配置 DHCP 选项。这里选择"是"选项，否则将跳到第 10 步，如图 8.55 所示。

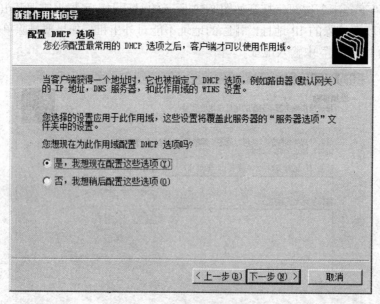

图 8.55 配置 DHCP 选项

⑦ 单击"下一步"按钮，打开如图 8.56 所示的"路由器（默认网关）"对话框，设置此作用域发送给客户端使用的路由器或默认网关的 IP 地址。

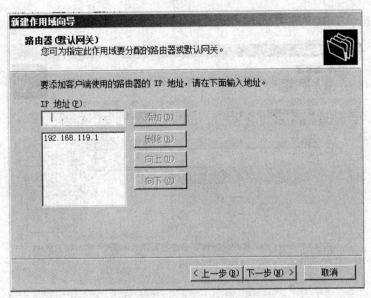

图 8.56　设置路由器（默认网关）选项

⑧ 单击"下一步"按钮，打开如图 8.57 所示的"域名称和 DNS 服务器"对话框。如果要为客户机设置 DNS 服务器，应在"父域"文本框中输入用来进行 DNS 名称解析的父域名，在"IP 地址"列表中添加 DNS 服务器地址，可通过在"服务器名称"文本框中输入服务器名称，单击"解析"按钮来查询 IP 地址。

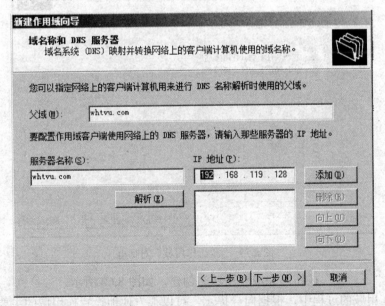

图 8.57　设置域名称和 DNS 服务器选项

⑨ 单击"下一步"按钮，打开"WINS 服务器"对话框，设置客户端要使用的 WINS 服务器，如图 8.58 所示。一般不需要配置，直接单击"下一步"按钮。

⑩ 打开"激活作用域"对话框，如图 8.59 所示。选择是否激活该作用域，如果激活，

该作用域就可提供 DHCP 服务了。

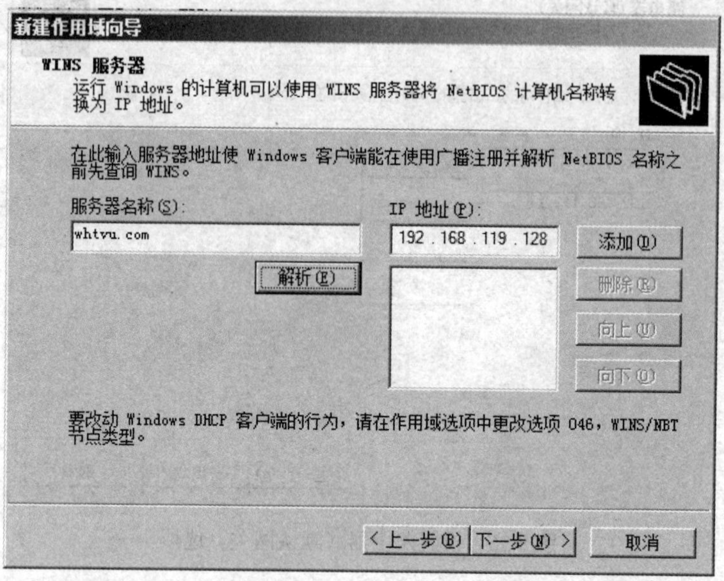

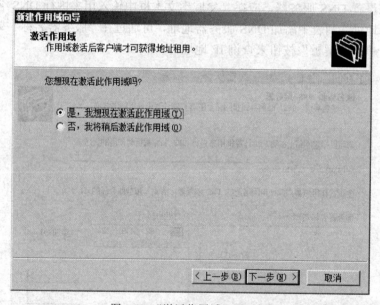

图 8.58　设置 WINS 服务器

图 8.59　"激活作用域" 对话框

⑪ 单击"下一步"按钮，完成作用域的创建，如图 8.60 所示。

在创建作用域的过程中，根据向导提示，可以很方便地设置作用域的主要属性，包括 IP 地址的范围、子网掩码和租用期限等，还可定义作用域选项。管理员也可根据需要进一步实现更灵活的配置。

（4）配置 Windows DHCP 客户机。

任何运行 Windows 的计算机都可作为 DHCP 客户机运行。与 DHCP 服务器比起来，

DHCP 客户机的安装和配置就更加简单了。例如，在 Windows 7 中，安装 TCP/IP 时，就已安装了 DHCP 客户程序。要配置 DHCP 客户机，应选择"开始"→"控制面板"→"网络和共享中心"→"本地连接"→"属性"，打开"TCP/IP 属性"对话框，切换到如图 8.61 所示的"常规"选项卡，选择"自动获得 IP 地址"单选钮即可。需要注意的是，只有启用 DHCP 的客户机才能从 DHCP 服务器租用 IP 地址，否则必须手工设定 IP 地址。

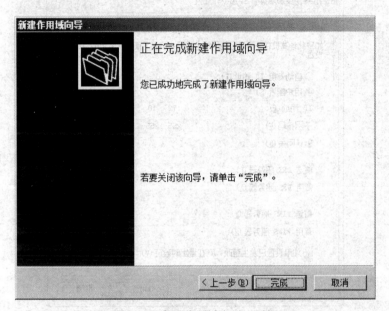

图 8.60　完成作用域向导对话框

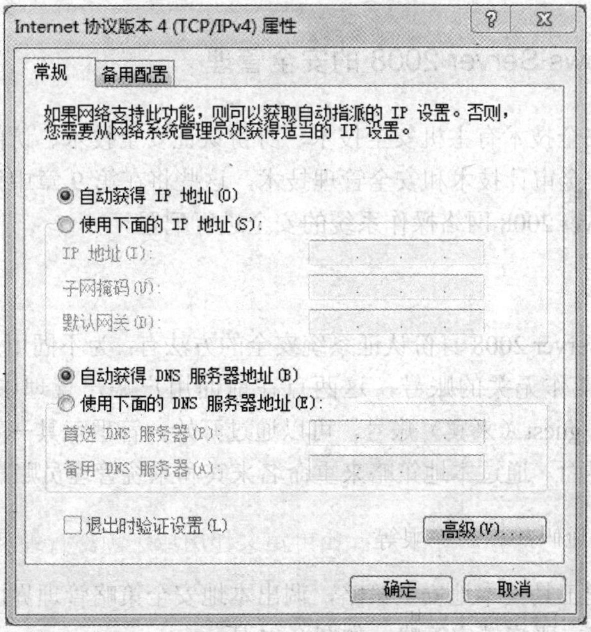

图 8.61　设置常规选项

运行 Windows XP/Windows Server 2003/Windows 7 的客户机还增加了 DHCP 客户端备用配置，如图 8.62 所示，便于用户在两个或多个网络之间轻松地转移计算机，而无须重新配置 IP 地址、默认网关和 DNS 服务器等网络参数。例如，便携式计算机在网络之间迁移，使用这种方法就特别方便。

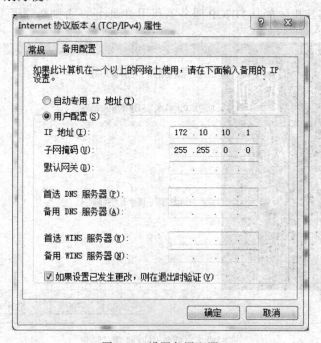

图 8.62　设置备用配置

8.2.5　Windows Server 2008 的安全管理

计算机网络的安全技术有主机安全技术、身份认证安全技术、访问控制技术、密码技术、防火墙技术、安全审计技术和安全管理技术，这些将在第 9 章中详细介绍。本节我们主要对 Windows Server 2008 网络操作系统的安全进行配置。

1．账号管理

提高 Windows Server 2008 身份认证系统安全的方法有：为不同用户分配不同账号；删除与运行、维护等工作无关的账号，这两点在前面用户账户管理中已经涉及；重命名 Administrator 和禁用 guest（来宾）账号，可以通过开始→管理工具→本地安全策略，调出本地安全策略管理界面，通过本地策略来重命名来宾和系统管理员账户，如图 8.63 所示。

2．口令管理

通过开始→管理工具→本地安全策略，调出本地安全策略管理界面，通过账户策略来设置用户的密码策略、账户锁定策略，如图 8.64 所示。

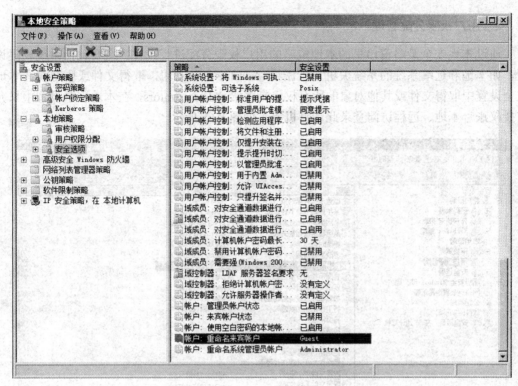

图 8.63　重命名来宾和系统管理员账户

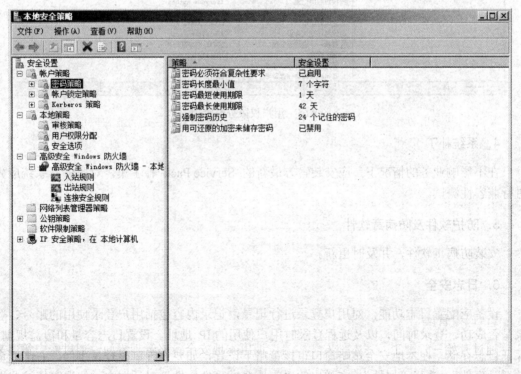

图 8.64　密码策略

3．用户权限分配管理

通过本地安全策略窗口里的本地策略的用户权限分配进行设置。主要包括系统权限设置，如本地和远端系统的系统关机只指派给 Administrators 组，取得文件或所有权在本地安全设置中取得文件或其他对象的所有权仅指派给 Administrators，在本地安全设置中只允许授权账号本地、远程访问登录此计算机等，如图 8.65 所示。

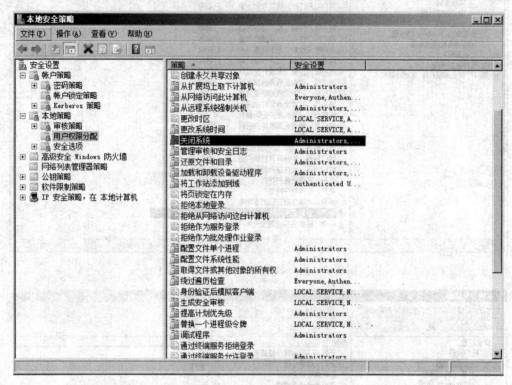

图 8.65　用户权限分配管理

4．系统补丁

在不影响业务的情况下，应安装官方最新的 Service Pack 补丁集，对服务器系统应先进行兼容性测试。

5．防护软件及防病毒软件

安装防病毒软件，并及时更新。

6．日志安全

设备应配置日志功能，对用户登录进行记录，记录内容包括用户登录使用的账号、登录是否成功、登录时间，以及远程登录时用户使用的 IP 地址。设置日志容量和覆盖规则，保证日志存储。在本地安全策略窗口审核策略下设置，如要设置审核登录事件，右击"审核登录事件"，选择"属性"，在弹出的"审核登录事件属性"对话框中，勾选审核这些操作下面的成功和失败，如图 8.66 所示。单击"确定"按钮，设置后的效果如图 8.67 所示，"安全设置"栏会由原来的"无审核"变为"成功，失败"。

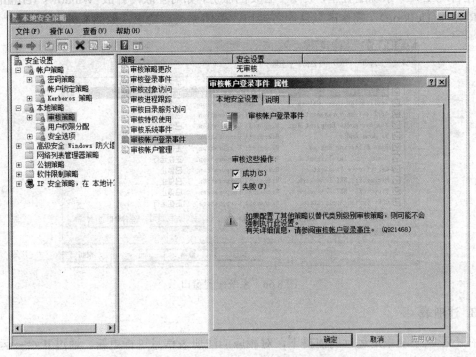

图 8.66　设置审核登录事件的属性

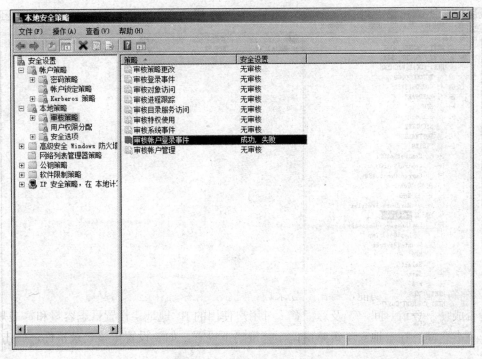

图 8.67　日志功能设置完成后效果

7. 不必要的服务、端口、启动项

在管理工具→系统配置里，关闭不必要的服务，如对互联网开放 Windows Terminal 服务（Remote Desktop），需修改默认服务端口，关闭无效启动项，如图 8.68 所示。

图 8.68　系统配置窗口

8. 注册表

在不影响系统稳定运行的前提下，对相应的注册表信息进行更新。通过开始→运行，在运行窗口中输入 regedit，调出注册表编辑器，如图 8.69 所示。

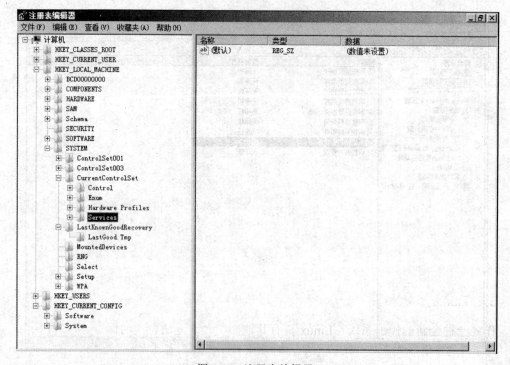

图 8.69　注册表编辑器

8.3　Linux 网络操作系统

8.3.1　Linux 简介

Linux 是一种比较适用于网络的操作系统。它以悠久的历史、较强的功能一直备受计算机用户的青睐。

1．什么是 Linux

Linux 是一种主要适用于个人计算机的类似于 UNIX 风格的操作系统。它的独特之处在于不受任何商品化软件的版权制约，全世界都能免费、自由使用。它支持多用户、多进程、多线程、实时性较好、功能强大而稳定。

Linux 是互联网上的独特现象。虽然它是由学生的业余爱好发展而来的，但是现在它已经成为最为流行的免费操作系统。

现在，许多大学与研究机构都使用 Linux 完成日常计算任务，人们在家用 PC 上使用 Linux，许多公司也在使用它。Linux 是具有专业水平的操作系统，它的爱好者遍及全世界。虽然现在 Linux 所占的市场份额还无法与微软的 Windows 相比——但它从诞生到现在还不过 10 年，与 Windows 相比还是一个小娃娃，然而 Linux 在市场上已经确立了自己的地位，并产生了广泛的影响，所花的时间也只有 Windows 的一半。在这个商业化的社会中，Linux 实在是一个奇迹。

2．Linux 的起源及主要版本

Linux 起源于一个学生的业余爱好，他就是芬兰赫尔辛基大学的 Linus Torvalds——Linux 的创始人与主要维护者。Linus 上大学时开始学习 Minix，这是一个功能简单的 PC 平台上的类 UNIX 操作系统。Linus 对 Minix 不是很满意，于是决定自己编写一个保护模式下的操作系统软件。他以学生时代熟悉的 UNIX 为原型，在一台 Intel PC 上开始了他的工作。他的进展很快，不久便得到了一个虽然不那么完善，却经可以工作的系统。他花了两个月的时间设计基本框架，然后很快又有了一个磁盘驱动程序和一个小型文件系统。大约在 1991 年 8 月下旬，他完成了 0.01 版本。

后来，Linux 发布的版本很多，但近年来，逐渐形成了比较常用的几大发布版本，其中国外的有：Red Hat、Slackware、Debian 等；国内的有：XteamLinux、TurboLinux、BluepointLinux、红旗 Linux。其中国外的几大版本已成为其他发布版本和包括 Linux 发布版本的商业软件包的基础。

3．Linux 的优点

作为一种全新的操作系统，Linux 具有其他操作系统无法替代的优点。

（1）全 32 位操作系统，用在 386 以上的机器。因为 Linux 的核心原码是完全针对 32

位的计算机做最佳设计，因此运行起来又稳又顺。

（2）是多任务的操作系统，可以同时执行几个程序。

（3）和所有 UNIX 式版本一样，是一个多用户操作系统。与通常的 Windows 系统相比，Linux 允许多个用户同时登录，充分利用了操作系统的多任务功能。这样做的一大优势在于，Linux 可以作为应用程序服务器。用户可以从桌面计算机或终端通过局域网登录 Linux 服务器，实际在服务器上而不是在 PC 上运行应用程序。

（4）和现今的 UNIX、System V、BSD 等三大主流的 UNIX 系统几乎完全兼容（因为全是遵守 POSIX 的标准）。在 UNIX 下可以运行的程序几乎完全可以移植到 Linux 上来。如果以程序设计的观点来看，在 Linux 平台上几乎能使用所有热门的开发软件，如 C、C++、FORTRAN、BASIC、Java、TCL/TK、AS 等。

（5）对内存有相当好的分配。Linux 会尽量把不用的内存作为缓冲区（Buffer）来使用，因此，RAM 的大小决定运行速度。每个程序都有自己的主内存区。系统处理主内存区是采取保护的方式，可以避免因一个程序的执行失败而引起整个系统的瘫痪。

（6）支持其他系统。可以同时挂上许多系统的磁盘，如 DOS、OS/2、NetWare、NT、Windows 98、Novell 等。还支持相当多的文件系统，文件名最长可达到 256 个字符，大小可以达到 4TB，并且通过网络，可以用 NFS 挂上全世界的硬盘，并当作自己目录的一部分。

（7）漂亮的 X 视窗系统是 Linux 的特色部分。在 X 视窗系统下，我们一面看图，一面听歌，一面运行其他工作站上的 Netscape 看网页。

（8）它支持众多的应用软件。因为不仅有许多人为 Linux 开发软件，而且越来越多的商业软件也移植到 Linux 上来。

8.3.2　创建和管理文件系统

Linux 的文件系统是 Linux 设计中非常有特点的部分，本节将介绍它如何创建和管理文件系统。

1．安装文件系统

首先介绍有关文件系统的一些概念。在访问某个文件系统之前，必须在某个目录下安装（mount）该文件系统。例如，如果在软盘上有一个文件系统，则必须将它安装到某个目录下，比如 mnt，以便能够访问其中的文件。安装了文件系统后，该文件系统的所有文件都会显示在那个目录下。卸载文件系统后，该目录（这里为/mnt）变为空。

硬盘上的文件系统也是如此。在启动时系统自动将文件系统安装到硬盘上，根文件系统被安装在目录"/"下，如果/usr 使用另一个单独的文件系统，则将之安装在/usr 下。如果只有一个根文件系统，那么所有的文件（包括那些在/usr 下的）都存放在该文件系统中。

mount 命令用来安装文件系统，它的命令格式如下：

```
mount-av
```

从文件/etc/rc 中执行（它是在启动时的系统初始化文件），mount-av 命令从文件/etc/fstab 中获取文件系统和安装点的信息，显示的信息如下：

mount：/dev / hda6 already mounted on / home

mount：none already mounted on / proc

mount：none already mounted on / dev / pts

not mounted anything

安装或卸载文件系统提供许多软件包，可以使普通用户安装或卸载文件系统（尤其是软盘）时不破坏系统的安全性。

mount-av 命令实际上安装除根文件系统（在 fstad 文件中为/dev/hda2）以外的全部文件系统，根文件系统在启动时由核心程序自动安装。

除了用 mount-av 以外，还可以手工安装文件系统。命令如下：

$mount-t ext2 / dev / hda3 / usr

该命令等价于在上例的 fstab 文件中安装文件系统/dev/hda3。

通常情况下，不会以手工方式安装或卸载文件系统，/etc/re 中的 mount-av 命令在启动时会自动安装文件系统，文件系统在用 shutdown 或 halt 命令关闭系统之前自动卸载。

2．检查文件系统

通常情况下，不断地检查文件系统中是否有受损文件是一个好办法，有些系统在启动时自动检查文件系统（用/etc/rc 中适当的命令）。

用于检查文件系统的命令依赖于出问题的文件系统类型，对 ext2fs 文件系统而言（最常用的类型），命令为 e2fsck。例如，命令：

$e2fsck-av / dev / hda3

将检查/dev/hda3 上的 ext2fs 文件系统，并自动纠正任何错误。

通常在检查文件系统之前最好卸载该文件。例如，命令：

$umount / dev / hda3

将卸载/dev/hda3 上的文件系统，然后再检查该文件系统，但是不能卸载根文件系统。为了在没有卸载之前就检查根文件系统，可以使用维护磁盘"boot/root"；当文件系统中有文件正在"忙"，即被其他运行进程使用时，也不能卸载该文件系统。例如，当某个用户的当前工作目录在某个文件系统上时，就不能卸载该文件系统。如果试图卸载一个正在被使用的文件系统，将得到"Device busy"的错误提示信息。

其他类型的文件系统将使用 e2fsck 命令的其他形式，比如 efsck 和 xfsck。在某些系统中，可以简单地使用 fsck 命令，它将首先决定文件系统类型，再执行相应的命令。

有一点很重要，那就是在检查完文件系统后，如果对该文件系统做了任何修正，就应该立即重新启动系统（当然，一般情况下，不能再安装文件系统进行检查）。例如，如果 e2fsck 报告纠正了文件系统的错误，就应该立即用 shutdown-r 命令确保重新启动系统，这使得在 e2fack 修改了文件系统后，系统能重新同步读取文件系统的信息。

/proc 文件系统从不需要以这种方式进行检查操作，/proc 是一个内存文件系统，直接由系统核心管理。

除了为交换空间保留单独的分区以外，还可以使用交换文件。然而为了能这样做，必须安装相应的 Linux 软件，并将一切安排就绪才能创建交换文件。如果安装了 Linux 系统，则可以用下列命令创建交换文件。下面将创建一个大小为 8208 块（约 8MB）的交换文件：

    $dd if=/dev/zero of=1024 count=8208

这条命令创建交换文件，"count=8208" 项为交换文件的块数。

    $mkswap/swap8208

该命令将初始化交换文件，同样，也可以用相应的值替换交换文件的命令和大小。

    $sync

    $swapon/swap

同步以后便可对刚创建的/swap 文件进行交换了。同步用来保证文件被写到磁盘上，这样做的缺点是，所有对交换文件的访问都是通过文件系统来实现的，这意味着组成交换文件的块可能不连续，因此性能也许不如使用交换分区，而且 I/O 请求是直接与设备通信的。

使用交换文件的另一个缺点是，在使用大的交换文件时，破坏文件系统中数据的机会变大，如果一旦出了错误，则将破坏文件系统。将文件系统和交换分区分开可以避免出现这种现象。如果暂时需要很大的交换空间，则使用交换文件便十分有用。例如，如果编译一个很大的程序，并希望提高运行速度，则可以暂时创建一个交换文件，并同常规的交换空间一起使用。

取消交换文件，首先用 swapoff，例如：

    $swapoff/swap

然后再安全地删除该文件：

    $rm/swap

请记住每个交换文件（分区）最大为 16MB，但可以在系统中使用多达 8 个交换文件或分区。

3．其他任务

对系统管理员来说还有许多日常的事务性工作。

（1）系统启动文件。在系统启动时，在任何用户注册之前系统将自动执行一系列初始化程序。下面是对该过程的详细描述。

在启动时，内核产生进程/etc/init。init 是一个程序，它可读取其配置文件/etc/inittab，并根据该文件的内容产生其他进程。由 inittab 产生的最重要的进程之一就是可在每个虚拟控制台（VC）上启动的/etc /getty 进程。getty 进程抢占虚拟控制台，并在 VC 上启动 login 进程，它允许用户在所有 VC 上进行注册，如果/etc/inittab 不包含某个 VC 的 getty 进程，则不能在该 VC 上注册。

另一个从/etc/inittab 中产生的进程是/etc/rc，即主系统的初始化文件。该文件是一个 shell 程序，它将执行在启动时需要的任何初始化命令，诸如安装文件系统和初始化交换空间。

系统也可以执行其他的初始化程序，如/etc/rc.local。/etc/rc.local 通常包含针对用户自己系统的初始化命令，例如设置主机名。rc.local 可以从/etc/rc 或从/etc/inittab 中直接启动。

（2）设置主机名。在一个网络环境中，主机名是用来识别某个机器的唯一标识，而在单机环境中，主机名只表示了系统的名称。设置主机名是一件很简单的事，只需使用 hostname 命令。在网络中，主机名必须是机器的主机名全称，比如 goobe.Norelco.com；如果不是网络环境，则可以选择任意的主机名和域名，比如 loomer.vpizza.com、shoop.nowhere.edu 或 floof.org。

设置主机名时，主机名必须在文件/etc/hosts 中，它给每个主机赋予一个 IP 地址，即使机器不在网络上，也应该在/etc/hosts 中包含用户自己的主机名。

例如，如果主机不在 TCP/IP 网络上，主机名为 floof.org，则只需在/etc/hosts 中包括下列项：

     127.0.0.1 floof.org localhost

它给主机 floof.org 赋予了一个回送地址 127.0.0.1（如果不在网络上就使用该地址），别名 localhost 也表示该地址。

如果在 TCP/IP 网络上，真正的 IP 地址和主机名也应该在/etc/hosts 中。例如，如果主机名为 goober.Norelco.com，IP 地址为 128.253.154.32，则应当在/etc/hosts 中增加以下行：

     128.253.154.32 goober.Norelco.com

如果主机名不在/etc/hosts 中，那么将无法完成设置。

设置主机名只需使用 hostname 命令即可，例如命令：

     $hostname –s goober.Norelco.com

设置主机名为 goober.norelco.com。多数情况下，hostname 命令是由某个系统启动文件执行的，例如/etc/rc 或/etc/rc.local。编辑上述两个文件，改变其中的 hostname 命令来设置主机名，再重新启动系统时，主机名将被设置为新值。

（3）紧急情况处理。在某些偶然的场合下，系统管理员将面临从一个彻底性的灾难中恢复系统的问题，例如忘记了根的口令或破坏了文件系统。然而，Linux 是一种性能稳定的系统，事实上 Linux 比商用 UNIX 在许多平台上出现的问题要少得多。Linux 还可提供一套功能强大的向导，它能帮助用户解决困难。

解决问题的第一步就是修复。系统管理员在仔细研究问题之前将会花大量的时间寻求帮助，多数情况下，可以发现要解决的问题实际上非常容易。

很少情况下需要重新安装被损坏的系统。许多新用户由于不小心删除了一些基本的系统文件，便立即去找安装盘，这并不是一个好主意。在采取这种极端的方法之前，请仔细研究一下并向其他人寻求帮助以解决问题。多数情况下，可以从维护磁盘上恢复系统。在出现紧急情况时，应考虑采用如下方法：

① 用维护磁盘进行恢复。系统管理员的必不可少的一种工具就是"boot/root"盘，它是一张可以启动完整的 Linux 系统的软盘，与硬盘无关。制作 boot/root 盘实际上很简单，首先用软盘创建一个根文件系统，将所需要的应用例程放在上面，再在该软盘上安装 LILO 和可启动的内核；另一种方法是在一张软盘中安装内核，另一张软盘安装根文件系统。两种情况结果都一样，都可以完全从软盘上启动 Linux 系统。

boot/root 盘的使用方法也很简单，只需要用该盘启动系统，并用 root 注册（通常没有口令）。为了存取硬盘上的文件，需要手工安装文件系统，命令如下：

     $mount –t ext2 / dev / hda2 / mnt

将/dev/hda2 上的 ext2fs 文件系统安装在/mnt 上。注意，"/"现在存放在 boot/root 盘上，用户需要将硬盘的文件系统安装在某个目录下，以便存取其中的文件。因此，如果将根文件系统安装在/mnt 下，那么硬盘上的/etc/passwd 则在/mnt/etc/passwd 中。

② 修复根口令。如果忘记了根口令，可以用 boot/root 盘启动，将根文件系统安装在/mnt 下，并在/mnt/etc/passwd 中将 root 的口令域清除，如：

woot：：0：0：root：/：bin/sh

这时 root 没有口令。当用硬盘重新启动时，可以用 root 注册，并用 passwd 重新设置口令。如果知道如何使用 vi，则可以在 boot/root 盘上使用它。

③ 修复损坏的文件系统。如果莫名其妙地破坏了文件系统，则可以用软盘运行 e2fsck 来修复文件系统中的所有受损数据（当然是指 ext2fs 文件类型），其他文件系统类型可以用其他形式的 fsck 命令。

当从软盘检查文件系统时，此时最好没有安装文件系统。

最常见的文件系统损坏就是超级块损坏。超级块是文件系统的头，它包含了文件系统的状态、大小、空闲块等，如果超级块被损坏（例如不小心将数据直接写到文件系统的分区表中），系统将根本无法识别文件系统。任何试图安装文件系统的操作将失效，e2fsck 也无法修复系统。

幸运的是，ext2fx 类型的文件系统在驱动器"块组"的边界保存了超级块的备份，通常情况下是每 8K 块为一个块组。为了告诉 e2fsck 使用超级块的副本，可以用如下命令：

$e2fsck -b8193<partition>

其中，<partition>是文件系统驻留的分区表，-b8193 选项告诉 e2fsck 用文件系统中存储在块 8193 的超级块备份。

④ 恢复丢失的文件。如果不小心删除了系统中的重要文件，则没有办法取消删除（undelete）。然而可以从软盘将相关文件复制到硬盘中，例如，如果删除了系统中的/bin/login（允许注册的文件），只需用 boot/root 软盘启动，将根文件系统安装到/mnt 上，并用命令：

$cp -a/bin/login/mnt/bin/login

其中，-a 选项告诉 cp 保留所复制文件的存取权限。

当然，如果删除的文件并不是基本的系统文件，而且在 boot/root 软盘上没有这些文件，那么就无法恢复被删除文件。不过如果做了备份，总是可以恢复的。

⑤ 恢复损坏的库。如果不小心破坏了库或在/lib 中的符号连接，那么依赖于那些库的命令将无法运行。最简单的办法就是用 boot/root 盘启动，安装根文件系统，并在/mnt/lib 下修复库。

8.3.3 用户管理

无论系统中是否有多个用户，了解 Linux 下的用户管理是十分重要的，即使系统中只有一个用户，该用户自己也可能有一个单独的账户（一个有别于 root 的账户）来完成大多数工作。

每个使用用户都有自己的账户，几个人共享同一个账户会造成许多麻烦。这不仅可能造成安全问题，而且账户是标识系统用户的唯一方法，系统管理员必须跟踪系统中的每一个用户并知道他们在做什么。

1. 用户管理概念

系统保存着有关每个用户的一系列信息，这些信息以下面的方式标识。

用户名：用户名是用来标识系统中每个用户的唯一标识符。例如，frank、qhua 和 wang。用户名中可以使用字母、数字、下画线（_）和英文句号（.）。通常情况下用户名限制在 8 个字符之内。

用户 ID：用户 ID 或 UID，是系统赋予每个用户的唯一的数字标识，系统通常通过 UID 而不是用户名来保存用户信息。

组 ID：组 ID 或 GID 是指用户所在组的 ID。每个用户通过系统管理员被定义属于一个或多个组。

口令：系统还保存了用户的加密口令，passwd 命令可用来设置和改变用户口令。

全名：用户的"真实姓名"或"全名"，与用户一起存储，例如用户 wang 在现实世界中的名字为"Wang Feng"。

个人目录：个人目录是用户在注册时最初所处的目录，每个用户都有其个人目录，通常在目录/home 下。

用户的 shell：用户的注册 shell 是在注册时启动的 shell，例如/bin/bash 和 bin/tcsh。

文件/etc/passwd 中包含了有关用户的这些信息，文件中的每一行包含一个用户的信息，每一行的格式如下：

username：encypted password：UID：GID：full name：home directory：login shell

例如，

wang：x：102：100：wang feng：/home/wang：/bin/bash

其中第一个域"wang"是用户名。

第二个域"x"代表口令。实际口令以人们无法读懂的格式存诸在系统中。口令用它本身作为密钥来加密，换句话说，就是必须需要知道口令才可解密，这种加密形式非常安全。有些系统采用的是"阴影口令"，在这种系统中口令信息被移交给文件/etc/shadow。因为/etc/passwd 是全局可读的，但/etc/shadow 却不是这样，所以该系统提供了某种程度的安全性。另外阴影口令还可提供其他一些特性，例如口令逾期等。

第三个域"102"是 UID，这个数对于每个用户来说是唯一的。

第四个域"100"是 GID，该用户属于组号为 100 的组，组信息和用户信息都保存在文件/etc/group 中。

第五个域是用户的全名，如"wang feng"。

最后两个域分别是用户的个人目录（/home/wang）和注册 shell（bin/bash）。用户的个人目录并不需要与用户名同名，但采用相同的名字便于识别目录。

2. 增加用户

增加一个用户需要完成以下几步，首先需要在/etc/passwd 中增加一个用户项。该项具有唯一的用户名、UID、GID 全名及其他一些必须说明的信息。必须创建用户的个人目录，而且必须对该目录的存取权限进行设置，使用户可以拥有该目录。必须在新的个人目录下提供 shell 初始化文件，还必须完成其他一些系统范围内的配置（如对于新用户设置收到电子邮件的缓冲池等）。

增加用户的最简单方法就是采用交互式程序，该程序将询问一些必需的信息并可自动修改所有的系统文件。该程序名为 useradd 或 adduser，它依赖于所安装的软件，这些命令的联机帮助将详细解释其用法。

3．删除用户

删除用户可以通过命令 userdel 或 deluser 来完成，这依赖于系统所安装的软件。

如需不删除用户账户而使用户暂时无法注册，可在/etc/passwd 的用户名域前加星号（"*"）来实现。例如，将 wang 的/etc/passwd 项改为：

   *wang：x：102：100：wang feng：/home/wang：/bin/bash

这样 wang 便无法注册了。

4．设置用户属性

创建用户之后可以改变用户的属性，例如个人目录或口令，最简单的方法就是直接改变/etc/passwd 中的值。设置用户口令，可以用 passwd 命令，例如：

$passwd wang

接着将要求输入新的口令，以及确认新口令，这样就更改了 wang 的口令。只有 root 才可以用这种方法改变其他用户的口令，用户也可以用 passwd 来改变他们自己的口令。

在某些系统中，命令 chfn 和 chsh 允许用户设置他们自己的全名和登录 shell 属性，否则必须通过系统管理员执行改变属性的操作。

8.3.4　配置网络

Linux 对网络的配置功能主要是通过 XteamServer 3.0i-class 这一网络服务操作系统和一套基于其上的网络管理软件——系统管理工具 XteamGoose 实现的。

1．XteamServer 3.0i-class 和 Goose 简介

XteamServer 3.0 i-class 是 Xteam 公司针对互联网应用，尤其是电子商务应用，为中小型企业量身定制的基于 Linux 的网络服务器操作系统。它具有易用性、基于浏览器管理和互联网经济的动力这几个特点。其关键技术是内核汉化。

Goose 是 XteamServer 3.0i-class 附带的一套基于 SSL 加密的通过浏览器进行系统管理的工具。由于在浏览器和服务器之间使用基于 SSL 的加密传输，因此本工具最大限度地保证了通信数据的安全性。Goose 的管理分为系统管理信息、日常管理和控制面板三个部分。

启动 Goose 的方法是：以 root 身份登录服务器，在控制台窗口输入：

/etc/rc.d/init.d/Goose start

关闭 Goose 可输入如下命令：

/etc/rc.d/init.d/Goose stop

2. 构造 Web 服务器

Web 起源于 UNIX 世界，因此 UNIX 平台中 Web 服务器的种类也最多。和 UNIX 的其他现象一样，Linux 中的 Web 服务器也是丰富多彩，并且大多数 Linux Web 服务器都是免费的。最著名的 Web 服务器包括 NCSA httpd、Apache、AOLserver、WN、W3C/Cern 等，其中 Apache 又以其卓越的性能被广泛使用。若管理 Apache 需要进入 Goose，单击左面的"日常管理"，会看到有一项是"WWW 服务"，继续单击，则进入 Apache 管理界面。

3. 管理 FTP 服务器

FTP 是经典的网络文件传输工具，它功能强大，使用方便，是网上文件传输的第一利器。通过 Goose 对 FTP 进行配置和管理，将使网络系统管理员的工作变得非常轻松。可进行 FTP 基本配置、FTP 用户分类、FTP 用户管理、匿名 FTP、FTP 服务的地址管理、目录别名管理、当前连接、最大连接等管理。

4. 管理 DNS 服务器

域名系统 DNS 是 Internet 上应用最多的一种服务，我们主要通过 Xteam-Goose 来配置 DNS。在传统的 Linux 中 DNS 的配置是一项烦琐的工作，需要在字符界面下进行大量的输入，但是现在通过 Goose 可以轻松地完成这一任务。

5. 管理 E-mail 服务器

E-mail 作为快速沟通信息的一种手段，已经成为互联网的重要组成部分。现在的应用关键是在 XteamServer3.0 i-class 中构建和管理一个 E-mail 服务器，此外还包括如何建立邮件服务器、管理邮件服务器和邮件服务的启动与关闭。

练 习 题

一、选择题

1. 从活动目录的组织结构来看，"域"是活动目录中的（　　　）。

　　A．物理结构　　　　　B．拓扑结构　　　　　C．逻辑结构　　　　D．系统架构

2. 在一棵域树中，域与域之间的信任关系是（　　　）。

　　A．双向信任　　　　　B．单向信任　　　　　C．可传递信任　　D．双向可传递信任

3. 在使用 DHCP 服务时，当客户机租约使用时间超过约期的 50%时，客户机会向服务器发送（　　　）报文，以更新现有租约。

　　A．DHCP Discover　　B．DHCP Offer　　　C．DHCP Request　D．DHCP ACK

二、问答题

1. 和其他操作系统比较，Windows Server 2008 操作系统具有哪些新特性？

2．在 Windows Server 2008 中安装 DHCP 服务器的目的是什么？

3．解释名词：用户账户；计算机账户；组；域控制器；Linux 的用户管理

4．用户账号常用于哪些方面？

5．Windows Server 2008 操作系统具有哪些安全机制？

6．在 Linux 中如何增加用户、删除用户、设置用户属性？

7．如何安装、检查 Linux 的文件系统？

8．若 Linux 管理员忘记了根的口令或破坏了文件系统，将如何较好地修复和处理？

9．Linux 具有哪些主要网络配置功能？

第9章
计算机网络安全

Internet 的迅速发展给我们带来了一个全新的网络世界,它不仅改变了人们的通信方式、工作方式,也彻底改变着我们的生活方式。但同时也带来了一个日益突出的严峻问题——网络安全。

网络安全技术是伴随着网络的诞生而出现的,但直到 20 世纪 80 年代末才引起关注,20 世纪 90 年代末得到了飞速发展。近几年频繁出现的安全事故引起了各国计算机安全界的高度重视,计算机网络安全技术也因此出现了日新月异的变化。安全核心系统、VPN 安全隧道、身份认证、网络底层数据加密和网络入侵主动监测等越来越高深复杂的安全技术,从不同层次极大地加强了计算机网络的整体安全性。

本章主要介绍关于网络安全的基本概念、网络安全的内容及研究对象和数据加密技术、虚拟专用网 VPN 技术、防火墙技术等网络安全的实用技术。

9.1 计算机网络安全概述

计算机网络为人类提供了资源共享的载体,然而资源共享和信息安全又是一对矛盾。一方面,计算机网络分布范围广,普遍采用开放式体系结构,提供了资源的共享性,提高了系统的可靠性,有了网络,人们可以协同工作,大大地提高了工作效率;另一方面,也正是这些特点增加了网络安全的脆弱性和复杂性。

1. 网络安全的概念

安全,通常是指一种机制,在这种机制的制约下,只有被授权的人或组织才能使用其相应的资源。目前,国际上对计算机网络安全还没有统一的定义,我国对其提出的定义是:

计算机系统的硬件、软件、数据受到保护,使之不因偶然的或恶意的原因而遭到破坏、更改、泄露,系统能连续正常工作。

这个定义说明了计算机安全的本质和核心。从技术上讲,计算机网络安全分为以下三个层次。

(1)实体的安全性:保证系统硬件和软件本身的安全。

(2)运行环境的安全性:保证计算机能在良好的环境里连续正常工作。

（3）信息的安全性：保障信息不会被非法窃取、泄露、删改和破坏。防止计算机机时和资源被未授权者使用。

2. 计算机网络的安全威胁

随着计算机网络的迅速发展和网络应用的进一步加强，信息共享和信息安全的矛盾也日益突出。由于计算机网络的安全直接影响到政治、军事、经济、科学以及日常生活等各个领域，要想有效维护好网络系统的安全，就必须系统、翔实地分析和认识网络安全的威胁，做到有的放矢。

网络上的安全威胁主要有两类。

（1）偶然发生的威胁，如天灾、故障、误操作等。

（2）故意的威胁，是第三者恶意的行为和电子商务对方的恶意行为。来自恶意的第三者，如外国间谍、犯罪者、产业间谍和不良职员等。

在这两类威胁中，故意（人为）的破坏是更重要的。偶然（自然）的破坏可以通过数据备份和冗余设置等来防备，但人为的破坏却防不胜防。

自然灾害和事故包括硬件故障、电源故障、软件错误、火灾、水灾、风暴和工业事故等。它们的共同特点是具有突发性，人们很难防止它们的发生，减小损失的最好办法就是备份和冗余设置。备份并不像看起来那样简单，对一些金融机构或者大公司，数据备份量极大，并不单是用软盘多复制几份的问题。冗余设置的应用很多，简单的可以在 Windows NT 局域网上建两个域服务器；复杂的，比如说 FDDI 网络具有双环结构，当任何一单环发生故障时，它会自动形成一个单环继续工作。一些主干网的路由器也需要冗余备份，防止路由器发生事故。

人为的破坏主要来自黑客，他们知识水平高，危险性大，而且隐蔽性很强。一般常见的入侵如"电子邮件炸弹"，可能形成"拒绝服务"攻击，拒绝服务攻击是一种破坏性攻击。它的表现形式是用户在很短的时间内收到大量无用的电子邮件，从而影响网络系统的正常运行，严重时会使系统关机，网络瘫痪。更进一步的入侵就是得到了一些不该有的权限，如偷看别人的邮件或获得了有限的非法的写权利，最具威胁的入侵是得到系统的超级用户权限，这时可对网络进行任意的破坏，而有些高级的入侵者本身就是一些大机构的系统管理员或安全顾问。

除了直接入侵外，各种病毒程序也是 Internet 上的巨大危险。这些病毒可随下载的软件，如 Java 程序、ActiveX 控件进入公司的内部网络，且极易传播，影响范围广。它动辄删除、修改文件或数据，导致程序运行错误，甚至使系统死机。病毒程序中有一种被称为特洛伊木马的程序，这种程序表面上看是无害的，有很强的隐蔽性，但实际上在背后破坏用户的网络。

为了对付计算机病毒和网络黑客等计算机犯罪，国际社会和各国都相继成立了一些学术团体、行政和研究机构以及事故响应标准化组织，广泛开展各种关于网络安全的研究，包括网络安全技术、安全标准、威胁机理、风险与评测理论、数据安全管理与控制及与之相关的法律法规等。

9.2　计算机网络安全的内容及研究对象

计算机网络是计算机技术与通信技术结合的产物，我们通常把整个网络分为通信子网和资源子网两部分。因其工作任务不同、对信息的处理方式不同，在网络安全方面我们必须分别研究和采取有效的措施来保证网络和通信的安全。

9.2.1　计算机网络安全的内容

生活中常听说，黑客又入侵了某个网络，使该网络服务全部瘫痪；因网络问题使电子商务数据发生错误等。目前，人们一致认为 Internet 需要更多更好的安全机制。

1．计算机网络安全的内容

一般来说，计算机网络安全主要包含如下内容。

（1）秘密性：防止机密和敏感信息的泄露。

（2）真实性：对方的身份是真实的、可以鉴别的。

（3）不可否认性：信息的发出者不能否认这些信息源于自己。

（4）完整性：信息在传输途中没有被篡改。

（5）可用性：关键业务和服务在需要时是可用的。

2．安全服务和安全机制的一般描述

国际标准化组织于 1989 年制定了 ISO7498—2 国际标准，描述了基于开放系统互联参考模型的网络安全体系结构，并说明了安全服务及其相应机制与安全体系结构的关系，从而建立了开放系统的安全体系结构框架，为网络安全的研究奠定了基础。该体系结构主要包括对网络安全服务及其相关的安全机制的描述，安全服务及其相关机制在 OSI 参考模型层次中位置的定义及安全管理功能的说明等内容。

安全服务是由网络安全系统提供的用于保护网络安全的服务。保护系统安全所采用的手段称为安全机制，安全机制用来实现安全服务。机制是从设计者的角度而言，服务是从提供者和使用者的角度而言。

ISO7498—2 标准中主要包含以下 5 种安全服务。

（1）访问控制服务。该服务提供一些防御措施，限制用户越权使用资源。

（2）对象认证安全服务。该服务用于识别对象的身份或对身份的识别。

（3）数据保密性安全服务。该服务利用数据加密机制防止数据泄露，信息加密可通过多种方法实现。

（4）数据完整性服务。该服务防止用户采用修改、插入、删除等手段对信息进行非法操作，保证数据的完整性。

（5）防抵赖性服务。该服务是用来防范通信双方的相互抵赖，用来证实发生过的操作，

以及发生争执时进行仲裁与公正。

为了有效地提供以上安全服务，ISO7498—2 标准提供了以下 8 种安全机制。

（1）密码机制：密码技术不仅提供了数据和业务流量的保密性，而且还能部分或全部地用于实现其他安全机制。

（2）数据签名机制：主要包含符号数据单元处理和符号数据单元数据检验两个过程。前一个过程用来生成作者的签名，后一个过程完成签名的鉴别。

（3）访问控制机制：主要是从计算机系统的访问处理方面对信息提供保护。一般先按照事先确定好的规则，通过系统的权限设置、加密技术、防病毒技术及防火墙技术等实现主体对客体的标识与识别，从而决定主体对客体访问的合法性。这里的标识主要包括用户的标识、软件的标识、硬件的标识等。

（4）数据完整性机制：发送实体在一个数据单元上加一个标志，接收实体在接收方也产生一个与之相对应的标记，并将其与接收到的标记进行比较，根据比较的结果来确定数据在传输过程中是否变化。

（5）业务流填充机制：用以屏蔽真实业务流量，防止非法用户通过对业务流量的分析窃取信息。

（6）验证交换机制：通过交换信息的方式来确认身份。可通过密码技术或利用实体的特征和所有权等实现。

（7）路由控制机制：信息的发送方可选择特殊的路由申请来实现路由控制。

（8）仲裁机制：通信过程中各方有可能引起的责任问题需通过可信的第三方（公证机构）来提供相应的服务与仲裁。在仲裁机制的约束下，通信双方在数据通信时都必须经由这个公证机构来交换，保证公证机构能得到所需的信息，供仲裁使用。

作为一个安全的网络，应满足以下 5 个安全要素。

（1）秘密性：对没有存取权限的人不泄露信息内容。在网络环境中所采取的方法是使用加密机制。

（2）完整性：从信息资源生成到利用期间保证内容不被篡改。

（3）可用性：对于信息资源有存取权限的人，什么时候都可以利用该信息资源。

（4）真实性：保证信息资源的真实性，具有认证功能。

（5）责任追究性：能够追踪资源什么时候被使用、谁在使用以及怎样使用。

9.2.2　计算机网络安全研究的对象

计算机网络安全研究的内容及目标是制定有效的措施，这些措施必须既能有效防止各类威胁，保证系统安全可靠，同时要有较低的成本消耗，较好的用户透明性、界面友好性和操作简易性。我们知道，计算机网络由通信子网和资源子网两部分组成。通信子网的作用是正确、快速地完成网上任意两点或多点之间的数据传输和交换；资源子网的作用是对信息进行处理。所以，网络安全措施可分别从两级子网入手。

在通信子网中通常可以采用以下几种安全措施：

（1）路由控制，从传输路径上加强数据的安全性；

（2）采用分组交换技术，通过调换分组及变更路由来防止整个数据被窃取；

（3）采取不易被截取的方法，如采用光纤通信等。

在资源子网中网络安全的主要技术手段是：存取控制、用户的识别与确认、数据的变换（加密）以及安全审计等。通常是通过一些网络安全技术来实现。

网络安全技术可分为主动防范技术和被动防范技术。加密技术、验证技术、权限设置等属于主动防范技术；防火墙技术、防病毒技术等属于被动防范技术。

网络系统可通过硬件技术（如通信线路、路由器等）、软件技术（如加/解密软件、防火墙软件、防病毒软件）和安全管理来实现网络信息的安全性和网络路由的安全性。

从整体上看，网络安全问题可分为以下几个层次，即操作系统层、用户层、应用层、网络层（路由层）和数据链路层，如图 9.1 所示。

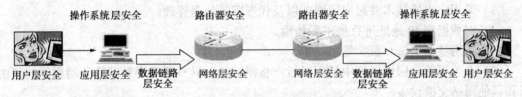

图 9.1　网络安全的五个方面

1．操作系统层安全

因为用户的应用系统全部在操作系统上运行，而且大部分安全工具或软件也都在操作系统上运行。因此，操作系统的安全与否直接影响网络的安全。操作系统的安全问题主要在于用户口令的设置与保护，同一局域网或虚拟网（VLAN）内的共享文件和数据库的访问控制权限的设置等方面。

2．用户层安全

用户层安全主要指他人冒名顶替或用户通过网络进行有关处理后不承认曾进行过有关活动的问题。例如，我国就曾发生过因冒名电子邮件而走上法庭的事件。用户层的安全主要涉及对用户的识别、认证以及数字签名问题。

3．应用层安全

应用层安全与应用系统直接相关，它既包括不同用户的访问权限设置和用户认证、数据的加密与完整性确认，也包括对色情、暴力以及政治上的反动信息的过滤和防止代理服务器的信息转让等方面。

4．网络层（路由器）安全

网络层的安全是 Internet 网络安全中最重要的部分，它涉及三个方面：第一是 IP 协议本身的安全性。IP 协议本身未加密使得人们非法盗窃信息和口令等成为可能。第二是网管协议的安全性。现在一般使用的网管协议是 SNMP，SNMP 协议的数据单元为报文分组，容易被截获，也容易被分析破解出网络管理的信息。第三是网络交换设备的安全性。交换设备包括路由器和 ATM。

5. 数据链路层的安全

数据链路层的安全主要涉及传输过程中的数据加密以及数据的修改，也就是机密性和完整性问题。数据链路层涉及的另一个问题是物理地址的盗用问题。由于局域网的物理地址是可以动态分布的，因此，人们就可以盗用他人的物理地址发送或接收分组信息。这对网络计费以及用户确认等带来较多的问题。

对于上述网络问题，人们已经提出了较多的解决方法。归纳起来，可以分为如下几种措施。

（1）强制管理和制定相应的法律法规，减少内部管理人员的犯罪或因内部管理疏忽而造成的犯罪。

（2）加强访问控制与口令管理。

（3）采用防火墙技术并对应用网关以及代理服务加强管理。

（4）对数据和 IP 地址进行加密后传输。

（5）采用签名论证和数字签名技术。

（6）在重要的全国性网络中使用经过严格测试的、具有源代码和硬件驱动程序的路由器和其他网络交换设备。

9.3　计算机网络安全措施

为了使信息的接收方能准确及时地收到发送方的信息，网络必须是安全的。为保证网络的安全就必须采取安全防范措施。首先，通过数据加密技术对需要交换的数据加密；然后，根据网络和现状采用最佳的方式来保证网络的安全，如构建虚拟专用网 VPN 和安装网络防火墙等。

9.3.1　数据加密技术

1. 数据加密

一般的加密模型如图 9.2 所示。在发送端，明文 X 用加密算法 E 和加密密钥 K_e 加密，得到密文 $Y=E_{Ke}(X)$。在传送过程中可能出现密文截取者（又称攻击者或入侵者）盗用，但由于没有解密密钥而无法将其还原成明文，从而保证了数据的安全性。到了接收端，利用解密算法 D 和解密密钥 K_d，解出明文 $X=D_{Kd}(Y)$。

如果不论截取者获得了多少密文，在密文中没有足够的信息来唯一地确定出相应的明文，则称这一密码体制为无条件安全的（或理论上是不可破的）。但是，在无任何限制的条件下，目前几乎所有实用的密码体制都是可破的。因此，人们关心的是要研制出在计算上而不是在理论上是不可破的密码体制，美国的数据加密标准 DES（Data Encryption Standard）和公开密钥密码体制 PKCS（Public Key Crypyo-System）的出现才基本解决了该问题。

（1）常规密钥密码体制。这种密钥密码体制的加密密钥与解密密钥是相同的。常用的密码有两种，即代替密码和置换密码。

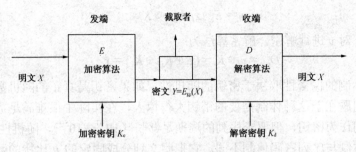

图 9.2　一般的数据加密模型

代替密码的原理可用一个例子来说明。例如，将字母 a,b,c,d,…,w,x,y,z 的自然顺序保持不变，但使之与 D,E,F,G,…,Z,A,B,C 分别对应（即相差 3 个字符）。若明文为 caesar cipher，则对应的密文为 FDHVDU FLSKHU（此时密钥为 3）。

其缺点是：由于英文字母中各字母出现的频度早已有人进行过统计，所以根据字母频度表可以很容易对这种代替密码进行破译。

对于置换密码，则是按某一规则重新排列数据中字符（或比特）的顺序。例如，在发送方以词 TABLE 中每个字母在字母表中的相对顺序作为密钥,将明文按 5 个字符为一组写在密钥下，如：

密钥	T	A	B	L	E
顺序	5	1	2	4	3
明文	a	t	t	a	c
	k	b	e	g	i
	n	s	a	t	f
	o	u	r	p	m

然后按密钥中的字母在字母表中排列的先后顺序，按列抄出字母便得到密文，即 tbsutearcifmagtpakno。在接收方，按密钥中的字母顺序按列写下、按行读出，即得到明文，即 attackbeginsatfourpm。

以上两种密码均容易破译，一般作为复杂编码过程中的中间步骤。

从得到的密文序列的结构可将密码体制分为两种：序列密码与分组密码。

序列密码体制是将明文 X 看成是连续的比特流（或字符流）x_1, x_2，…，在发端用密钥序列 $K = K_1$, K_2，…中的第 i 个元素 K_i 对明文中的 X_i 进行加密（如图 9.3 所示），即 $E_K(X) = E_{K_1}(X1) E_{K_2}(X2) \cdots$

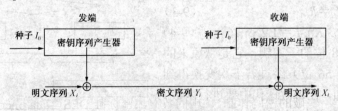

图 9.3　序列密码体制

在开始工作时，种子 I_0 对密钥序列产生器进行初始化。K_i, x_i 均为一个比特（或一个字符），按照模 2 加进行运算，得

$$y_i = E_{k_i}(x_i) = x_i \oplus K_i \tag{9-1}$$

在接收端，对 y 进行解密，解密算法为

$$D_{k_i} = y_i \oplus K_i = (x_i \oplus K_i) \oplus K_i = x_i \tag{9-2}$$

序列密码体制的保密性取决于密钥的随机性。如果密钥是真正的随机数，则在理论上是不可破的。问题在于这种体制需要的密钥大得惊人，在实际中很难满足需要。目前人们常用伪随机序列作为密钥，但要求序列的周期足够长（$10^{10} \sim 10^{50}$），随机性要好。

分组密码体制与序列密码体制不同。它把明文划分成固定的 n 比特的数据组，然后在密钥的控制下按组进行加密，如图 9.4 所示。当给定一个密钥后，分组密码算法总是把明文变换成同样长度的一个密文分组。如果明文分组相同，那么密文分组也相同。置换密码就是分组密码的例子，但最有名的是美国的数据加密标准 DES 和公开密钥密码体制。

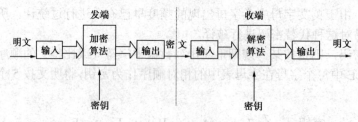

图 9.4　分组密码体制

（2）数据加密标准 DES。DES 是 IBM 公司于 1971 年至 1972 年研制成功的，1977 年被美国定为联邦信息标准，ISO 也将 DES 作为数据加密标准。

DES 使用 64 位密钥（除去 8 位奇偶校验位，实际密钥长为 56 位）对 64 位二进制数加密，产生 64 位加密数据，加密算法如图 9.5 所示。对 64 位明文 X 进行初始置换后得 X_0，其左半边和右半边各 32 位，分别记为 L_0 和 R_0，然后对 L_0 和 R_0 进行 16 次迭代。若用 X_i 表示 i 次的迭代结果，L_i 和 R_i 分别表示 X_i 的左半边和右半边（各 32 位），则加密方程为

$$L_i = R_{i-1} \tag{9-3}$$

$$R_i = L_{i-1} \oplus f(R_{i-1}, K_i), \ i = 1, 2, \cdots, 16 \tag{9-4}$$

式中 K_i 是 48 位的子密钥，它是从原来的 64 位密钥（实为 56 位）经过若干次变换得到的。从图 9.5 可知，在每次迭代中要进行函数 f 的变换、模 2 运算及左右半边交换。注意，在最后的一次迭代之后，左右半边没有交换，但将 R、L 进行逆初始变换而得到密文 Y。

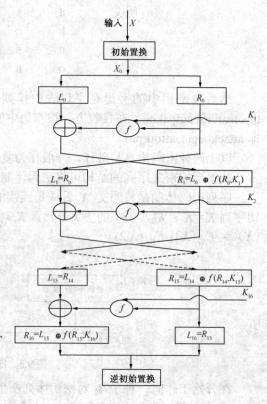

图 9.5　DES 加密算法

函数 f 是一个非常复杂的变换，变换的过程如图 9.6 所示。

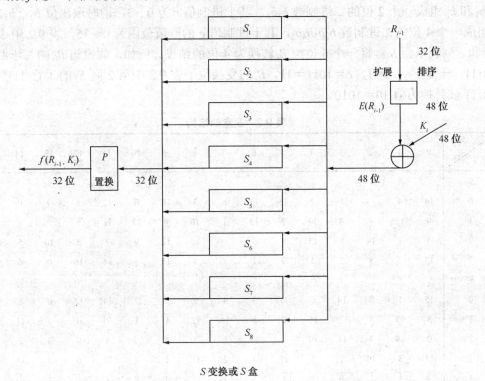

S 变换或 S 盒

图 9.6 函数 f 变换过程

① 先将 32 位的 R_{i-1} 按扩展排序表 9.1 扩展成 48 位的 $E(R_{i-1})$。

② 再将 $E(R_{i-1})$ 与 48 位的 K_i 按模 2 加得 48 位结果。

③ 然后将结果顺序地划分为 6 位长的 8 个组 $B_1B_2\cdots B_8$，即

$$E(R_{i-1}) \oplus K_i = B_1B_2\cdots B_8$$

并对每一组分别进行 "S 变换"，用 8 个不同的 S 函数，分别将 8 个 6 位长的组转换成 8 个 4 位长的组，即 $B_j \rightarrow S_j(B_j)$，$j=1,2,\cdots,8$。

表 9.1 扩展排序

位	1	2	3	4	5	6	7	8
移至	2,48	3	4	5,7	6,8	9	10	11,13
位	9	10	11	12	13	14	15	16
移至	12,14	15	16	17,19	18,20	21	22	23,25
位	17	18	19	20	21	22	23	24
移至	24,26	27	28	29,31	30,32	33	34	35,37
位	25	26	27	28	29	30	31	32
移至	36,38	39	40	41,43	42,44	45	46	47,1

S_j 函数是一个 4 行 16 列的替代表，如表 9.2 所示。假设组 B_j 的 6 位是 $b_1b_2b_3b_4b_5b_6$，取出 b_1 和 b_6 组成一个 2 位的二进制数 b_1b_6，其十进制值 r 为 0～3，同时取出位 b_2，b_3，b_4，b_5 组成一个 4 位的二进制数 $b_2b_3b_4b_5$，其十进制值 c 的取值范围为 0～15，表 9.2 中 S_j 区的 r 行和 c 列表示由 S 盒将一个 6 位组 B_j 转换为 4 位的结果。例如，假设组 B_2 的二进制数为 010111，于是 $r=01=1$，$c=1011=11$。B_j 的变换位于表 9.2 中第 2 区 S_2 的 1 行 11 列，值 010111 被替换为值 10＝1010。

表 9.2　S 盒的结构

列 行	0	1	2	3	4	5	6	7	8	9	10	11	12	13	14	15
S_1																
0	14	4	13	1	2	15	11	8	3	10	6	12	5	9	0	7
1	0	15	7	4	14	2	13	1	10	6	12	11	9	5	3	8
2	4	1	14	8	13	6	2	11	15	12	9	7	3	10	5	0
3	15	2	8	2	4	9	1	7	5	11	3	14	10	0	6	13
S_2																
0	15	1	8	14	6	11	3	4	9	7	2	13	12	0	5	10
1	3	13	4	7	15	2	8	14	12	0	1	10	6	9	11	5
2	0	14	7	11	10	4	13	1	5	8	12	6	9	3	2	15
3	13	8	10	1	3	15	4	2	11	6	7	12	0	5	14	9
⋮	⋮	⋮	⋮	⋮	⋮	⋮	⋮	⋮	⋮	⋮	⋮	⋮	⋮	⋮	⋮	⋮
S_8																
0	13	2	8	4	6	15	11	1	10	9	3	14	5	0	12	7
1	1	15	13	8	10	3	7	4	12	5	6	11	0	14	9	2
2	7	11	4	1	9	12	14	2	0	6	10	13	15	3	5	8
3	2	1	14	7	4	10	8	13	15	12	9	0	3	5	6	11

（3）最后将所得的 8 个 4 位长的 $S_j(B_j)$，$j=1$，2，…，8 按顺序排好后，再按表 9.3 进行一次 P 置换得 32 位的函数 $f(R_{i-1}, K_i)$。表 9.3 示出了替代结果的各位需移至的位置。例如，替代结果的第 1 位移至第 9 位，而第 2 位移至第 17 位。

表 9.3　P 置换

移至位置	1	2	3	4	5	6	7	8	9	10	11	12	13	14	15	16
替代结果的位	16	7	20	21	29	12	28	17	1	15	23	26	5	18	31	10
移至位置	17	18	19	20	21	22	23	24	25	26	27	28	29	30	31	32
替代结果的位	2	8	24	14	32	27	3	9	19	13	30	6	22	11	4	25

DES 的加密操作过程共有 16 次，每次要用到一个子密钥，图 9.7 给出了子密钥 K_i 的生成逻辑。

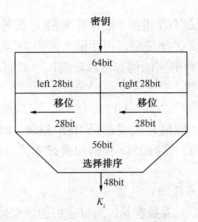

图 9.7　加密密钥的生成逻辑

如前所述，从 64 位密钥中每隔 8 位删除一位奇偶校验，即变成 56 位的密钥，将其分为 28 位的两部分，进行循环左移，每次移动的位数如表 9.4 所示。然后再将两部分拼接起来，随后按表 9.5 从 56 位中选择作为该轮次的密钥 K_i。

表 9.4　各次需要循环移位的位数

轮次	1	2	3	4	5	6	7	8	9	10	11	12	13	14	15	16
子密钥	K_1	K_2	K_3	K_4	K_5	K_6	K_7	K_8	K_9	K_{10}	K_{11}	K_{12}	K_{13}	K_{14}	K_{15}	K_{16}
移动位数	1	1	2	2	2	2	2	2	1	2	2	2	2	2	2	1

表 9.5　选择 48 位的选择排列

密钥位	1	2	3	4	5	6	7	8	9	10	11	12	13	14
选至的位置	5	24	7	16	6	10	20	18	—	12	3	15	23	1
密钥位	15	16	17	18	19	20	21	22	23	24	25	26	27	28
选至的位置	9	19	2	—	14	2	11	—	13	4	—	17	21	8
密钥位	29	30	31	32	33	34	35	36	37	38	39	40	41	42
选至的位置	47	31	27	48	35	41	—	46	28	—	39	32	25	44
密钥位	43	44	45	46	47	48	49	50	51	52	53	54	55	56
选至的位置	—	37	34	43	29	36	38	45	33	26	42	—	30	40

解密过程和加密过程使用的是同一算法和同一个 f 函数，但解密密钥的生成顺序正好相反，即（K_{16}，K_{15}，…，K_1）。由于这一算法既可用于加密，又可用于解密，用硬件或软件来实现 DES 也就十分方便了。美国 AT&T 首先用 LSI 芯片实现了 DES 的全部工作模式，该产品称为数据加密处理机（DEP）。

DES 的保密性完全取决于对密钥的保密，而算法是公开的。在破译 DES 方面，至今未能找到比穷举搜索密钥更有效的方法。

（4）公开密钥密码体制。公开密钥密码体制是指加密密钥（即公开密钥）PK 是公开信息，加密算法 E 和解密算法 D 也都是公开的，而解密密钥（即秘密密钥）SK 是保密的。

虽然 SK 是由 PK 决定的，但却不能根据 PK 计算出 SK。公开密钥算法有以下特点：

① 用加密密钥 PK 对明文 X 加密后，再用解密密钥 SK 解密即得明文，即 $D_{SK}(E_{PK}(X))=X$。而且，加密和解密的运算可以对调，即 $E_{PK}(D_{SK}(X))=X$；

② 加密密钥不能用来解密，即 $D_{PK}(E_{PK}(X))\neq X$；

③ 在计算机上可以容易地产生成对的 PK 和 SK，但从已知的 PK 不可能推导出 SK。

在公开密钥密码体制中，应用得最多的是 RSA 体制，RSA 算法是由 Rivest、Shamir 和 Adleman 于 1978 年提出的，曾被 ISO 数据加密技术委员会推荐为公开密钥数据加密标准。

下面介绍 RSA 体制的基本原理。

RSA 体制是根据寻求两个大素数容易，而将它们的乘积分解开则极其困难这一原理来设计的。在这一体制中，每个用户有加密密钥 $PK=(e,N)$ 和解密密钥 $SK=(d,N)$，用户把加密密钥 PK 公开而对解密密钥中的 d 保密。其中 N 为两个大素数 p 和 q 的乘积（p 和 q 一般为 100 位以上的十进制素数），虽然 e 和 d 满足一定的关系，但对手不能根据已知的 e 和 N 求出 d。

若用整数 X 表示明文，用整数 Y 表示密文，X、Y 均小于 N，则加、解算法为

加密： $$Y=X^e \bmod N \tag{9-5}$$

解密： $$X=Y^d \bmod N \tag{9-6}$$

加密密钥 $PK=(e,N)$ 和解密密钥 $SK=(d,N)$ 的生成过程如下：

用户秘密的选择两个大素数为 p 和 q，计算出 $N=pq$，将 N 公开。用户再计算出 N 的欧拉函数 $\mathscr{S}(N)=(P-1)(q-1)$，$\mathscr{S}(N)$ 定义为小于等于 N 且与 N 互素的数的个数。然后，用户从 $[0, \mathscr{S}(N)-1]$ 中任选一个与 $\mathscr{S}(N)$ 互素的数 e 作为公开的加密指数，并计算出满足下式的 d：

$$ed=1 \bmod \mathscr{S}(N) \tag{9-7}$$

作为解密指数，从而产生了所需要的公开密钥 PK 和秘密密钥 SK。

RSA 的安全性在于对大数 N 的分解极其困难。如果攻击者能从 N 分解出 p 和 q，便能求出 $\mathscr{S}(N)$，从而根据公开的 e 求出 d。但是，大数因式分解很花时间。例如，用每微秒做一次操作的计算机分解 100 位的十进制数，需时 74 年。

2. 加密策略

实现通信安全的加密策略，一般有链路加密和端到端加密两种。

（1）链路加密。链路加密是指对网络中每条通信链路进行独立的加密。为了避免一条链路受到破坏导致其他链路上传送的信息被破译，各条链路使用不同的加密密钥，如图 9.8 所示。链路加密将 PDU 的协议控制信息和数据都加密了，这就掩盖了源、目的地址，当结点保持连续的密文序列时也掩盖了 PDU 的频度和长度，能防止各种形式的通信量分析。而且由于只要求相邻结点之间具有相同的密钥，因而容易实现密钥分配。链路加密的最大缺点是报文以明文的形式在各结点加密，在结点暴露了信息内容，而各结点不一定都安全。因此，如果不采取有效措施，特别是在网络互联的情况下，不能保证通信的安全。此外，链路加密不适用于广播网络。

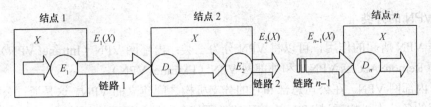

图 9.8　链路加密

（2）端到端加密。端到端加密是在源、目的结点中对传送的 PDU 进行加密和解密，其过程如图 9.9 所示。中间结点的不可靠不会影响报文的安全性。不过，PDU 的控制信息（如源、目的结点地址、路由信息等）不能被加密，否则中间结点就不能正确选择路由。因此，这种方法容易受到通信量分析的攻击。

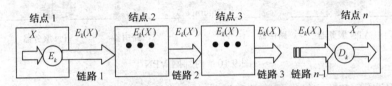

图 9.9　端到端加密

端到端加密已经超出了通信子网的范围，需要在运输层或其以上各层来实现。加密的层次选择有一定的灵活性，若选择在运输层进行加密，则可以不必为每一个用户提供单独的安全保护，可以使安全措施对用户透明，但容易遭受运输层以上的攻击。当选择在应用层实现加密时，用户可以根据自己的要求选择不同的加密算法，而互不影响。所以，端到端加密更容易适应不同用户的要求。端到端加密既可以适用于互联网的环境，又可以适用于广播网。对于端到端加密，由于各结点必须持有与其他结点相同的密钥，因而需要在全网范围内进行密钥分配。

9.3.2　虚拟专用网技术

1. 虚拟专用网（VPN）的基本概念

虚拟专用网技术是指在公用网络上建立专用网络的技术。用该技术建立的虚拟网络在安全、管理及功能等方面拥有与专用网络相似的特点，是原有专线式企业专用广域网络的替代方案。虚拟专用网可以帮助远程用户、公司分支机构、商业伙伴及供应商同公司的内部网建立可信的安全连接，并能提供安全的端到端的数据通信。通过将数据流转移到低成本的网络上，一个企业的虚拟专用网解决方案将大幅度地减少用户花费在城域网和远程网连接上的费用。同时也简化网络的设计和管理，加速连接新的用户和网站。另外，虚拟专用网还可以保护现有的网络投资。虚拟专用网至少能提供如下功能。

（1）加密数据：保证通过公网传输的信息即使被他人截获也不会泄露。

（2）信息认证和身份认证：保证信息的完整性、合法性，并能鉴别用户的身份。

（3）提供访问控制：保证不同的用户有不同的访问权限。

2. VPN 的分类

根据 VPN 所起的作用，可以将 VPN 分为三类：内部网 VPN（Intranet VPN）、远程访问 VPN（Remote Access VPN）和外部网 VPN（Extranet VPN）。

（1）内部网 VPN。在公司总部和它的分支机构之间建立的 VPN。这是通过公共网络将一个组织的各分支机构通过 VPN 连接而成的网络，它是公司网络的扩展。当一个数据传输通道的两个端点认为是可信的时候，公司可以选择"内部网 VPN"解决方案。安全性主要在于加强两个 VPN 服务器之间的加密和认证手段上，如图 9.10 所示。大量的数据经常需要通过 VPN 在局域网之间传递，可以把中心数据库或其他资源连接起来的各个局域网看成是内部网的一部分。

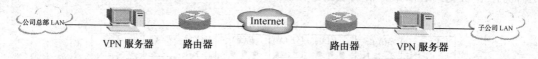

图 9.10　内部网 VPN

（2）远程访问 VPN。在公司总部和远地雇员或旅行中的雇员之间建立的 VPN。如果一个用户在家里或在旅途之中想同公司的内部网建立一个安全连接，可以用"远程访问 VPN"来实现，如图 9.11 所示。实现过程如下：用户拨号 ISP（Internet 服务提供商）的网络访问服务器 NAS（Network Access Server），发出 PPP 连接请求，NAS 收到呼叫后，在用户和NAS 之间建立 PPP 链路，然后，NAS 对用户进行身份验证，确定是合法用户，就启动远程访问的功能，与公司总部内部连接，访问其内部资源。

图 9.11　远程访问 VPN

公司往往制定一种"透明的访问策略"，即使在远地的雇员也能像坐在公司总部的办公室里一样自由地访问公司的资源。因此首先要考虑的是所有端到端的数据都要加密，并且只有特定的接收者才能解密。这种 VPN 要对用户的身份进行认证，而不仅认证 IP 地址，这样公司就会知道哪个用户将访问公司的网络，认证后决定是否允许用户对网络资源的访问。认证技术可以包括用一次口令、Kerbores 认证方案、令牌卡、智能卡或者是指纹。一旦一个用户通过公司 VPN 服务器的认证，根据他的访问权限表，就有一定的访问权限。每个人的访问权限表由网络管理员制定，并且要符合公司的安全策略。有较高安全度的远程访问 VPN 应能截取到特定主机的信息流，有加密、身份验证、过滤等功能。

（3）外部网 VPN。在公司和商业伙伴、顾客、供应商、投资者之间建立的 VPN，如图 9.12 所示。外部网 VPN 为公司合作伙伴、顾客、供应商提供安全性。它应能保证包括使用 TCP 和 UDP 协议的各种应用服务的安全，例如 E-mail、Http、FTP，数据库的安全以及一些应用程序的安全。因为不同公司的网络环境是不相同的，一个可行的外部网 VPN 方案应能适用于各种操作平台、协议、各种不同的认证方案及加密算法。

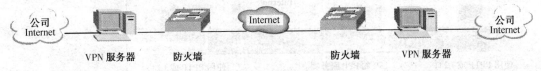

图 9.12　外部网 VPN

外部网 VPN 的主要目标是保证数据在传输过程中不被修改，保护网络资源不受外部威胁。安全的外部网 VPN 要求公司在同他的顾客、合作伙伴之间经 Internet 建立端到端的连接时，必须通过 VPN 服务器才能进行。在这种系统上，网络管理员可以为合作伙伴的职员指定特定的许可权。例如，可以允许对方的销售经理访问一个受到安全保护的服务器上的销售报告。

外部网 VPN 应是一个由加密、认证和访问控制功能组成的集成系统。通常公司将 VPN 服务放在用于隔离内、外部网的防火墙上，防火墙阻止所有来历不明的信息传输。所有经过过滤后的数据通过唯一的一个入口传到 VPN 服务器，VPN 服务器再根据安全策略来进一步过滤。

外部网 VPN 并不假定连接的公司双方之间存在双向信任关系。外部网 VPN 在 Internet 内打开一条隧道，并保证经过过滤后的信息传输的安全。当公司将很多商业活动安排在公共网络上进行时，一个外部网 VPN 应该用高强度的加密算法，密钥应选在 128 位以上。此外应支持多种认证方案和加密算法，因为商业伙伴和顾客可能有不同的网络结构和操作平台。

外部网 VPN 应能根据尽可能多的参数来控制对网络资源的访问，参数包括源地址、目的地址、应用程序的用途、所用的加密和认证类型、个人身份、工作组、子网等。管理员应能对个人用户身份进行认证，而不是仅仅根据访问者的 IP 地址确定访问控制。

3．VPN 的工作原理

要实现 VPN 连接，企业内部网络中必须配置一台基于 Windows NT 或 Windows 2000 Server 的 VPN 服务器，VPN 服务器一方面连接企业内部专用网络，另一方面要连接到 Internet，也就是说 VPN 服务器必须拥有一个公用的 IP 地址。当 Internet 上的客户机通过 VPN 连接与专用网络中的计算机进行通信时，先由 ISP（Internet 服务器提供商）将所有的数据传送到 VPN 服务器，然后再由 VPN 服务器负责将所有的数据传送到目标计算机。VPN 连接的示意图如图 9.13 所示。

VPN 使用三个方面的技术保证了通信的安全性：隧道协议、身份验证和数据加密。客户机向 VPN 服务器发出请求，VPN 服务器响应请求并向客户机发出身份质询，客户机将加密的响应信息发送到 VPN 服务器，VPN 根据用户数据库检查该响应，如果账户有效，VPN 服务器将检查该用户是否具有远程访问权限，如果该用户拥有远程访问的权限，VPN 服务器接受此连接。在身份验证过程中产生的客户机和服务器共享密钥将用来对数据进行加密。

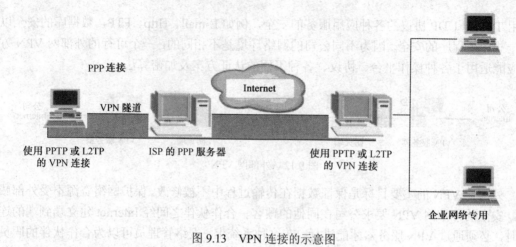

图 9.13 VPN 连接的示意图

常规的直接拨号连接与虚拟专用网连接的异同点在于前一种情形。PPP（点对点协议）数据包流是通过专用线路传输的。在 VPN 中，PPP 数据包流由一个 LAN 上的路由器发出，通过共享 IP 网络上的隧道进行传输，再到达另一个 LAN 上的路由器。

4. VPN 关键技术

实现 VPN 的关键技术主要包括如下内容。

（1）安全隧道技术（Secure Tunneling Technology）。通过将待传输的原始信息经过加密和协议封装处理后再嵌套装入另一种协议的数据包送入网路中，像普通数据包一样进行传输。经过这样的处理，只有源端和目的端的用户对隧道中的嵌套信息进行解释和处理，而对于其他用户而言只是无意义的信息。这里采用的是加密和信息结构变换的方式，而非单纯的加密技术。

（2）用户认证技术（User Authentication Technology）。在正式的隧道连接开始之前需要确认用户的身份，以便系统进一步实施资源访问控制或用户授权（Authorization）。用户认证技术是相对比较成熟的一类技术，因此可以考虑对现有技术的集成。

（3）访问控制技术（Access Control Technology）。由 VPN 服务的提供者与最终网络信息资源的提供者共同协商确定特定用户对特定资源的访问权限，以此实现基于用户的细粒度访问控制，以实现对信息资源的最大限度的保护。

VPN 区别于一般网络互联的关键在于隧道的建立，数据包经过加密后，按隧道协议进行封装、传送以保证安全性。在 VPN 的关键技术中，最重要的是安全隧道技术。建立隧道有两种主要的方式：客户启动（Client-Initiated）或客户透明（Client-Transparent）。客户启动要求客户和隧道服务器（或网关）都安装隧道软件。后者通常安装在公司中心站上。通过客户软件初始化隧道，隧道服务器中止隧道，ISP 可以不必支持隧道。客户和隧道服务器只需建立隧道，并使用用户 ID 和口令或用数字许可证鉴权。一旦隧道建立，就可以进行通信了，如同 ISP 没有参与连接一样。

另一方面，如果希望隧道对用户透明，ISP 就必须具有允许使用隧道的接入服务器以及可能需要的路由器。客户首先拨号接入服务器，服务器必须能识别这一连接要与某一特定的远程点建立隧道，然后服务器与隧道服务器建立隧道，通常使用用户 ID 和口令进行鉴权。这样客户就通过隧道与隧道服务器建立对话了。尽管这一方针不要求客户有专门软件，但客户只能拨号进入正确配置的访问服务器。一般来说，在数据链路层实现数据封装的协议叫第二层隧道协议，常用的有 PPTP、L2TP 等；在网络层实现数据封装的协议叫第三层隧道协议，如 IPSec；另外，SOCKSv5 协议则在 TCP 层实现数据安全。下面我们简要介绍一下第二层隧道协议和第三成隧道协议。L2F/L2TP 是 PPP（Point to Point Protocol）协议的扩展，它综合了其他两个隧道协议：CISCO 的二层转发协议（Layer2 Forwarding，L2F）和 Microsoft 的点对点隧道协议（Point-to-Point Tunneling，PPTP）的优良特点，如 Windows 2000 中所带的 PPTP（点对点隧道协议）VPN 解决方法。

它是由 IEIF 管理的，目前由 Cisco、Microsoft、Ascend、3Com 和其他网络设备供应商联合开发并认可。PPTP 的缺点是：其结构都是点对点方式的，所以很难在大规模的 IP-VPN 上使用。同时这种方式还要求额外的设计及人力来准备和管理，对网络结构的任意改动都将花费数天甚至数周的时间。而在点对点平面结构网络上添加任一结点都必须承担刷新通信矩阵的巨大工作量，且要为所有配置添加新站点后的拓扑信息，以便让其他站点知其存在。这样大的工作负担使得这类 VPN 异常昂贵，也使大量需要此类服务的中小企业和部门望而却步。

第三层隧道协议中最重要的是 IPSec 协议。IPSec 是 IEIF（Internet 工程任务组）于 1998 年 11 月公布的 IP 安全标准，其目标是为 IPv4 和 IPv6 提供具有较强的互操作能力、高质量和基于密码的安全性。

IPSec 是实现虚拟专用网（VPN）的一种重要的安全隧道协议。IPSec 在 IP 层上对数据包进行高强度的安全管理，提供数据源验证、无连接数据完整性、抗重放攻击和有限业务流机密性等安全服务。各种应用程序可以享用 IP 层提供的安全服务和密钥管理，而不必设计和实现自己的安全机制，因此减少了密钥协商的开销，也降低了产生安全漏洞的可能性。IPSec 可连续或递归应用，在路由器、防火墙、主机和通信链路上配置，实现端到端安全、虚拟专用网和安全隧道技术。

IPSec 有以下三个特点。

（1）原来的局域网机构彻底透明。透明表现为三方面：系统不占用原网络系统中的任何 IP 地址；装入 VPN 系统后，原来的网络系统不需要改变任何配置；原有的网络不知道自己与外界的信息传递已受到了加密保护，该特点不仅能够为安装调试提供方便，也能够保护系统自身不受来自外部网络的攻击。

（2）IPSec 内部实现与 IP 实现融为一体，优化设计，具有很高的运行效率。

（3）安装 VPN 的平台通常采用安全操作系统内核并以嵌入的方式固化，具有无漏洞、抗病毒、抗攻击等安全防范性能。

作为网络层的安全标准，IPSec 一经提出，就引起计算机网络界的注意，世界上很多计算机网络安全公司的产品都宣布支持这个标准，并且不断推出新的产品。但是由于标准提出的时间很短，而且其中又有一个重要组成部分没有标准化，因此尽管产品种类很多，但真正合格的产品却很少。

9.3.3　防火墙技术

1. 什么是防火墙

当用户与 Internet 连接时，可在用户与 Internet 之间插入一个或几个中间系统的控制关联，防止通过网络进行的攻击，并提供单一的安全和审计控制点，这些中间系统就是防火墙。

（1）基本概念。防火墙是指设置在不同网络（如可信任的企业内部网和不可信的公共网）或网络安全域之间的一系列部件的组合。它是不同网络或网络安全域之间信息的唯一出入口，能根据企业的安全政策控制（允许、拒绝、监测）出入网络的信息流，且本身具有较强的抗攻击能力。它是提供访问控制安全服务，实现网络和信息安全的基础设施。它实际上是一种隔离技术。防火墙是在两个网络通信时执行的一种访问控制尺度，它能允许你"同意"的用户和数据进入你的网络，同时将你"不同意"的用户和数据拒之门外，最大限度地阻止网络中的黑客来访问你的网络，防止他们更改、复制、毁坏你的重要信息。

在逻辑上，防火墙是一个分离器，一个限制器，也是一个分析器，有效地监控了内部网和 Internet 之间的任何活动，保证了内部网络的安全。防火墙是一种获取安全性的方法，它有助于实施一个比较广泛的安全性策略，用以确定允许提供的服务和访问。就网络配置、一个或多个主系统和路由器以及其他安全性措施来说，防火墙是该策略的具体实施。防火墙系统的主要用途就是控制对受保护的网络（即网点）的往返访问。它实施网络访问策略的方法就是迫使各连接点通过能得到检查和评估的防火墙。

防火墙系统可以是路由器，也可以是个人主机、主系统和一批主系统，专门把网络或子网同那些可能被子网外的主系统滥用的协议和服务隔绝。防火墙系统通常位于等级较高的网关，如 Internet 连接的网关，也可以位于等级较低的网关，以便为某些数量较少的主系统或子网提供保护。

防火墙基本上是一个独立的进程或一组紧密组合的进程，运行在专用服务器上，来控制经过防火墙的网络应用程序的通信流量。一般来说，防火墙置于公共网络（如 Internet）入口处，可以被看做是交通警察，它的作用是确保一个单位内的网络与 Internet 之间所有的通信均符合该单位的安全方针。这些系统基本上是基于 TCP/IP 的，与实现方法有关，它能实施安全保障并为管理人员提供对下列问题的答案。

① 谁在使用网络？
② 他们在网上做什么？
③ 他们什么时间使用过网络？
④ 他们上网时去了何处？
⑤ 谁要上网但没有成功？

（2）防火墙的分类。防火墙从原理上可以分为两大类：包过滤（Packet Filtering）型和代理服务（Proxy Server）型。

① 包过滤型防火墙：包过滤型防火墙根据数据包的包头中某些标志性的字段，对数据包进行过滤。当数据包到达防火墙时，防火墙根据包头对下列字段中的一些或全部进行判断，决定接受还是丢弃数据包。

● 源地址、目的地址；
● 协议类型（TCP，UDP，ICMP）；
● TCP/UDP 协议的源端口号、目的端口号；
● ICMP 类型。

不同的防火墙产品还可能附加其他过滤规则，如 TCP 协议标志（SYN，ACK，FIN 等），进入或外出防火墙所经过的网络接口等。

根据 TCP 或 UDP 端口进行过滤带来了很大的灵活性。特定的服务/协议是在端口上提供的，阻塞了与特定端口相关的连接也就禁止了特定的服务/协议。应该根据自己的网络访问策略决定要阻塞哪些服务和协议，不过，有些服务天生容易被滥用，应该小心对待。例如，TFTP（69 号端口号），X-Windows 和 Open Windows（6000+和 2000 号端口号），RPC（111 号端口号），rlogin、rsh 和 rexec（513、514 和 512 号端口号）。另外的服务通常也要给予限制，只允许那些确实需要它们的系统访问。这些常用的服务包括：TELNET（23 号端口号）、FTP（21 与 20 号端口号）、HTTP（80 号端口号）、SMTP（25 号端口号）、RIP（520 号端口号）、DNS（53 号端口号）等。

通过设置包过滤规则，可以阻塞来自或去往特定地址的连接。例如，从收费方面，校园网可能要阻塞来自或去往国外站点的连接。从安全方面考虑，某组织的内部网可能需要阻塞所有来自外部站点的连接。

包过滤防火墙的弱点主要在于规则的复杂性。通常，确定了基本策略（例如"拒绝"），然后设置一系列相反的（"接受"）规则。但很多情况下，需要对已经设立的规则设立一些特例，这样的特例越多，规则就越不容易管理。例如，已经设立了一条规则容许对 TELNET 服务（23 号端口号）进行访问，后来又要禁止某些系统对 TELNET 服务进行访问，那么只能为每个系统添加一条相应规则。有时，这些后来添加的补丁规则会与整个防火墙策略产生冲突。同时，过于复杂的规则不易测试。

从概念上讲，防火墙和网关（路由器）是不同的。但在具体实现中，包过滤防火墙通常还具有网关的功能，对数据包进行过滤后再转发到相应的网络。这样的包过滤防火墙或者网关称为"包过滤网关"。事实上，在 UNIX 世界里，包过滤功能与 IP 转发功能都是系统内核的内置功能，在同一些主机上把它们结合起来使用是再正常不过的事情了。

② 代理服务器型防火墙：代理服务器防火墙可以解决包过滤防火墙的规则复杂性问题。

所谓代理服务，是指在防火墙上运行某种软件（称为代理程序）。如果内部网需要与外部网通信，首先要建立与防火墙上代理程序的连接，把请求发送到代理程序；代理程序接受该请求，建立与外部网相应主机的连接，然后把内部网的请求通过新连接发送到外部网的相应主机。反过来也是一样，内部网和外部网的主机之间不能建立直接的连接，而要通过代理服务进行转发。

一个代理程序一般只能为某种协议提供代理服务，其他所有协议的数据包都不能通过代理服务程序（从而不可能在防火墙上开后门以提供未授权服务），这样就相当于进行了一次过滤，代理程序还有自己的配置文件，其中对数据包的其他一些特征（如协议、信息内容等）进行了过滤，这种过滤能力比纯粹的包过滤防火墙的功能要强大得多。

包过滤和代理服务器结合起来使用，可以有效地解决规则复杂性问题。包过滤防火墙只需要让那些来自或去往代理服务器的包通过，同时简单地丢弃其他包。其他进一步的过滤由代理服务程序完成。

（3）几种典型的防火墙体系结构。

① 双穴网关是包过滤网关的一种替代。与普通（包过滤）网关一样，双穴网关也位于外界 Internet 与内部网络之间，并且通过两个网络接口分别与它们相连。但是，显然只有特定类型的协议请求才能被代理服务处理，于是，双穴网关实现了"默认拒绝"策略，可以得到很高的安全性。

另外一种双穴网关的使用方法是，要求用户先远程登录到双穴网关，再从上面访问外界。这种方式不值得提倡，因为在防火墙上最好保留尽可能少的账户。

② 屏蔽主机型防火墙。这种防火墙其实是包过滤和代理功能的结合，其中代理服务器位于包过滤网关靠近内部网的一侧。代理服务器只安装一个网络接口，它通过代理功能把一些服务传送到内部主机。而包过滤网关把那些天生危险的协议屏蔽/过滤掉，不让它们到达代理服务器。

如图 9.14 所示，包过滤网关为代理服务器和 E-mail 服务器提供保护，而代理服务器为 FTP 和 HTTP 协议提供代理服务。包过滤只放行两种类型的数据包：来自或去往代理服务器的；来自或去往 E-mail 服务器且使用 SMTP 协议的。

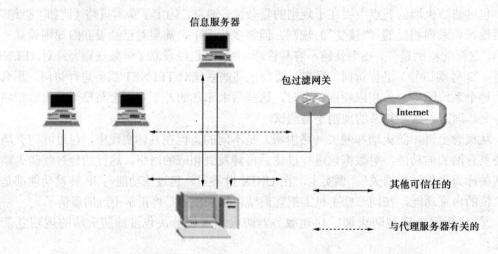

图 9.14　屏蔽主机型防火墙

③ 屏蔽子网型防火墙。这种防火墙是双穴网关和屏蔽主机防火墙的变形。

如图 9.15 所示，该系统中使用包过滤网关在内部网络和外界 Internet 之间隔离出一个屏蔽的子网。有些文献称这个子网为"非军事区（DMZ）"。代理服务器、邮件服务器、各种信息服务器（包括 Web 服务器、FTP 服务器等）、MODEM 池及其他需要进行访问控制的系统都放置在 DMZ 中。

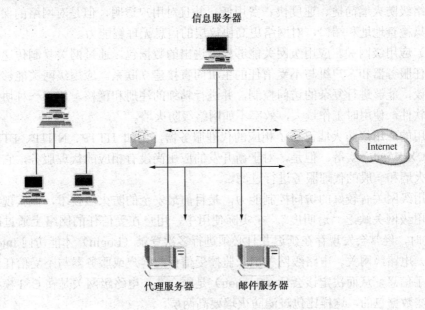

图 9.15 屏蔽子网型防火墙

与外界 Internet 相连的网关称为"外部路由器"，它只让与 DMZ 中的代理服务器、邮件服务器以及信息服务器有关的数据包通过，其他所有类型的数据包都被丢弃，从而将外界 Internet 对 DMZ 的访问限制在特定的服务器范围内。内部路由器的情况也是如此。

这样，内部网与外部 Internet 之间没能直接连接，它们之间的连接要通过 DMZ 中转，这与双穴网关的情况是一样的。不同的是，屏蔽子网防火墙使用了包过滤网关转发到特定系统，使得代理服务器只需要安装一块网络接口即可。

2. 防火墙的基本技术

（1）网络级防火墙。一般是基于源地址和目的地址、应用或协议以及每个 IP 包的端口来做出通过与否的判断。一个路由器便是一个"传统"的网络级防火墙，大多数路由器都能通过检查这些信息来决定是否将所收到的包转发。

包过滤防火墙检查过往的每个数据包，并与事先定义的规则库中的规则进行比对，直到发现一条相符的规则。如果没有一条规则能符合，防火墙就会使用默认规则，一般情况下，默认规则就是要求防火墙丢弃该包。其次，通过定义基于 TCP 或 UCP 数据包的端口号，防火墙能够判断是否允许建立特定的连接，如 Telnet、FTP 连接。

下面是某网络级防火墙的访问控制规则。

① 允许网络 123.1.0 使用 FTP（21 口）访问主机 150.0.0.1。

② 允许 IP 地址为 202.103.1.18 和 202.103.1.14 的用户使用 Telnet（23 口）登录到主机 150.0.0.2 上。

③ 允许任何地址的 E-mail（25 口）进入主机 150.0.03。

④ 允许任何 WWW 数据（80 口）通过。

⑤ 不允许其他数据包进入。

网络级防火墙简捷、速度快、费用低，并且对用户透明，但是对网络的保护很有限，因为它只检查地址和端口，对网络更高协议层的信息无理解能力。

（2）应用级网关。应用级网关能够检查进出的数据包，通过网关复制传递数据，防止在受信任服务器和客户机与不受信任的主机间直接建立联系。应用级网关能够理解应用层上的协议，能够进行复杂的访问控制，并进行精细的注册和稽核。但每一种协议需要相应的代理软件，使用时工作量大，效率不如网络级防火墙。

常用的应用级防火墙已有了相应的代理服务器，例如 HTTP、NNTP、FTP、Telnet、Rlogin、X-Windows 等。但是，对于新开发的应用尚没有相应的代理服务，它们将通过网络级防火墙和一般的代理服务进行过滤。

应用级网关有较好的访问控制能力，是目前最安全的防火墙技术，但实现困难，而且有的应用级网关缺乏"透明度"。在实际使用中，用户在受信任的网络上通过防火墙访问 Internet 时，经常会发现存在延迟并且必须进行多次登录（Login）才能访问 Internet。

（3）电路级网关。电路级网关用来监控受信任的客户或服务器与不受信任的主机间的 TCP 握手信息，从而决定该会话（Session）是否合法。电路级网关是在 OSI 模型的会话层上来过滤数据包的，这样比包过滤防火墙要高两层。

实际上电路级网关并非为一个独立的产品存在，它与其他的应用级网关结合在一起，如 Trust Information Systems 公司的 Gauntlet Internet Firewall，DEC 公司的 Alta Vista Firwall 等产品。另外，电路级网关还提供一个重要的安全功能——代理服务器（Proxy Server）。代理服务器是个防火墙，在其上运行一个叫做"地址转移"的进程，来将所有公司内部的 IP 地址映射到一个"安全"的 IP 地址，这个地址是由防火墙使用的。但是，作为电路级网关也存在着一些缺陷，因为该网关是在会话层工作的，因此无法检查应用层级的数据包。

（4）规则检查防火墙。该防火墙结合了包过滤防火墙、电路级网关和应用网关的特点。同包过滤防火墙一样，规则检查防火墙能够根据 IP 地址和端口号过滤进出的数据包。它也像电路级网关一样，能够检查 SYN 和 ACK 标记和序列数字是否逻辑有序。当然它也像应用级网关一样，可以在 OSI 应用层上检查数据包的内容，查看这些内容是否能符合公司网络的安全规则。

规则检查防火墙虽然集成了前三者的特点，但不同于一个应用级网关的是，它并不打破客户/服务器模式来分析应用层的数据，它允许受信任的客户机和不受信任的主机建立直接连接。规则检查防火墙不依靠与应用有关的代理，而是依靠某种算法来识别进出的应用层数据，这些算法通过已知合法数据包的模式来比较进出的数据包，这样从理论上就能比应用级代理在过滤数据包上更有效。

目前在市场上流行的防火墙大多属于规则检查防火墙，因为该防火墙对用户透明，不需要你去修改客户端的程序，也不需要对每个需要在防火墙上运行的服务额外增加一个代理。例如，现在最流行的防火墙中，On Technology 软件公司生产的 On Guard 和 Check Point 软件公司生产的 Fire Wall-1 防火墙都是一种规则检查防火墙。

　　未来的防火墙将位于网络级防火墙和应用级防火墙之间，也就是说，网络级防火墙将变得更加能够识别通过的信息，而应用级防火墙在目前的功能上则向"透明"、"低级"方面发展。最终防火墙将成为一个快速注册稽查系统，可保护数据以加密方式通过，使所有组织可以放心地在结点间传送数据。

　　（5）分组过滤型防火墙。分组过滤技术（Packet Filtering）工作在网络层和运输层，它根据分组包头源地址、目的地址和端口号、协议类型等标志确定是否允许数据包通过。只有满足过滤逻辑的数据包才被转发到相应的目的地，其余数据包则被从数据流中丢弃。分组过滤或包过滤是一种通用、廉价、有效的安全手段。之所以通用，因为它不针对各个具体的网络服务采取特殊的处理方式；之所以有效，因为它能很大程度地满足企业的安全要求。

　　包过滤在网络层和运输层起作用。它根据分组包的源、宿地址，端口号及协议类型、标志确定是否允许分组包通过。所根据的信息来源于 IP、TCP 或 UCP 包头。

　　包过滤的优点是不用改动客户和主机上的应用程序，因为它工作在网络层和运输层，与应用层无关。但其弱点也是明显的：由于过滤判别仅限于网络层和运输层的有限信息，因而各种安全要求不可能充分满足；在许多过滤器中，过滤规则的数目是有限制的，且随着规则数目的增加，性能会受到很大的影响；由于缺少上下文关联信息，不能有效地过滤如 UDP、RPC 一类的协议。另外，大多数过滤器中缺少审计和报警机制，且管理方式和用户界面较差；对安全管理人员素质要求高，建立安全规则时，必须对协议本身及其在不同应用程序中的作用有较深入的理解。因此，过滤器通常是和应用网关配合使用，共同组成防火墙系统。

　　（6）应用代理型防火墙。应用代理（Application Proxy）也叫应用网关（Application Gateway）。它工作在应用层，其特点是完全"阻隔"了网络通信流，通过对每种应用服务编制专门的代理程序，实现监视和控制应用层通信流的作用。实际中的应用网关通常由专用工作站实现。应用代理型防火墙是内部网与外部网的隔离点，起着监视和隔绝应用层通信流的作用，同时也具有过滤器的功能。它工作在 OSI 模型的最高层，掌握着应用系统中可用做安全决策的全部信息。

　　（7）复合型防火墙。由于更高安全性的要求，常把基于包过滤的方法与基于应用代理的方法结合起来，形成复合型防火墙产品。这种结合通常采用以下两种方案。

　　① 屏蔽主机防火墙体系结构：在该结构中，分组过滤路由器与 Internet 相连，同时一个堡垒机安装在内部网络，通过在分组过滤路由器上过滤规则的设置，使堡垒机成为 Internet 上其他结点所能到达的唯一结点，从而确保了内部网络不受未授权外部用户的攻击。

　　② 屏蔽子网防火墙体系结构：堡垒机放在一个子网内，形成非军事化区，两个分级过滤路由器放在这一子网的两端，使这一子网与 Internet 及内部网络分离。在屏蔽子网防火墙体系结构中，堡垒主机和分组过滤路由器共同构成了整个防火墙的安全基础。

3．非法攻击防火墙的基本手段

　　（1）IP 欺骗。通常情况下，有效的攻击都是从相关的子网进入的。因为这些网址得到了防火墙的信赖，虽说成功与否尚取决于机遇等其他因素，但对攻击者而言很值得一试。

下面我们以数据包过滤防火墙为例，简要描述可能的攻击过程。

这种类型的防火墙以 IP 地址作为鉴别数据包是否允许其通过的条件，而这恰恰是实施攻击的突破口。许多防火墙软件无法识别数据包到底来自哪个网络接口，因此攻击者无须表明进攻数据包的真正来源，只须伪装 IP 地址，取得目标的信任，使其认为来自网络内部即可。IP 地址欺骗攻击正是基于这类防火墙对 IP 地址缺乏识别和验证而展开的。

通常主机 A 与主机 B 的 TCP 连接（中间有或无防火墙）是通过主机 A 向主机 B 提出请求建立起来的，而其间 A 和 B 的确认仅仅根据由主机 A 产生并经主机 B 验证的初始序列号 ISN。具体分为以下三个步骤。

① 主机 A 产生它的 ISN，传送给主机 B，请求建立连接。

② B 接收到来自 A 的带有 SYN 标志的 ISN 后，将自己本身的 ISN 连同应答信息 ACK 一同返回给 A。

③ A 再将 B 传送来的 ISN 及应答信息 ACK 返回给 B。

至此，正常情况下，主机 A 与 B 的 TCP 连接就建立起来了。

IP 地址欺骗攻击的第一步是切断可信赖主机。这样可以使用 TCP 淹没攻击，使得信赖主机处于"自顾不暇"的忙碌状态，相当于被切断。这时目标主机会认为信赖主机出现了故障，只能发出无法建立连接的 RST 包而无暇顾及其他。

攻击者最关心的是猜测目标主机的 ISN。为此可以利用 SMTP 的端口（25），通常它是开放的，邮件能够通过这个端口，与目标主机打开（Open）一个 TCP 连接，因而得到它的 ISN 的产生和变化规律，这样就可以使用被切断的可信赖主机的 IP 地址向目标主机发送请求（包括 SYN）；而信赖主机目前仍忙于处理 Flood 淹没攻击产生的"合法"请求，因此目标主机不能得到来自信赖主机的响应。

现在攻击者发出回答响应，并连同预测的目标主机的 ISN 一同发给目标主机。

随着不断地纠正预测的 ISN，攻击者最终会与目标主机建立一个 TCP 连接。通过这种方式，攻击者以合法用户的身份登录到目标主机而不需要进一步的确认。如果反复试验使得目标主机能够接收 ROOT 登录，那么就可以完全控制目标主机了。

对于 IP 欺骗的防止，可以采用如下几种方法。

① 抛弃基于地址的信任策略。

② 进行包过滤。

③ 使用加密方法。

④ 使用随机化的初始序列号。

归纳起来，防火墙安全防护面临的威胁主要原因有：SOCK 的错误配置；不适当的安全策略；强力攻击；允许匿名的 FTP 协议；允许 TFTP 协议；允许 Rlogin 命令；允许 X-Windows 或 Open Windows；端口映射；可加载的 NFS 协议；允许 Windows 95/NT 文件共享；Open 端口。

（2）攻击与干扰。破坏防火墙的另一种方式是攻击与干扰相结合，也就是在攻击期间使防火墙始终处于繁忙的状态。防火墙过分的繁忙有时会导致它忘记履行安全防护的职能，处于失效状态。

（3）内部攻击。需要特别注意的是，防火墙也可能被内部攻击。因为安装了防火墙后，随意访问被严格禁止了，这样内部人员无法在闲暇时间通过 Telnet 浏览邮件或使用 FTP 向外发送信息，个别人会对防火墙不满进而可能攻击它、破坏它，期望回到从前的状态。这里，攻击的目标常常是防火墙或防火墙运行的操作系统，因此不仅涉及网络安全，还涉及主机安全问题。

以上分析表明，防火墙的安全防护性能依赖的因素很多。防火墙并非万能，它最多只能防护经过其本身的非法访问和攻击，而对不经防火墙的访问和攻击则无能为力。从技术来讲，绕过防火墙进入网络并非不可能。

目前大多数防火墙是基于路由器的数据包分组过滤类型，防护能力差，存在各种网络外部或网络内部攻击防火墙的技术手段。

练　习　题

1．计算机网络安全研究的内容主要有哪些？
2．计算机网络安全研究的对象是什么？
3．分别试述数据的端到端加密和链路加密的优缺点。
4．常规密码体制与公开密码体制的特点是什么？各有何优缺点？
5．试述 DES 加密算法的步骤，DES 的保密性主要取决于什么？
6．简述 VPN 的三种不同类型，并比较它们的异同点。
7．简述 VPN 的关键技术。
8．防火墙从原理上可分为哪两类？常用防火墙的类型体系结构是什么？
9．防火墙的基本技术有哪些？
10．"IP" 欺骗的过程是什么？对 "IP" 欺骗的防止有哪些方法？
11．为保证计算机网络的安全，目前有哪几种主要措施？

基于项目的实验

项目 构建一个中型企业网

中型网络是在小型办公网络基础上的延伸，中型网络实际上是多个小型网络的连接，它的规模通常为 200～1000 个结点的计算机，网络的空间范围更大，结构上更复杂，甚至可能会使用几种不同类型的网络介质。中型网络的规划涉及不同的办公区域的网段，需要使用多台交换机和更多的网络互联设备。

【背景】

某企业为了加快信息化建设，新的企业网将建设一个以企业办公自动化、电子商务、业务综合管理、信息发布及查询为核心，实现内外沟通的现代化计算机网络系统。该网络系统是日后支持办公自动化、供应链管理以及各应用系统运行的基础设施，为了确保这些关键应用系统的正常运行、安全和发展，系统必须具备如下特性。

（1）采用先进的网络通信技术完成企业网的建设，实现各分公司的信息化。

（2）在整个企业内实现所有部门的办公自动化，提高工作效率和管理服务水平。

（3）在整个企业内实现资源共享、产品信息共享、实时新闻发布。

（4）在企业内网与外网实现通信。

（5）申请不到足够的公网 IP，但是全公司都要能上网。

【需求分析】

针对系统必须具备的特性，分析如下。

需求 1：采用先进的网络通信技术完成集团企业网的建设，实现各分公司的信息化。

分析：利用主流网络设备和网络技术构建企业网。

需求 2：在整个企业内实现所有部门的办公自动化，提高工作效率和管理服务水平。

分析：既要实现部门内部的办公自动化，又要提高工作效率，网络规划设计合理，建议采用二层结构，建议整个网络根据部门划分用 VLAN 隔离。

需求 3：在整个企业集团内实现资源共享、产品信息共享、实时新闻发布。

分析：由于要实现内部资源共享，需要各个部门通信可以使用 VLAN 之间路由解决。

需求 4：在企业内网与外网实现通信。

分析：要实现企业内部能与外网互通，考虑采用路由器与外网相连，并采用路由技术实现。

需求 5：申请不到足够的公网 IP，但是全公司都要能上网。

分析：采用 NAT 技术实现全公司人员的上网需求。

【企业网的拓扑结构】

企业网拓扑结构如图 F.1 所示。

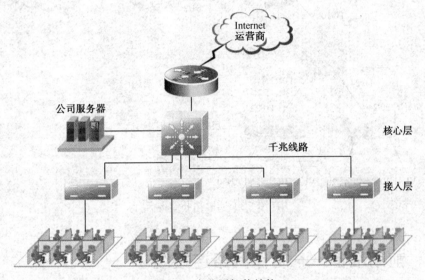

图 F.1　企业网拓扑结构

上述企业网结构可以简化成实验环境下的如图 F.2 所示的简化的拓扑结构。

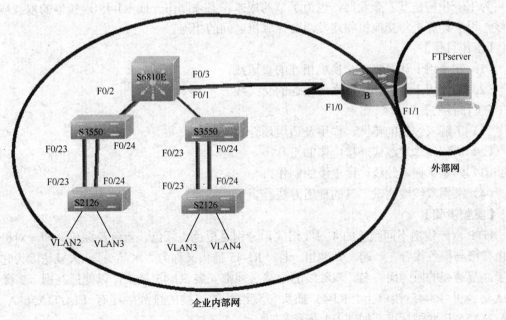

图 F.2　简化的拓扑结构

在实际实验中，图 F.2 所示的拓扑图可以进一步简化成如图 F.3 所示的实验拓扑结构。

工作目标是：两台二层接入分别连接不同的部门，汇聚到三层交换机将不同的部门连接在一起，实现互通，并汇聚上联到核心设备，通过路由与 Internet 互联。

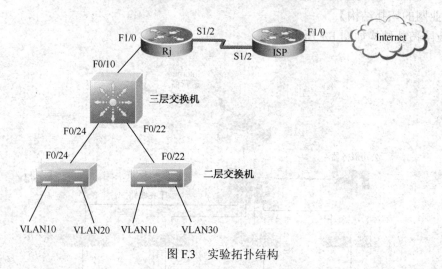

图 F.3　实验拓扑结构

任务 1　前期准备——制作网络连接线

【需求分析】

为下一步构建基本企业网，也为了节约成本，必须制作一批 RJ-45 连接器的双绞线连接线，用于计算机与交换机相连及两台计算机之间的相连。

【工作目标】

（1）制作用于计算机与交换机相连的直通线。

（2）制作用于两台计算机之间相连的交叉线。

【工作目的】

（1）了解双绞线的特性、作用及适用场合。

（2）认识制作双绞线连接电缆的工具。

（3）熟练掌握双绞线连接电缆的制作。

（4）掌握双绞线测试工具的使用方法。

【实验步骤】

UTP 双绞线由不同颜色的 4 对线组成，分别是橙色、绿色、蓝色及棕色，即一对橙色线由白橙与橙色绞合在一起，其他也一样。RJ-45 插头又称为"水晶头"，大概是因为它的外表晶莹透亮的原因而得名。双绞线的两端必须都安装 RJ-45 插头，以便插在网卡、集线器或交换机 RJ-45 接口上。RJ-45 插头与双绞线的连接的排列顺序有 EIA/TIA568A 和 EIA/TIA568B 两种标准，如图 F.4 及表 F.1 所示。

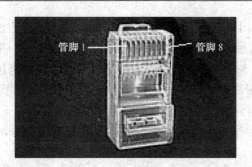

图 F.4　RJ-45 管脚顺序

表 F.1　RJ-45 插头与双绞线的排列顺序

	1	2	3	4	5	6	7	8
568A	白绿	绿	白橙	蓝	白蓝	橙	白棕	棕
568B	白橙	橙	白绿	蓝	白蓝	绿	白棕	棕

　　直通双绞线的连线方法：将电缆两端的插头对齐，可以明显看到各个线对的排列由左到右是一致的。

　　交叉双绞线的连线方法：必须经过"错对"的接法，电缆两端的线对排列不同。左边的 1、2 线对接入了右边的 3、6 线对，左边的 3、6 线对接入了右边的 1、2 线对，4、5 和 7、8 两对保持不变，如图 F.5 所示。

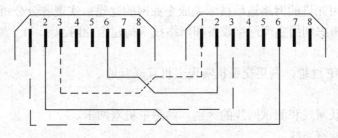

图 F.5　交叉线的连接

　　双绞线网线制作工具：最简单的方法只需一把网线压线钳即可，如图 F.6（a）所示，它可以完成剪线、剥线和压线三种用途，要选用双绞线专用的压线钳才可用来制作双绞连接线。此外还有三种常见的剥线钳，如图 F.6（b）所示。

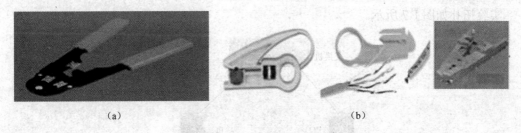

（a）　　　　　　　　　　　　　　　　　　（b）

图 F.6　双绞线制作工具

RJ-45 插头的制作过程：

（1）先用双绞线剥线器（或用其他剪刀类的工具）将双绞线的外皮除去 3cm 左右。

（2）剥开每一对线，目前使用比较多的是 T568B 标准接线方法，所以遵循 T 568B 的标准来制作接头，将线对颜色按一定的顺序排列好：1—白橙，2—橙，3—白绿，4—蓝，5—白蓝，6—绿，7—白棕，8—棕。要特别注意的是，绿色线必须跨越蓝色一对线。这里最容易犯错的地方就是将白绿线与绿线相邻放在一起，这样会造成串扰，使传输效率降低。

（3）对好线后，把线弄整齐，将裸露出的双绞线用专用钳剪下，只剩约 1.5cm 的长度，并铰齐线头，将双绞线的每一根线依序放入 RJ-45 接头的引脚内，第一只引脚内应该放白橙色的线，其余类推。

（4）确定双绞线的每根线已经正确放置之后，就可以用 RJ-45 压线钳压接 RJ-45 接头了。

（5）重复步骤（1）～步骤（4），再制作另一端的 RJ-45 接头。因为计算机与集线器之间是直接对接，所以另一端 RJ-45 接头的引脚接法完全一样。而"错对"接法另一端的顺序为：1—白绿，2—绿，3—白橙，4—蓝，5—白蓝，6—橙，7—白棕，8—棕。

（6）最后用专用测试仪测试一下。这样 RJ-45 头就制作完成了。

任务 2　构建基本网络——主机互联

【需求分析】

企业要求采用先进的网络通信技术完成企业网的建设，实现各分公司的信息化，因此基本的网络建设考虑利用主流网络设备和网络技术构建企业网。

【工作目标】

给主机配置 IP 地址，利用交换机实现主机互联互通。

【工作目的】

（1）理解互联网线和测试网线的区别，熟悉主机双网卡。

（2）熟悉实验室布线。

（3）熟悉实验设备。

【实验设备】

交换机 1 台，PC 若干台，直通线若干根。

【实验拓扑】

实验拓扑如图 F.7 所示。

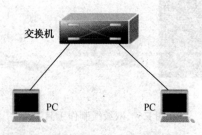

图 F.7　实验拓扑图

【实验步骤】

给主机配置 IP 地址

（1）选择"开始"→"设置"→"网络和拨号连接"，右键单击"本地连接"，选择"属性"，即弹出如图 F.8 所示的"本地连接属性"对话框。

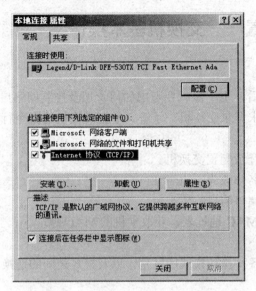

图 F.8 "本地连接属性"对话框

（2）在图 F.8 所示的对话框中选择"TCP/IP"，单击"属性"按钮，即进入为计算机配置 IP 地址的对话框，如图 F.9 所示，设置好 IP 地址。

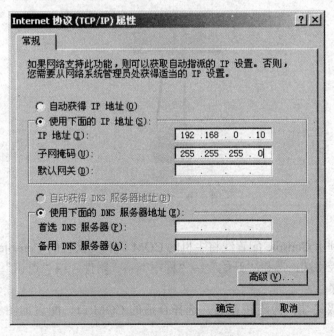

图 F.9 配置 IP 地址和子网掩码

（3）按上面步骤给另一台主机配置 IP 地址，注意所配地址必须在同一个网络。

【实验结果】

主机之间能够相互 ping 通。

任务 3　设备配置——交换机基本操作

【需求分析】

基本网络构建好以后，下一步就要考虑如何管理及控制网络广播流量问题，因此必须首先熟悉网络设备，要求登录交换机，了解、掌握交换机的命令行操作。

【工作目标】

（1）利用超级终端登录配置交换机。

（2）将交换机主机名修改为 switch_1。

（3）查看交换机的端口信息。

（4）查看交换机的 MAC 地址表，获取主机的 MAC 地址。

【工作目的】

掌握交换机命令行各种操作模式的区别，以及模式之间的切换。

【实验设备】

交换机 1 台，PC 1 台，直连线 1 条，Console 线 1 条。

【实验拓扑】

实验拓扑如图 F.10 所示。

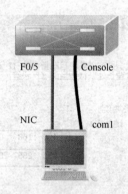

图 F.10　实验拓扑图

【实验步骤】

（1）连线：利用 Console 配置线将主机的 COM 口和交换机的 Console 口相连。

（2）打开超级终端：选择"开始"→"程序"→"附件"→"通讯"→"超级终端"，打开超级终端程序。

（3）配置超级终端：为连接命名，选择合适的 COM 口，配置如图 F.11 所示的正确参数。

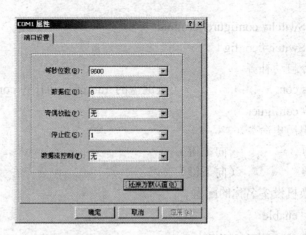

图 F.11 COM 口参数

（4）交换机配置命令模式。

EXEC 模式：

用户模式 switch> （交换机信息的查看，简单测试命令）

特权模式 switch# （查看、管理交换机配置信息，测试、调试）

配置模式：

全局配置模式 switch(config)# （配置交换机的整体参数）

接口配置模式 switch(config-if)# （配置交换机的接口参数）

（5）基本操作。

① 进入特权模式。

switch>enable （进入）

switch#

② 进入全局配置模式。

Switch#configure terminal （进入）

Switch(config)#exit （退出）

Switch#

③ 进入接口配置模式。

Switch(config)#interface fastethernet 0/1

Switch(config-if)#exit

Switch(config)#

④ 从子模式下直接返回特权模式。

Switch(config-if)#end

Switch#

⑤ 获得帮助。

switch# ? （查看该模式下所有命令）

switch# show ? （在某个命令后打问号可获得该命令所需参数）

⑥ 命令简写。

全写：Switch# configure terminal

简写：Switch# config t

⑦ 命令自动补齐。

Switch# con   （按键盘的 Tab 键自动补齐 configuer 命令）

Switch# configuer

⑧ 使用历史命令。

Switch#   （向上键）

Switch#   （向下键）

⑨ 交换机设备名称的配置。

Switch> enable

Switch# configure terminal

Switch(config)# hostname switch_1   （配置交换机的名称为 switch_1，名称可以任意）

⑩ 查看配置文件内容。

Switch#show configure   （查看保存在 FLASH 里的配置信息）

Switch#show version   （查看交换机版本信息）

Switch#show mac-address-table   （查看交换机当前的 MAC 地址表信息）

Switch#show running-config   （查看交换机当前生效的配置信息）

任务 4　控制网络广播流量——划分 VLAN

【需求分析】

在整个企业内实现所有部门的办公自动化，提高工作效率和管理服务水平，还要做到关键部门信息安全。交换网络的优点是：高速低时延。缺点是：在一个广播域中，大量广播包影响网络性能，因此建议整个网络根据部门划分用 VLAN 隔离，可以很好地满足企业的需求。

任务 4.1　同一交换机上划分 VLAN

【工作目标】

在交换机上划分 VLAN，使本来互通的主机不能通信。

【工作目的】

（1）理解 VLAN 技术特性。

（2）熟悉交换机基本配置。

（3）熟悉划分 VLAN 配置。

【实验设备】

交换机 1 台，PC 2 台，直通线 2 条。

【实验拓扑】

实验拓扑如图 F.12 所示。

图 F.12　实验拓扑图

【实验步骤】

（1）创建 VLAN。

Switch#configure terminal　　　　　　　（进入交换机全局配置模式 ）

Switch(config)# vlan　 10　　　　　　　（创建 vlan 10 ）

Switch (config-vlan)# name　 test10　　　（将 vlan 10 命名为 test10 ）

Switch (config-vlan)#exit　　　　　　　（退回上一层）

Switch (config)# vlan　 20　　　　　　　（创建 vlan 20 ）

Switch (config-vlan)# name　 test20　　　（将 vlan 20 命名为 test20 ）

Switch (config-vlan)#end

验证测试：

Switch# show vlan　　　　　　　　　　（查看已配置的 VLAN 信息）

（2）将端口分配到 VLAN。

Switch (config)# interface fastethernet 0/5　（进入 f0/5 的端口配置模式）

Switch (config-if)# switch access vlan 10　　（将 f0/5 端口加入 vlan 10 中）

Switch (config-if)#exit

Switch (config)# interface fastethernet 0/15

Switch (config-if)# switch access vlan 20　　（将 f0/15 端口加入 vlan 20 中）

（3）验证：两台 PC 互相 ping 不通。

【注意】

若要删除某个 VLAN，使用 no 命令，如 Switch(config)# no vlan 10。

任务 4.2　跨交换机划分 VLAN

在划分 VLAN 时，通常需要在不同交换机上划分相同的 VLAN，跨交换机的相同 VLAN 主机要实现通信。

【工作目标】

在网络中划分 VLAN，跨交换机实现同 VLAN 内主机的通信。

【工作目的】

掌握 Tag VLAN 技术。

【实验设备】

交换机 2 台，PC 3 台，直通线 4 条。

【实验拓扑】

实验拓扑如图 F.13 所示。

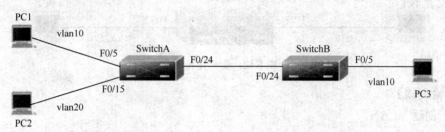

图 F.13　实验拓扑图

【实验步骤】

（1）在交换机 SwitchA 上创建 vlan10，并将 0/5 端口划分到 vlan10 中。

SwitchA#configure terminal

SwitchA(config)# vlan　10　　　　　　　　　（创建 vlan 10 ）

SwitchA(config-vlan)#exit

SwitchA.(config)# interface fastethernet 0/5　（进入 f0/5 的端口配置模式）

SwitchA(config-if)# switch access vlan 10　（将 f0/5 端口加入 vlan 10 中）

SwitchA(config-if)#end

验证测试：验证已创建了 vlan10，并将 0/5 端口划分到 vlan10 中。

SwitchA# show vlan id 10　　　　　　　　（查看某一个 VLAN 的信息）

（2）在交换机 SwitchA 上创建 vlan 20，并将 0/15 端口划分到 vlan 20 中。

SwitchA(config)# vlan 20　　　　　　　　（创建 vlan 20 ）

SwitchA(config-vlan)#exit

SwitchA(config)# interface fastethernet 0/15（进入 f0/15 的端口配置模式）

SwitchA(config-if)# switch access vlan 20　（将 f0/5 端口加入 vlan 20 中）

SwitchA(config-if)#end

验证测试：验证已创建了 vlan 20，并将 0/15 端口划分到 vlan 20 中。

SwitchA# show vlan id 20　　　　　　　　（查看某一个 VLAN 的信息）

（3）把交换机 SwitchA 与交换机 SwitchB 相连的端口（假设为 0/24）定义为 tag vlan 模式。

SwitchA(config)# interface fastethernet 0/24

SwitchA(config-if)# switchport mode trunk　（将 f0/24 端口设为 tag vlan 模式）

SwitchA(config-if)#end

验证测试：验证 fastethernet0/24 端口已被设为 tag vlan 模式。

SwitchA# show interfaces fastethernet 0/24 switchport

（4）在交换机 SwitchB 上创建 vlan 10，并将 0/5 端口划分到 vlan 10 中。

SwitchB#configure terminal

SwitchB(config)# vlan 10

SwitchB(config-vlan)#exit

SwitchB(config)# interface fastethernet 0/5

SwitchB(config-if)# switch access vlan 10

SwitchB(config-if)#end

验证测试：验证已创建了 vlan 10，并将 0/5 端口划分到 vlan 10 中。

SwitchB# show vlan id 10

（5）把交换机 SwitchB 与交换机 SwitchA 相连的端口（假设为 0/24）定义为 tag vlan 模式。

SwitchB(config)# interface fastethernet 0/24

SwitchB(config-if)# switchport mode trunk　　（将 f0/24 端口设为 tag vlan 模式）

SwitchB(config-if)#end

验证测试：验证 fastethernet0/24 端口已被设为 tag vlan 模式。

SwitchB# show interfaces fastethernet 0/24 switchport

（6）验证 PC1 与 PC3 能互相通信，但 PC2 与 PC3 不能互相通信。

任务 5　资源共享——VLAN 间路由

【需求分析】

在整个企业内要实现资源共享、产品信息共享、实时新闻发布，所以需要在各个部门实现通信，因此可以使用 VLAN 间路由来解决。

【工作目标】

利用三层交换机，实现 VLAN 间主机的通信。

【工作目的】

掌握三层交换机实现 VLAN 间路由配置。

【实验设备】三层交换机 1 台，二层交换机 1 台，PC 2 台，直通线 3 根。

【实验拓扑】

实验拓扑如图 F.14 所示。

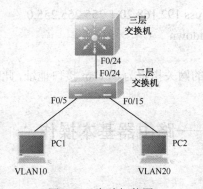

图 F.14　实验拓扑图

【实验步骤】

（1）在二层交换机上创建 vlan，并把端口划分到相应的 vlan。

switch#configure terminal

switch(config)#vlan 10

switch(config-vlan)#exit

switch(config)#vlan 20

switch(config-vlan)#exit

switch(config)#interface fastethernet 0/5

switch(config-if)#switchport access vlan 10

switch(config-if)#exit

switch(config)#interface fastethernet 0/15

switch(config-if)#switchport access vlan 20

switch(config-if)#exit

（2）在二层交换机上定义 trunk 口。

Switch(config)# interface fastethernet 0/24

Switch(config-if)# switchport mode trunk

（3）在三层交换机创建 vlan。

switch#configure terminal

switch(config)#vlan 10

switch(config-vlan)#exit

switch(config)#vlan 20

switch(config-vlan)#exit

（4）在三层交换机上分别创建每个 vlan 三层 SVI 端口，并分配 IP 地址：

switch(config)#interface vlan 10

switch(config-if)#ip address 192.168.10.1 255.255.255.0

switch(config-if)#no shutdown

switc(config-if)#exit

switch(config)#interface vlan 20

switch(config-if)#ip address 192.168.20.1 255.255.255.0

switch(config-if)#no shutdown

switch(config-if)#exit

（5）将每个 vlan 内主机的网关指定为本 vlan 接口地址，此时 PC1 与 PC2 可以 ping 通。

任务 6　设备配置——路由器基本操作

【需求分析】

基本网络构建好以后，下一步就要考虑网络的互联了。对于管理员来说必须首先熟悉路由器的配置方法，要求了解、掌握路由器的命令行操作。

【工作目标】

路由器的基本配置，给路由器接口配置 IP 地址，并在 DCE 端配置时钟频率，限制端口带宽。

【工作目的】

熟练掌握路由器的基本配置方法及各种基本命令。

【实验步骤】

1. 基本配置

【实验设备】路由器 1 台，Console 线 1 条。

【实验拓扑】

实验拓扑如图 F.15 所示。

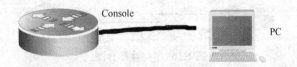

图 F.15　实验拓扑图

（1）路由器命令行操作模式的进入。

配置模式	提示符	进入命令
用户模式	Router>	
特权模式	Router#	enable
全局模式	Router(config)#	configure terminal
线路配置模式	Router(config-line)#	Line vty 0 4
路由配置模式	Router(config-router)#	router rip
接口配置模式	Router(config-if)#	Interface f 1/1

Router>enable　　　　　　　　　　　　（进入特权模式）

Router# configure terminal　　　　　　　（进入全局模式）

Router(config)# interface fastethernet 1/0　　（进入路由器 F1/0 的端口模式）

Router(config-if)#exit　　　　　　　　　（退回到上一级操作模式）

Router(config)# end　　　　　　　　　　（直接退回到特权模式）

（2）路由器命令行基本功能。

Router> ?　　　　　　　（显示当前模式下所有可执行的命令）

与交换机配置一样，路由器配置也可以命令缩写、自动补齐，以及使用快捷键功能。

（3）路由器设备名称的配置。

Router#configure terminal　　　　　　　（注：从特权模式进入全局配置模式）

Router(config)#hostname RouterA　　　　（注：将主机名配置为"RouterA"）

RouterA(config)#end

RouterA#

（4）查看路由器各项信息。

RouterA# Show version　　　　　　　（查看路由器的版本信息）

RouterA# Show ip route　　　　　　　（查看路由器的路由表信息）

RouterA# Show running-config　　　　（查看路由器当前生效的运行配置信息）

2．路由器端口的配置

【实验设备】

路由器 2 台，V.35 线缆 1 条。

【实验拓扑】

实验拓扑如图 F.16 所示。

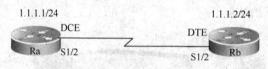

1.1.1.1/24　　　　　　　　　　　1.1.1.2/24
DCE　　　　　　　DTE
Ra　S1/2　　　　　　S1/2　Rb

图 F.16　　实验拓扑图

注意：在用 V.35 线缆连接两台路由器的同步串口时，注意区分 DCE 端和 DTE 端。

（1）路由器 A 端口参数的配置。

Router>enable

Router# config terminal

Router(config)# hostname Ra

Ra(config)#interface serial 1/2　　　　　　　（进入 s1/2 的端口模式）

Ra(config-if)#ip address 1.1.1.1 255.255.255.0　（配置端口的 IP 地址）

Ra(config-if)#clock rate 64000　　　　　　　（在 DCE 接口上配置时钟频率 64000）

Ra(config-if)#bandwidth 512　　　　　　　　（配置端口的带宽速率为 512KB）

Ra(config-if)#no shutdown　　　　　　　　　（激活该端口）

（2）路由器 B 端口参数的配置。

Router>enable

Router# config terminal

red-giant(config)# hostname Rb

Rb(config)#interface serial 1/2　　　　　　　（进入 s1/2 的端口模式）

Rb(config-if)#ip address 1.1.1.2 255.255.255.0　（配置端口的 IP 地址）

Rb(config-if)#bandwidth 512　　　　　　　　（配置端口的带宽速率为 512KB）

Rb(config-if)#no shutdown　　　　　　　　　（激活该端口）

（3）查看路由器端口配置参数。

Ra# show interface serial 1/2　　　　（查看路由器 A 端口 s1/2 的状态）

Rb# show interface serial 1/2　　　　（查看路由器 B 端口 s1/2 的状态）

Rb# show ip interface serial 1/2　　　（查看路由器 B 端口 s1/2 的 IP 协议属性）

（4）验证配置。

Ra# ping 1.1.1.2   （在 Ra 路由器 ping 对端路由器 B 的 s1/2 口的 IP 地址）

任务 7　实现子网互联——静态路由

【需求分析】

企业网络要与外网实现互通，与 Internet 通信，就要采用路由器与外网相连，因此要进行路由，要对路由器进行配置。

【工作目标】

用静态路由技术实现企业内部网络各 IP 子网互相连通。

【工作目的】

（1）掌握路由器静态路由的配置方法。

（2）掌握通过静态路由方式实现网络的连通性。

【实验设备】

路由器 2 台，V.35 线缆 1 条，PC 2 台，直通线 2 根。

【实验拓扑】

实验拓扑如图 F.17 所示。

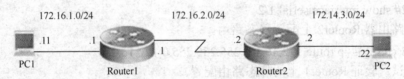

图 F.17　实验拓扑图

【实验步骤】

（1）相关命令。

命令	含义
ip route *prefix* *mask* *address*	建立静态路由

prefix：所要到达的目的网络地址。

mask：和目的网络配对的子网掩码。

address：下一个跳的 IP 地址，即相邻路由器的相邻端口地址。

（2）在路由器 Router1 上配置接口的 IP 地址和串口上的时钟频率。

Router1(config)# interface fastethernet 1/0

Router1(config-if)# ip address 172.16.1.1 255.255.255.0

Router1(config-if)# no shutdown

Router1(config)# interface serial 1/2

Router1(config-if)# ip address 172.16.2.1 255.255.255.0

Router1(config-if)# clock rate 640000   （配置 Router1 的时钟频率 DCE）

Router1(config)# no shutdown

验证测试：验证路由器接口的配置。

Router1# show ip interface brief

注意：查看接口的状态。

Router1# show interface serial 1/2

（3）在路由器 Router1 上配置静态路由。

Router1(config)# ip route 172.16.3.0 255.255.255.0 172.16.2.2

验证测试：验证 Router1 上的静态路由配置。

Router1# show ip route

（4）在路由器 Router2 上配置接口的地址。

Router2(config)# interface fastethernet 1/0

Router2(config-if)# ip address 172.16.3.2 255.255.255.0

Router2(config-if)# no shutdown

Router2(config)# interface serial 1/2

Router2(config-if)# ip address 172.16.2.2 255.255.255.0

Router2(config)# no shutdown

验证测试：验证路由器接口的配置。

Router2# show ip interface brief

Router2# show interface serial 1/2

（5）在路由器 Router2 上配置静态路由。

Router2(config)# ip route 172.16.1.0 255.255.255.0 172.16.2.1

验证测试：验证 Router1 上的静态路由配置。

Router2# show ip route

（6）测试网络的互联互通性。

C:\>ping 172.16.3.22 　　　　（从 PC1 ping PC2）

C:\>ping 172.16.1.11 　　　　（从 PC2 ping PC1）

任务 8　实现子网互联——动态路由

【需求分析】

企业网络要与外网实现互通，与 Internet 通信，就要采用路由器与外网相连，因此要进行路由，要对路由器进行配置。

【工作目标】

用 RIPv2 路由技术实现企业内部网络各 IP 子网互相连通。

【工作目的】

（1）掌握动态路由协议。

（2）掌握路由器上配置 RIP 的方法。

【实验设备】

三层交换机 1 台，路由器 2 台，V.35 线缆 1 条，直通线 3 根。

【实验拓扑】

实验拓扑如图 F.18 所示。

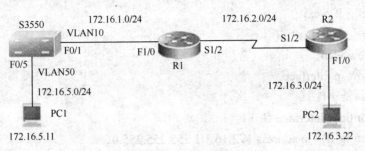

图 F.18　实验拓扑图

【实验步骤】

（1）过程细分：按拓扑连好网线，分配主机的 IP，在三层交换机上划分 VLAN，在路由器和三层交换机上配置 RIPv2 路由协议实现全网互通。

（2）相关命令。

命令	含义
router rip	指定使用 RIP 协议
Version {1|2}1	指定 RIP 版本
network *network*	指定与该路由器相连的网络

注：*network* 指网络号。

（3）三层交换机基本配置。

Switch# configure terminal

Switch(config)# hostname S3550

S3550(config)# vlan 10

S3550(config-vlan)# exit

S3550(config)# vlan 50

S3550(config-vlan)# exit

S3550(config)# interface f0/1

S3550(config-if)# switchport access vlan 10

S3550(config-if)# exit

S3550(config)# interface f0/5

S3550(config-if)# switchport access vlan 50

S3550(config-if)# exit

S3550(config)# interface vlan 10　　（创建 VLAN 虚接口，并配置 IP）

S3550(config-if)# ip address 172.16.1.2 255.255.255.0

S3550(config-if)# no shutdown

S3550(config-if)# exit

S3550(config)# interface vlan 50　　　（创建 VLAN 虚接口，并配置 IP）

S3550(config-if)# ip address 172.16.5.1 255.255.255.0

S3550(config-if)# no shutdown

S3550(config-if)# exit

验证测试：

S3550# show vlan

S3550# show ip interface

（4）路由器基本配置。

Router1(config)# interface f1/0

Router1(config-if)# ip address 172.16.1.1 255.255.255.0

Router1(config-if)# no shutdown

Router1(config-if)# exit

Router1(config)# interface s1/2

Router1(config-if)# ip address 172.16.2.1 255.255.255.0

Router1(config-if)# clock rate 64000

Router1(config-if)# no shutdown

Router2(config)# interface f1/0

Router2(config-if)# ip address 172.16.3.1 255.255.255.0

Router2(config-if)# no shutdown

Router2(config-if)# exit

Router2(config)# interface s1/2

Router2(config-if)# ip address 172.16.2.2 255.255.255.0

Router2(config-if)# clock rate 64000

Router2(config-if)# no shutdown

验证测试：验证路由器接口的配置和状态。

Router1# show ip interface brief

Router2# show ip interface brief

（5）三层交换机配置 RIP 协议。

S3550(config)# router rip　　　　　　　（开启 RIP 协议进程）

S3550(config-router)# network 172.16.1.0　　（申明本设备的直连网络）

S3550(config-router)# network 172.16.5.0

S3550(config-router)# version 2　　　　（定义 RIP 协议 v2）

（6）Router1 配置 RIP 协议。

Router1(config)# router rip

Router1(config-router)# network 172.16.1.0　（申明本设备的直连网络）

Router1(config-router)# network 172.16.2.0

Router1(config-router)# version 2

Router1(config-router)# no auto-summary （关闭路由信息的自动汇总功能）

（7）Router2 配置 RIP 协议。

Router2(config)# router rip

Router2(config-router)# network 172.16.2.0 （申明本设备的直连网络）

Router2(config-router)# network 172.16.3.0

Router2(config-router)# version 2

Router2(config-router)# no auto-summary （关闭路由信息的自动汇总功能）

（8）验证三台路由设备的路由表，查看是否自动学习了其他网段的路由信息。

S3550# show ip route

Router1# show ip route

Router2# show ip route

（9）测试网络的连通性。

C:\>ping 172.16.3.22   （从 PC1 ping PC2）

【注意】

（1）在串口上配置时钟频率时，一定要在电缆 DCE 端的路由器上配置，否则链路不通。

（2）No auto-summary 功能只有在 RIPv2 支持。

（3）PC 主机网关一定要指向直连接口 IP 地址，例如 PC1 网关指向三层交换机 VLAN50
的 IP 地址。

任务 9　局域网接入 Internet——配置 NAT

【需求分析】

企业申请不到足够的公网 IP，但是要全公司都能上网，因此要采用 NAT 技术实现全公
司人员的上网需求。

【工作目标】

在路由器上配置 NAT，使局域网主机能够以公网地址访问外网服务。

【工作目的】

熟悉 NAT 的配置。

【实验设备】

路由器 2 台，PC 2 台，V.35 线缆 1 条，直通线 2 根。

【实验拓扑】

实验拓扑如图 F.19 所示。

图 F.19　实验拓扑图

【实验步骤】

（1）配置路由器端口。

Router(config)# interface fastethernet 1/1

Router(config-if)#ip address 192.168.1.1 255.255.255.0

Router(config-if)#no shutdown

Router(config-if)#exit

Router(config)#interface fastethernet 1/0

Router(config-if)#ip address 200.8.7.3 255.255.255.0

Router(config-if)#no shutdown

Router(config-if)#exit

（2）静态 NAT 配置步骤。

① 定义内网接口和外网接口。

Router(config)#interface fastethernet 1/0

Router(config-if)#ip nat outside

Router(config-if)#exit

Router(config)#interface fastethernet 1/1

Router(config-if)#ip nat inside

Router(config-if)#exit

② 建立静态的映射关系。

Router(config)#ip nat inside source static 192.168.1.7 200.8.7.3

（3）动态 NAT 配置。

① 定义内网接口和外网接口。

Router(config)#interface fastethernet 1/0

Router(config-if)#ip nat outside

Router(config-if)#exit

Router(config)#interface fastethernet 1/1

Router(config-if)#ip nat inside

Router(config-if)#exit

② 定义内部本地地址范围。

Router(config)#access-list 10 permit 192.168.1.0 0.0.0.255

③ 定义全局地址池。

Router(config)#ip nat pool abc 200.8.7.3 200.8.7.10 netmask 255.255.255.0

④ 建立映射关系。

Router(config)#ip nat inside source list 10 pool abc

（4）NAT 监视和维护。

Router #show ip nat statistics　　　　　　　　　（显示翻译统计）

Router #show ip nat translations [verbose]　　　　（显示活动翻译）

任务 10 无线局域网的组建

【需求分析】

随着各种移动终端的普及，使用手机、上网本、iPad、iTouch、笔记本电脑等移动设备的越来越多，企业需要组建无线局域网进行无线上网。

【工作目标】

安装无线网卡，设置无线路由器，组建无线局域网络。

【工作目的】

（1）学会无线网卡的安装。

（2）掌握无线路由器的设置方法。

（3）学会如何组建无线局域网络。

【实验设备】

支持无线 WiFi 的计算机和无线路由器。

【实验拓扑】

实验拓扑如图 F.20 所示。

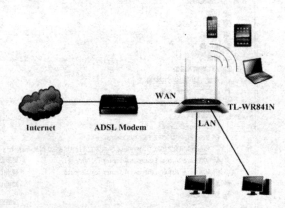

图 F.20 无线局域网网络拓扑结构

【实验步骤】

1. 安装无线网卡

一般的移动终端都有内置的无线网卡，无须用户自己安装。一般台式计算机和老式的笔记本电脑没有安装无线网卡，需要用户自己安装。在 Windows7 系统中，安装无线网卡的过程很简单。首先将网卡插到计算机 USB 接口上。右键单击"计算机"，在弹出的快捷菜单中，单击"管理"，如图 F.21 所示。进入"计算机管理"对话框，单击左侧"系统工具"里的"设备管理器"，可以看到在右侧窗格的"网络适配器"栏里，已经出现无线网卡了。如果还没有安装驱动，右键单击，选择"更新驱动程序软件"，如图 F.22 所示。然后根据向导一步一步完成无线网卡驱动的安装。

F.21　选择计算机管理

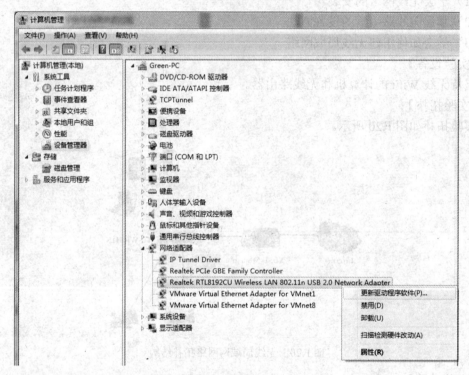

图 F.22　在备管理器中更新网卡驱动

2．组建无线局域网

　　一般办公室的无线局域网络就像是以太网中的两台计算机通过交叉线直接相连一样，直连线在以太网中只能实现"双机"互连，而在无线局域网中可以实现多台计算机的互连。在 Windows 7 系统下，其基本操作步骤如下。

　　将其中一台计算机通过网线与无线路由器相连，然后在浏览器中输入路由器背面的路由器 IP，如这里的 192.168.1.1。进入页面后，输入路由器背面提供的用户名和密码。路由器背面 IP 地址和账户信息如图 F.23 所示，进入路由器管理界面。首次登录路由器管理界面会自动弹出"设置向导"。如图 F.24 所示。

图 F.23　无线路由器背面的 IP 地址和账户信息

> **设置向导**
>
> 本向导可设置上网所需的基本网络参数，请单击"下一步"继续。若要详细设置某项功能或参数，请点击左侧相关栏目。
>
> 下一步

图 F.24　首次登录弹出的路由设置向导

单击"下一步"按钮，弹出"设置向导-无线设置"界面，输入无线网络的密码，如图 F.25 所示。

> **设置向导 - 无线设置**
>
> 本向导页面设置路由器无线网络的基本参数以及无线安全。
>
> SSID：　　TP-LINK_40A17D
>
> 无线安全选项：
>
> 为保障网络安全，强烈推荐开启无线安全，并使用WPA-PSK/WPA2-PSK AES加密方式。
>
> ● WPA-PSK/WPA2-PSK
>
> 　　PSK密码：　　12345678
>
> 　　　　　　　　（8-63个ASCII码字符或8-64个十六进制字符）
>
> ○ 不开启无线安全
>
> 上一步　下一步

图 F.25　设置无线网络的密码

单击"下一步"按钮，弹出"设置向导-上网方式"界面，这里我们选择"让路由器自动选择上网方式（推荐）"，在这种方式下，会自动检测网络环境，找到路由器的上网方式，如图 F.26 所示。

> **设置向导-上网方式**
>
> 本向导提供三种最常见的上网方式供选择。如果不清楚使用何种上网方式，请选择"让路由器自动选择上网方式"。
>
> ● 让路由器自动选择上网方式（推荐）
> ○ PPPoE（ADSL虚拟拨号）
> ○ 动态IP（以太网宽带，自动从网络服务商获取IP地址）
> ○ 静态IP（以太网宽带，网络服务商提供固定IP地址）
>
> 上一步　下一步

图 F.26　设置上网方式

单击"下一步"，检测完成后会根据网络环境让用户填写上网方式信息，比如本路由器是通过静态路由上网的，就需要填写静态的 IP 地址、子网掩码、网关和 DNS 地址，如图 F.27 所示。

填写完成后，单击"下一步"按钮，在弹出的对话框中，单击"完成"按钮，完成路由器的配置。

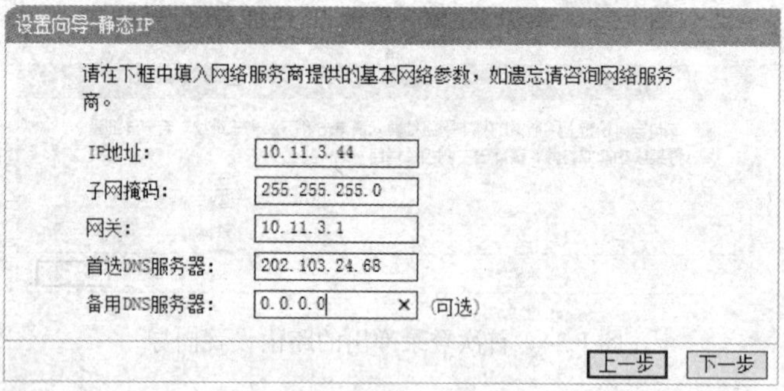

图 F.27　设置路由器上网的 IP 地址

接下来开启 DHCP 服务器，以满足无线设备的任意接入。单击"DHCP 服务器"→"DHCP 服务"，然后在右侧的"DHCP 服务"界面中选择"启用"，同时设置地址池的开始地址和结束地址，我们可以根据与当前路由器所连接的计算机数量进行设置，如这里我们设置地址池开始地址为 192.168.1.100，地址池结束地址为 192.168.1.199。这样接入无线网络的无线网 IP 地址范围为"192.168.1.100"～"192.168.1.199"。最后单击"保存"按钮，如图 F.28 所示。

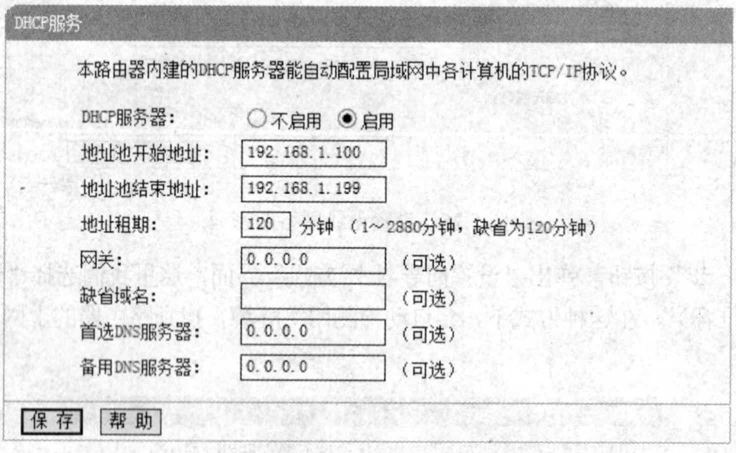

图 F.28　DHCP 服务器的配置

接下来可以将无线终端接入无线网络了。这里以一台 Windows 7 计算机为例进行网络连接设置。如果此时存在无线路由器所发出的无线热点，在计算机的右下角的任务托盘里就会搜索到该信号，并可以进行连接操作。如图 F.29 所示，可以看见本网络 TP-LINK_40A17D2。右键单击选择"连接"，输入密码即可登录到无线网络。

　　无线路由器配置好后，所有加入到这个路由器的无线设备就组成了无线局域网。可以设置文件的共享和访问、打印机的共享等。

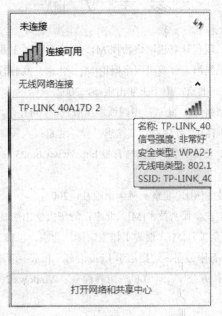

图 F.29　客户端无线路由网络信号

参 考 文 献

[1] 佟震亚，余雪丽，陶世群. 现代计算机网络教程[M]. 北京：电子工业出版社，2002.

[2] 何莉，许林英，孟昭鹏，姚鹏海. 计算机网络概论[M]. 北京：高等教育出版社，2002.

[3] 王能. 计算机网络原理[M]. 北京：电子工业出版社，2002.

[4] 陆冠铭，姜凯文. 计算机网络[M]. 北京：中国铁道出版社，2003.

[5] 思科公司. CCNA 基础教程[M]. 孙建春，袁国忠，译. 北京：人民邮电出版社，2003.

[6] 双木. 网络管理之 TCP/UCP 篇[J]. 中国电脑教育报 http://www.6to23.com/s15/s15d1/s15d1d1/s15d1d1d1/
    200342994644.htm.

[7] 叶忠杰. 计算机网络安全技术[M]. 北京：科学出版社，2003.

[8] 雷咏梅，赵霖. 计算机网络安全保密技术[M]. 北京：清华大学出版社，2003.

[9] Seth T Ross. UNIX 系统安全工具[M]. 前导工作室，译. 北京：机械工业出版社，2000.

[10] Xteam（中国）软件技术有限公司. 边用边学 Linux[M]. 北京：清华大学出版社，2002.

[11] 上海市计算机应用能力考核办公室. 计算机应用教程——Windows 2000 Server 管理[M]. 上海：上海
    交通大学出版社，2002.

[12] 谢希仁. 计算机网络[M]. 4 版. 北京：电子工业出版社，2003.

[13] 刘志华，郑宏云，张振江. 计算机网络实用教程[M]. 北京：清华大学出版社，2001.

[14] 陈鸣. 网络工程设计教程——系统集成方法[M]. 北京：希望电子出版社，2002.

[15] Comer，D E. 计算机网络与互联网[M]. 北京：电子工业出版社，1998.

[16] 迪恩. 计算机网络实用教程[M]. 陶华敏，译. 北京：机械工业出版社，2000.

[17] 福罗赞. 数据通信与网络[M]. 潘仡，译. 北京：机械工业出版社，2000.

[18] 王路群，王祎，疏凤芳.计算机网络基础及应用[M]. 北京：电子工业出版社，2015.

[19] 廉文娟，花嵘，曾庆田. 现代操作系统与网络服务管理[M]. 北京邮电大学出版社，2014.